高等职业教育畜牧兽医类专业教材

动物防疫与检疫技术

潘莹 叶方 主编

U0254972

中国轻工业出版社

图书在版编目（CIP）数据

动物防疫与检疫技术/潘莹，叶方主编．—北京：中国轻工业出版社，2021.8

ISBN 978-7-5184-3498-5

Ⅰ.①动… Ⅱ.①潘… ②叶… Ⅲ.①兽疫–防疫 ②兽疫–检疫 Ⅳ.①S851.3

中国版本图书馆 CIP 数据核字（2021）第 086219 号

责任编辑：贾　磊　王昱茜

策划编辑：贾　磊　　责任终审：张乃東　　封面设计：锋尚设计
版式设计：王超男　　责任校对：朱燕春　　责任监印：张　可

出版发行：中国轻工业出版社（北京东长安街 6 号，邮编：100740）

印　　刷：三河市国英印务有限公司

经　　销：各地新华书店

版　　次：2021 年 8 月第 1 版第 1 次印刷

开　　本：720×1000　1/16　印张：17

字　　数：320 千字

书　　号：ISBN 978-7-5184-3498-5　定价：39.00 元

邮购电话：010-65241695

发行电话：010-85119835　传真：85113293

网　　址：http://www.chlip.com.cn

Email：club@chlip.com.cn

如发现图书残缺请与我社邮购联系调换

191322J2X101ZBW

前　言

　　动物防疫与检疫技术是畜牧兽医专业的重要课程之一，本课程可以让学生了解动物检疫的基本知识，了解国内动物检疫的流程以及意义，学习人兽共患疫病、猪疫病、牛羊疫病、禽疫病等的检疫与鉴别方法及对病死畜尸体的无害化处理等相关内容。编者根据目前我国对高职院校的人才培养目标，按照目前我国动物防疫和检疫工作的基本需求和职业要求，编写了本教材。

　　本教材围绕动物防疫和动物检疫两个方面展开，并从六个知识项目和实操训练进行介绍：项目一是动物防疫基础知识，主要介绍了畜禽养殖场的基础环境建设、动物疫病概念、发生条件及特征、流行过程、防疫计划、动物疫病追溯及管理；项目二是动物防疫技术，主要介绍了免疫接种、消毒技术、防治技术；项目三是动物检疫基础知识，主要介绍了动物疫病的范围、分类及对象、动物检疫的程序和方法；项目四是动物检疫技术，主要介绍了临场检疫技术、动物检疫后的处理、重大动物疫情处理技术；项目五是国内和国外动物检疫意义，主要介绍了国内外动物检疫的操作和运行，并进一步让学生了解到进出境检疫的目的和意义；项目六是重大动物疫病检疫，主要介绍了传染病检疫、寄生虫病检疫及其他动物疫病检疫，让学生了解一些重大疾病的检疫及病理剖析。本教材还配有比较常用和实践性强的项目七实操训练，以提高学生的实践能力。

　　本教材由安顺职业技术学院潘莹、叶方主编。具体编写分工：安顺职业技术学院符世雄编写项目一，潘莹编写项目二、项目三及整理附录，安顺职业技术学院于秋鹏编写项目四、项目五，叶方编写项目六，怀来正大食品有限公司方志伟和安顺职业技术学院韩芳芳、樊迪、杨蕾共同编写项目七。

　　本教材除了可以作为高职高专畜牧兽医专业教材外，还可以作为中职、中技类相关专业的教材。

　　由于编者水平有限，书中不妥之处在所难免，恳切希望广大读者提出批评和建议，以便再版时修改和完善。

编者

2021 年 5 月

目　录

项目一　动物防疫基础知识

任务一　畜禽养殖场基础环境建设

一、畜禽养殖场的布局和建设

畜禽养殖场建设要从环境卫生、生产工艺、性质以及规模等方面综合考虑，合理布局养殖场的各功能区，以便于卫生防疫、组织生产和提高劳动生产率。养殖场应根据养殖工艺流程规划养殖场的各功能区，并进行场区总体设计。

（一）畜禽养殖场的分区规划

畜禽养殖场的功能分区是指将功能相同或相似的建筑物集中在场地的一定范围内。畜禽养殖场的功能分区是否合理，各区建筑物布局是否恰当，不仅影响投资、管理、生产、劳动生产率和经济效益，而且影响场区的环境状况和防疫卫生。因此，认真做好养殖场的分区规划、确定场区各种建筑物的合理布局十分重要。

1. 畜禽养殖场的分区规划原则

（1）根据地势和当地全年主风向，按功能分区，合理布置各种建筑物。

（2）充分利用场区原有的自然地形、地势，有效利用原有道路、供水、供电线路，尽量减少土石方工程量和基础设施工程费用，以降低成本。

（3）保证建筑物具有良好的朝向，满足采光和自然通风条件，并有足够的防火间距。

（4）畜禽养殖场建设必须考虑畜禽的粪尿、污水及其他废弃物的处理和利用，符合清洁生产的要求。

（5）在满足生产要求的前提下，建筑物布局要紧凑，节约用地，少占或不占可用耕地。在占地满足当前使用功能的同时，应充分考虑今后的发展，留有余地。

2. 畜禽养殖场的功能分区及平面布局

具有一定规模的畜禽养殖场通常分为四个功能区，即生活区、管理区、生产区和隔离区。各区的位置要从人畜卫生防疫和工作方便的角度考虑，根据场地地势和当地全年主风向安排各区。这样配置可减少或防止畜禽养殖场产生的不良气味、噪声及粪尿污水因风向和地面径流对居民生活环境和管理区工作环境造成的污染，并减少疫病蔓延的机会。

（1）生活区 生活区应位于全场上风和地势较高的地段，包括职工宿舍、食堂和文化娱乐设施等。

（2）管理区 管理区是畜禽养殖场从事经营管理活动的功能区，与社会环境具有极为密切的联系，包括行政和技术办公室、饲料加工车间及料库、车库等。此区位置的确定，除考虑风向、地势外，还应考虑将其设在与外界联系方便的位置。

为了防疫安全，又便于外面车辆将饲料送往生产区，应将饲料加工车间和料库设在该区与生产区隔墙处。但对于兼营饲料加工销售的综合型大场，则应在保证防疫安全和与生产区保持方便联系的前提下，独立设置生产小区。此外，负责场外运输的车辆严禁进入生产区。

（3）生产区 生产区是畜禽养殖场的核心区，是从事畜禽养殖的主要场所，此区应设在畜禽养殖场的中心地带。

自繁自养的畜禽养殖场应将种畜（禽）群（包括繁殖群）、幼畜（禽）群与生产（商品）畜（禽）群分开，设在不同地段，分区饲养管理。通常将种畜（禽）群、幼畜（禽）群设在防疫比较安全的上风处和地势较高处，然后依次为青年畜（禽）群、生产（商品）畜（禽）群。以一个自繁自养的猪场为例，猪舍的布局根据主风向和地势由高到低的顺序，依次设置种猪舍、产房、保育猪舍、生长猪舍、育肥猪舍。

生产区内与饲料有关的建筑物，如饲料调制、贮存间和青贮塔，原则上应设在生产区上风处和地势较高处。设置时还要考虑与饲料加工车间保持最方便的联系。青贮塔的位置既要便于青贮原料从场外运入，又要避免外面车辆进入生产区。

由于防火的需要，干草和垫草的堆放场所必须设在生产区的下风向，并与其他建筑物保持60m的防火间距。由于卫生防护的需要，干草和垫草的堆放场所不但要与堆粪场、病畜隔离舍保持一定的卫生间距，而且要考虑避免场外运送干草、垫草的车辆进入生产区。

（4）隔离区 隔离区包括兽医诊疗室、病畜禽隔离舍、尸坑或焚尸炉、粪便污水处理设施等，应设在场区的最下风和地势较低处，并与畜禽舍保持300m以上的卫生间距。该区应尽可能与外界隔绝，四周应有隔离屏障，如防疫沟、围墙、栅栏或浓密的乔灌木混合林带，并设单独的通道和出入口。处理病死畜禽的尸坑或焚尸炉更应严密隔离。

（二）畜禽养殖场建筑物的合理布局

畜禽养殖场建筑物布局是否合理，不仅关系到畜禽养殖场的生产联系和劳动效率，同时也直接影响场区和畜禽养殖场的卫生防疫。在布局时，要综合考虑各建筑物之间的功能联系以及畜禽舍的通风、采光、防疫、防火要求，同时兼顾节约用地、布局美观等要求。

1. 建筑物的排列

畜禽养殖场建筑物通常应设计为横向成排、纵向成列，尽量做到整齐、紧凑、美观。生产区内畜禽舍的布置应根据场地形状、畜禽舍的数量和长度，酌情布置为单列、双列或多列。要尽量避免横向狭长或纵向狭长的布局，因此，生产区应采取方形或近似方形的布局。

2. 建筑物的位置

（1）功能关系 功能关系是指房舍建筑物及设施之间，在畜禽生产中的相互关系。畜禽生产过程由许多环节组成，这些生产环节在不同的建筑物中进行。养殖场建筑物的布局应按彼此间的功能联系统筹安排，将联系密切的建筑物和设施相互靠近安置，以方便生产，否则将影响生产的顺利进行，甚至造成无法克服的后果。例如，商品猪场的工艺流程：种猪配种→妊娠→分娩哺乳→育肥→上市。因此，应将种公猪舍、空怀母猪舍、产房、断乳仔猪舍、肥猪舍、装猪台等建筑物和设施，按顺序靠近安排。饲料库、储粪场等与每栋猪舍都发生联系，应尽量使其至各栋猪舍的线路最短，距离相差不大；净道（运送饲料）与污道（运送粪污）分开布置，互不交叉。

（2）卫生防疫 考虑卫生防疫要求，应根据场地地势和当地全年主风向，将生活用房和办公室、种畜禽舍、幼畜禽舍安置在上风向和地势较高处，商品畜禽舍安置在下风和地势较低处，病畜禽舍和粪污处理设施应置于最下风处和地势低处。当地势与主风向正好相反时，则可利用与主风向垂直的对角线上两个"安全角"来安置防疫要求较高的建筑物。例如，主风为西北风而地势南高北低时，则场地的西南角和东北角均为安全角。

3. 建筑物的朝向

畜禽舍建筑物的朝向关系到舍内的采光和通风状况。我国大陆主体地处北纬20°~50°，太阳高度角冬季小、夏季大，夏季盛行东南风，冬季盛行西北风。因此，畜禽舍宜采取南向，这样的朝向，冬季可增加射入舍内的直射阳光，有利于提高舍温；而夏季可减少舍内的直射阳光，以防止强烈的太阳辐射影响畜禽。同时，这样的朝向也有利于减少冬季冷风渗入和增加夏季舍内通风量。

4. 建筑物的间距

相邻两栋建筑物纵墙之间的距离称为间距。确定畜禽舍间距主要从日照、通风、防疫、防火和节约用地等多方面综合考虑。间距大，前排畜禽舍不致影响后排光照，并有利于通风排污、防疫和防火，但势必增加畜禽场的占地面积。

根据日照确定畜禽舍间距时，应使南排畜禽舍在冬季不遮挡北排畜禽舍日照，一般可按一年内太阳高度角最小的冬至日计算，而且应保证冬至日 9—15 时这 6h 内使畜禽舍南墙满日照；这就要求间距不小于南排畜禽舍的阴影长度，而阴影长度与畜禽舍高度以及太阳高度角有关。经计算，南向畜禽舍当南排舍高（一般以檐高计）为 H 时，要满足北排畜禽舍的上述日照要求，在北纬 40° 地区（北京），畜禽舍间距约需 2.5H，北纬 47° 地区（黑龙江齐齐哈尔市）则需 3.7H。可见，在我国绝大部分地区，间距保持檐高的 3~4 倍时，可满足冬至日 9—15 时南向畜禽舍的南墙满日照。

根据通风要求确定舍间距时，应使下风向的畜禽舍不处于相邻上风向畜禽舍的涡风区内，这样既不影响下风向畜禽舍的通风，又可使其免遭上风向畜禽舍排出的污浊空气的污染，有利于卫生防疫。据试验，当风向垂直于畜禽舍纵墙时，涡风区最大，约为其檐高 H 的 5 倍。当风向不垂直于纵墙时，涡风区缩小。可见，畜禽舍的间距取檐高的 3~5 倍时，可满足畜禽舍通风排污和卫生防疫要求。

二、饲养管理

(一) 对饲养管理的认识

饲养管理是一个过程，是指整个养殖链，包括养殖过程的各个环节和细节。加强饲养管理也就是指加强整个养殖链的监控。饲养管理一是指饲养，主要是喂料、喂水、喂药和疫苗接种；二是指管理，主要是环境控制，包括场址的选择、畜禽舍建筑、消毒、隔离、温度、湿度、密度、通风、光照、卫生、垫料等控制。

饲养管理应遵循科学的、实用的、细化的、针对性的措施与方案，如鸡苗的选择、开食、通风的措施、垫料更新、免疫接种等都有具体的要求和指标。

饲养管理过程具有先后的连续性。比如消毒程序：彻底清扫—高压冲刷—2%~3%火碱喷洒—双链季铵盐类消毒剂喷洒—甲醛熏蒸—空栏干燥等；饲喂程序：先水后料（开食）、先料后水（日常）、断料—断水—饮疫苗—供料—

供水等；注射疫苗，先强后弱、最后病残。

饲养管理过程中要持之以恒，杜绝随意性和任意性，树立科学养殖观念。坚持良好的卫生习惯、坚持做养殖记录、坚持看天气预报、坚持程序化管理、坚持正确的免疫、坚持饲养优质苗、坚持全方位的生物安全措施等。

饲养管理必须以专业知识为基础，饲养管理的每一个环节和细节都有具体的要求和标准，这种要求和标准就是技术，技术首先具备科学性，其次具备实用性，是理论在实践中的具体应用。如畜禽舍建筑技术、畜禽舍改造技术、疫苗接种技术、饲喂技术、疾病诊断技术、抗体检测技术等。

（二）饲养管理的主要内容

给家畜和家禽提供适合于不同日龄、不同品种、不同季节的新鲜、洁净和营养平衡的日粮和符合饮用标准的生活用水、相关的符合畜禽需要的饲喂和饮水器具、相关的饲喂饮水程序和方法——这是饲养的主要内容。创造适合于家畜和家禽生活、生长、生产的环境条件则是管理的主要内容。

三、防疫管理内容

动物传染病的流行是由传染源、传播途径和易感动物等3个基本环节相互联系、相互作用而产生的复杂过程。因此，采取适当的防疫措施来消除或切断造成流行的3个基本环节及其相互联系，就可以阻止疫病发生和传播。在采取防疫措施时，要根据每个传染病在每个流行环节上表现的不同特点，分轻重缓急，找出针对性强的重点措施，以达到在较短期间内以最少的人力、物力来预防和控制传染病的流行。例如防制和消灭猪瘟、鸡新城疫等应以预防接种为重点措施，而预防和消灭猪气喘病则以控制病猪和带菌猪为重点措施。但是只进行一项单独的防疫措施是不够的，必须采取包括"养、防、检、治"4个方面的综合性措施。综合性防疫措施可分为平时的预防措施和发生疫病时的扑灭措施2个方面。

（一）平时的预防措施

加强饲养管理，做好卫生消毒工作，增强动物机体的抗病能力。
（1）贯彻自繁自养的原则，减少疫病传播。
（2）拟订和执行定期预防接种和补种计划。
（3）定期杀虫、灭鼠、防鸟，进行粪便无害化处理。
（4）认真贯彻执行国境检疫、交通检疫、市场检疫和屠宰检验等各项工作，以及时发现并消灭传染源。
（5）各地（省、市）兽医机构应调查研究当地疫情分布，组织相邻地区对动物传染病的联防协作，有计划地进行消灭和控制，并防止外来疫病的侵入。

（二）发生疫病时的扑灭措施

（1）及时发现、诊断和上报疫情，并通知邻近单位做好预防工作。

（2）迅速隔离患病动物，污染的地方进行紧急消毒。若发生危害性大的疫病如口蹄疫、高致病性禽流感、炭疽等，应采取封锁等综合性措施。

（3）实行紧急免疫接种，并对患病动物进行及时和合理的治疗。

（4）严格处理死亡动物和被淘汰的患病动物。

以上预防措施和扑灭措施不是截然分开的，而是互相联系、互相配合和互相补充的。其中的重要内容，将在以下各节分别进行讨论。从流行病学意义上来看，所谓的疫病预防就是采取各种措施将疫病排除于一个未受感染的动物群体之外。这通常包括：采取隔离、检疫等措施不让传染源进入目前尚未发生该病的地区；采取集体免疫、集体药物预防以及改善饲养管理和加强环境保护等措施，保障一定的动物群体不受已存在于该地区的疫病传染。所谓疫病的防制就是采取各种措施，减少或消除疫病的病源，以降低动物群体中已出现疫病的发病数和死亡数，并把疾病限制在局部范围内。所谓疫病的消灭则意味着一定种类病原体的消失。要从全球范围消灭疫病是很不容易的，至今只有人的天花取得成功。但只要认真采用一系列综合性兽医措施，如查明患病动物、选择屠宰、动物群体淘汰、隔离检疫、动物群体集体免疫、集体治疗、环境消毒、控制传播媒介、控制带菌者等，经过长期不懈的努力，在一定的地区范围内消灭某些疫病是完全能够实现的。

任务二　了解动物疾病

一、疾病概述

（一）疾病的概念

疾病是动物机体与致病因素相互作用而产生的损伤与抗损伤的矛盾斗争过程。当机体受到某些致病因素的作用后，体内就会出现致病因素的损伤与机体抗损伤的矛盾斗争。由于损伤与抗损伤的相互斗争，导致体内组织器官的形态结构和功能代谢发生改变，这些改变在不同程度上妨碍了机体的正常生命活动，而使机体各器官系统之间，以及机体与外界环境之间的协调发生破坏，进而使动物的正常生命活动发生障碍，生产能力和经济价值降低，这种状态称为疾病。

（二）疾病的特征

（1）疾病是由一定原因引起的 任何疾病都是由一定的原因引起的，没有原因的疾病是不存在的。

（2）疾病是完整机体的反映 任何疾病，无论它是局限于局部或是遍及于全身，都是一种整体反映。

（3）疾病是一个矛盾斗争过程 致病因素的损伤与机体抗损伤的矛盾斗争。疾病的发展与转归，决定着矛盾双方力量的对比。

（4）动物疾病伴有生产能力和经济价值的降低。

（5）会导致防御免疫能力降低 各种动物对外界致病因素都具有强大的防御能力，动物机体的防御能力主要包括防御屏障功能、吞噬与杀灭功能、解毒功能等。

（三）疾病发生的条件（诱因）

疾病发生的条件根据其性质不同可分为以下几种。

1. 生物性因素

生物性因素包括各种病原微生物（细菌、病毒、霉形体真菌等）和寄生虫（原虫、蠕虫等），它们分别引起传染病和寄生虫病。生物性因素有如下致病特点。

（1）有一定选择性 对感染动物、侵入门户、感染途径和作用部位有一定选择性。

（2）有一定特异性 有潜伏期、典型的临床症状和病理变化及特异的免疫反应等。

（3）有持续性和传染性 病原体侵入动物体后，可不断繁殖，增强毒力，持续发挥致病作用。病原体还可随排泄物污染环境感染其他动物。

（4）可产生毒素与毒害作用 如外毒素、内毒素、溶血素等。

（5）对感染动物内在作用依赖性强 如感染动物的防御功能健全，抵抗力强，即使感染也不一定发病。

（6）机体出现的反应不同 动物机体接受刺激发生反应的特性称为机体反应性。机体反应性对疾病发生起重要作用，机体反应性主要取决于机体感受性，感受性又取决于动物种属、性别、年龄、个体状况等。

2. 化学性因素

一些化学物质可成为致病因素，这些化学物质称有毒物质，简称毒物，由此引起的疾病称为中毒。

（1）外源性毒物　即来自体外的毒物，包括有机毒（有机农药、植物毒、动物毒等）和无机毒（强酸弱碱和重金属盐等）。

（2）内源性毒物　在体内产生的毒物称内源性毒物，由此引起的中毒称自体中毒。

3. 物理性因素

物理性因素如高温可引起烫伤或烧伤，低温可引起冻伤，电击可引起电击伤，放射线可引起放射病。

4. 机械性因素

机械力的作用如一些锐器或钝器的作用，只要达到一定程度均可引起外伤。

5. 营养性因素

体内各种必需营养物质的缺乏，如蛋白质和铁缺乏可引起营养不良性贫血，幼畜缺钙可引起佝偻病，成畜缺钙可引起软骨症。还有一些维生素缺乏症等。

二、流行过程

（一）流行过程的表现形式

在动物传染病的流行过程中，根据一定时间内发病率的高低和传染范围大小，即流行强度，可将疾病的表现形式分为下列 4 种。

1. 散发性

疾病无规律性随机发生，局部地区病例零星地散在出现，各病例在发病时间与地点上无明显的关系时称为散发。传染病出现散发形式的可能原因有以下几个方面。

（1）动物群体对某病的免疫水平普遍较高　如猪瘟本是种流行性很强的传染病，但在进行全面防疫注射后，易感动物这个环节基本上得到控制，因此在某一地区可能只有散发病例出现。

（2）某病的隐性感染比例较大　如钩端螺旋体病、流行性乙型脑炎等通常在动物群体中主要表现为隐性感染，仅有部分动物偶尔表现症状。

（3）某病的传播需要一定的条件　如破伤风、恶性水肿、狂犬病和放线菌病等。破伤风由于需要有破伤风梭菌和厌氧深创同时存在的条件，因此在一般情况下只能零星散发。

2. 地方流行性

在一定的地区和动物群体中带有局限性传播特征的、并且是比较小规模流行的动物传染病可称为地方流行性，或疾病的发生有一定的地区性。地方流行性一般有两方面的含义：一方面是在一定地区一个较长的时间里发病的数量稍微超过散发性；另一方面是表示一个相对的数量以外，有时还包含着地区性的意义。例如牛气肿疽、炭疽的病原体形成芽孢，污染了某个地区，成了常在的疫源地，如果防疫工作没做好，每年都可能出现一定数量的病例。又如马腺疫、猪丹毒、猪气喘病等常以地方流行性的形式出现。某些散发性疾病在动物群体易感性增高或传播条件有利时也可出现地方流行性，如巴氏杆菌病、沙门菌病。

3. 流行性

流行性是指在一定时间内一定动物群体出现比寻常多的病例，它没有绝对的数量界限，而仅仅是指疾病发生频率较高的一个相对名词。因此任何一种病当其称为流行时，各地各动物群体所见的病例数是很不一致的。流行性疾病的传播范围广、发病率高，如不加防治常可传播到几个乡、县甚至省。这些疾病往往是病原的毒力较强，能以多种方式传播，动物群体的易感性较高，如猪瘟、鸡新城疫等重要疫病均可表现为流行性。"暴发"是一个不太确切的术语，常作为流行性的同义词。一般认为，某种传染病在一个动物群体单位或一定地区范围内，在短期间（该病的最长潜伏期内）突然出现很多病例时，可称为暴发。

4. 大流行

大流行是一种规模非常大的流行，流行范围可扩大至全国，甚至可涉及几个国家或整个大陆。在历史上如口蹄疫、牛瘟和流感等都曾出现过大流行。

上述几种流行形式之间的界限是相对的，且不是固定不变的。

(二) 流行过程的季节性和周期性

1. 季节性

某些动物传染病经常发生于一定的季节，或在一定的季节出现发病率显著上升的现象，称为流行过程的季节性。出现季节性的主要原因有以下几个方面。

(1) 季节对病原体在外界环境中存在和散播的影响　不同季节其温度、湿度、光照等情况也不同，因此对病原体的影响也不同。夏季气温高，日照时间长，这对那些抵抗力较弱的病原体在外界环境中的存活是不利的。例如日光曝晒可使外界环境中的口蹄疫病毒很快失去活力，因此口蹄疫的流行一般在夏季减缓或平息。又如在多雨和洪水泛滥季节，土壤中的炭疽杆菌芽孢或气肿疽梭菌芽孢可随洪水散播，因而炭疽或气肿疽的发生可能增多。

(2) 季节对传播媒介的影响　夏秋炎热季节，蝇、蚊、虻类等吸血昆虫大量繁殖，活动猖獗，凡是能由它们传播的疾病都较易发生，如猪丹毒、日本乙型脑炎、马传染性贫血、炭疽等。

（3）季节对动物活动和抵抗力的影响 冬季舍饲期间，动物聚集拥挤，接触机会增多，如果舍内温度降低、光照不足、湿度增高、通风不良，常易发生由空气传播的呼吸道传染病。季节变化也带来了饲料的变化，冬季青饲料和营养缺乏，对动物抵抗力有一定影响，这种影响对由条件性病原微生物引起的传染病尤其显著。如在寒冬或初春，容易发生某些消化道、呼吸道传染病和犊牛、羔羊痢疾等。

2. 周期性

某些动物传染病，如口蹄疫、牛流行热等，经过一定的间隔时期（常以数年计），还可再度流行，这种现象称为动物传染病的周期性。在传染病流行期间，易感动物除发病死亡或被淘汰以外，其余由于康复或隐性感染而获得免疫力，因而使流行逐渐停息。但是经过一定时间后，由于免疫力逐渐消失，或新的一代出生，或引进外来的易感动物，使动物群体易感性再度增高，结果可能重新暴发流行。在牛、马等大动物群中每年更新的数量不大，多年以后易感动物的百分比逐渐增大，疾病才能再度流行，因此周期性比较明显。猪和家禽等动物每年更新或流动的数目很大，疾病可以每年流行，周期性一般并不明显。

动物传染病流行过程的季节性或周期性，不是不可改变的。只要加强调查研究，掌握它们的特性和规律，采取适当措施加强防疫卫生、消毒、杀虫等工作，改善饲养管理，增强机体抵抗力，有计划地做好预防接种等，无论是哪种流行形式都可以得到控制。

三、防疫计划

（一）建立健全各级特别是基层兽医防疫机构

建立健全各级特别是基层兽医防疫机构以保证兽医防疫措施的贯彻落实兽医防疫工作是一项与农业、卫生、交通等部门都有密切关系的重要工作。只有各部门密切配合，从全局出发，大力合作，统一部署，全面安排，建立健全各级兽医防疫机构，特别是基层兽医防疫机构，拥有稳定的防疫、检疫、监督队伍和懂业务的高素质技术人员，才能保证兽医防疫措施的贯彻落实，把兽医防疫工作做好。

（二）建立健全并严格执行兽医法规

建立健全并严格执行兽医法规是做好动物传染病防治工作的法律依据。经济发达国家都十分重视此类法规的制定和实施。改革开放以来，特别是近年来我国政府非常重视法规建设和实施，先后颁布并实施了一系列重要的法规。1991 年公布的《中华人民共和国进出境动植物检疫法》，将我国动物检疫的主要原则和方法做了详尽的规定。1997 年公布并于 1998 年 1 月正式实施的《中华人民共和国动物防疫法》对我国动物防疫工作的方针政策和基本原则做了明确而具体的叙述，并出台了配套的实施细则。这两部法规是我国目前执行的主要兽医法规。2003 年，国家又颁布了一批疫病防制方面的法律法规。这些法律法规是我国开展动物传染病防制和研究工作的指导原则和有效依据，认真贯彻实施这些法律法规将能有效地提高我国防疫灭病工作的水平。但是，目前我国在法规建设和现有法规执行上都还存在不足，仍需进步加强。

（三）贯彻"预防为主"的方针

搞好饲养管理、防疫卫生、预防接种、检疫、隔离、消毒等综合性防疫措施，以提高动物的健康水平和抗病能力，控制和杜绝传染病的传播蔓延，降低发病率和死亡率。实践证明，只要做好平时的预防工作，很多传染病的发生都可以避免；即使发生传染病，也能及时得到控制。随着集约化畜牧业的发展，"预防为主"方针的重要性更加显得突出。

（四）养殖场防疫计划的编制

1. 防疫计划编制的范围

大型养殖场防疫计划编制的范围，包括一般的动物疫病预防、某些慢性疫病的检疫及控制、遗留疫情的扑灭等工作。

2. 防疫计划编制的内容

综合性防疫计划编制的内容包括基本情况，预防接种，诊断性检疫，兽医监督和兽医卫生措施，生物制品和抗生素的贮备、耗损及补充计划，普通药械补充计划，防疫人员培训，经费预算等。各养殖场可根据本场实际需要制定综合或单项防疫计划。

3. 防疫计划编制注意事项（以牛场为例）

（1）编好"基本情况"　防疫计划中的基本情况是整个计划制定的依据。预防接种计划、检疫计划等都是根据基本情况提供的资料制定的；而生物制剂、抗生素、贵重药品计划，普通药械计划及经费预算又是依据预防接种和检疫、监督等计划而制定，因此，要编好"基本情况"，要求编制者不仅熟悉本场一切情况，包括现在和今后发展情况，如养殖规模扩大等，更要了解养殖场所在区域与流行病学有关的自然因素和社会因素，特别要明确区域内疫情和本场应采取的对策。为制定具体计划奠定基础。

（2）防疫人员的素质　在制定防疫计划时，要充分考虑场内防疫人员的力量、技术水平，不要把经过努力仍不能办到的事情列入计划。但应根据实际需要对防疫人员进行防疫知识、技术和法律、法规培训，以提高防疫人员的素质。条件具备的养殖场，可利用计算机等现代设备，模拟各种情况下的防疫演习，特别是发生疫情时的扑灭疫情演习，使防疫人员能掌握各环节的要领和要求。防疫人员的培训应纳入防疫计划中。

（3）防疫计划要符合经济原则　制定防疫计划，要考虑养殖场经济实力，避免浪费，如药品器械计划，对一些用量较大的、市场供应紧缺的、生产检验周期长的以及有效期长的药品和使用率高的器械，适当多做计划，尽量避免使用贵重药械。

（4）计划制定要有重点　根据养殖场的技术力量、设备等条件，结合防疫要求，将有把握实施的措施和国家重点防治的疫病作为重点列入当年计划，次要的可以结合平时工作来实施。

（5）应用新成果　制订计划要考虑科研新成果的应用，但不能盲目。市场上新型广谱消毒药、抗寄生虫药种类繁多，对那些效果良好又符合经济原则的，应体现在计划中。

（6）防疫时间的安排要恰当　平时的预防必须考虑到季节性和生产活动和疫病的特性，既避免防疫和生产冲突，也要把握灭病的最佳时期。如预防牛肝片吸虫病，在牧区，每年春季先驱虫，再放牧，既起到防治作用，又便于处理粪便；防止粪中的虫卵污染草地，扩散病原。秋收后再驱虫，保证牛只安全过冬。

任务三　动物疫病追溯及管理

一、追溯体系的概念和意义

（一）概念

动物标识及疫病可追溯体系（以下简称追溯体系）是以畜禽标识二维码为数据轴心，将畜禽从出生到屠宰历经的防疫、检疫、监督工作贯穿起来，利用计算机网络把生产管理和执法监督数据汇总到数据中心，建立从畜禽出生到畜禽产品销售各环节一体化全程追踪监管的管理体系。

2005年12月，颁布了《中华人民共和国畜牧法》，明确规定畜牧兽医行政主管部门提供标识不得收费，所需费用列入省级人民政府财政预算。销售、收购按国务院畜牧兽医行政主管部门规定应当加施标识而没有加施的畜禽的，或者重复使用畜禽标识的，由县级以上地方人民政府畜牧兽医行政主管部门责令改正，可处二千元以下罚款。2006 年 6 月，农业部颁布《畜禽标识和养殖档案管理办法》（农业部令第 67 号），规定新生畜禽出生 30 日内加施畜禽标识；不满 30 日离开饲养地的离开前加施；国外引进的 10 日内加施。农业部关于贯彻实施《畜禽标识和养殖档案管理办法》的通知，规定全国于 2007 年 7 月 1 日起统一使用新型二维码耳标。

2007 年 1 月，党中央、国务院根据动物疫病防控和公共卫生安全的需要，在中央 1 号文件中明确提出要建立和完善动物标识及疫病可追溯体系。2008 年 1 月，颁布实施的《中华人民共和国动物防疫法》第 14 条规定"经国家强制免疫的动物，应当按照国务院兽医主管部门的规定建立免疫档案，加施畜禽标识，实施可追溯管理"。2007 年 1 月，农业部成立动物标识及疫病可追溯体系建设工作领导小组，下设办公室。2008 年中央 1 号文件再次强调要健全农产品标识和可追溯制度。

（二）意义

为了解决各级兽医从业人员长期以来采用纸制档案记录动物免疫状况、开具检疫证明、登记监督情况而存在的登记工作量大、效率低的问题。为加强动物疫病防控，保障畜牧业健康发展，维护公共卫生安全急需建设一套高效的现代化动物标识及疫病可追溯体系。

可追溯体系减少基层业务人员登记档案时的大量手工操作，方便用户数据采集和录入，实现采集数据的准确性和一致性，数据可长期保存，便于防疫检疫信息的快速检索；将防疫、检疫、监督各业务流程有机的集成起来，当局部发生疫病时，借助先进的信息技术能够快速准确追溯动物的饲养、检疫、流通和屠宰路径，达到疫病监控和防治目的，实现动物疫病的快速准确溯源和畜产品质量安全追踪。

二、追溯体系管理和使用

（一）溯源系统相关设备

1. 二维码耳标

耳标（二维码畜禽标识，图 1-1）是动物标识及疫病可追溯体系的基本信息载体，贯穿畜禽从出生到屠宰历经的防疫、检疫、监督环节，通过可移动智能识读器等终端设备把生产管理和动物卫生执法监督数据汇总到数据中心，实现从畜禽出生到屠宰全过程

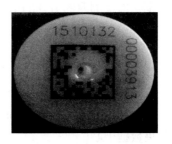

图 1-1　二维码耳标

的数据网上记录，是追溯体系三大业务系统（畜禽标识申购与发放管理系统、动物生命周期各环节全程监管系统、动物产品质量安全追溯系统）的数据轴心。

每套耳标由主标和辅标两部分组成，主标的正面登载编码信息，编码信息由二维条码和数字编码两个部分组成。数字编码由动物种类+区划编码+标识顺序号组成。共15位，第1位表示畜种（1猪、2牛、3羊），第2~7位为区划代码，第8~15位为唯一编码。

2. 二维码耳标的特点

畜禽标识二维码密度高，容量大，成本低；使用纠错机制，在磨损或污损时，也能正确识读；采用加密行业专用码，具有防伪功能。

3. 移动智能识读器（图1-2）

移动智能识读器能够识读耳标和检疫证二维码、集成身份验证、信息录入、集成电路（IC）卡读写、电子检疫证打印与存储；实现数据通信集成一体，无线实时数据传输；应用远程自动更新系统，易于维护、支持手写和触摸屏；便携式设计，适合于防疫、检疫移动作业的需求。

图1-2 移动智能识读器

4. 便携式打印机

便携式打印机可以实现无线传输随时开证，证章真伪立即可验，业务IC卡（流通卡和防疫卡，防疫卡又分为规模厂和散养户），存储业务数据，为业务人员提供简便、快捷的工作方法，作为网络基础设施不足条件下的信息备份，当网络不通时，及时提取IC卡中数据，保障工作进程。

5. 检疫证明

二维码检疫证明承载了动物检疫过程中的业务信息，是纸制证明的电子化，也是追踪溯源的另外的依据。

(二)畜禽养殖追溯体系管理和使用

1. 饲养环节

由防疫员为初生动物佩戴耳标和免疫，扫描耳标二维码信息，录入疫苗信息，利用移动智能识读器将饲养信息存入IC卡中，通过网络将免疫信息上传到中央数据中心。

2. 产地检疫

动物检疫员利用移动智能识读器扫描标识二维码或从防疫卡中读取待检动物标识信息，在线查询免疫等情况，对免疫合格的动物出具电子产地检疫证；并将产地检疫信息通过网络上传到中央数据库，并存入流通 IC 卡。

3. 流通监督

动物卫生监督员利用移动智能识读器扫描电子检疫证明二维码或通过网络查询以鉴别畜禽标识和电子检疫证的真伪，并将监督信息通过网络上传到中央数据库。

4. 宰前检疫

驻屠宰场的动物检疫员利用移动智能识读器扫描畜禽标识或检疫证上的二维码进行信息查核。并将监督信息通过网络上传到中央数据库。

5. 动物产品安全监督

各级动物卫生监督管理机构利用网络监管平台，实时监控屠宰加工企业的生产和产品检疫动态，实现动物从出生、屠宰到产品的全程质量安全监管，达到有效防控疫病和提高食品卫生水平的目标。

6. 消费者查询

消费者通过查询终端，如超市的查询机、网络等多种途径，对所购买的动物产品质量进行追溯查询，达到安全、放心消费。

三、追溯体系主要组成部分

(一) 业务系统组成

动物标识及疫病可追溯系统由畜禽标识申购与发放管理系统、动物生命周期全程监管系统、动物产品质量安全追溯系统构成（图 1-3）。这三大系统既紧密衔接，又相互独立，构成从耳标生产、配发，到动物饲养、流通，再到动物屠宰、动物产品销售全程监管追溯体系。

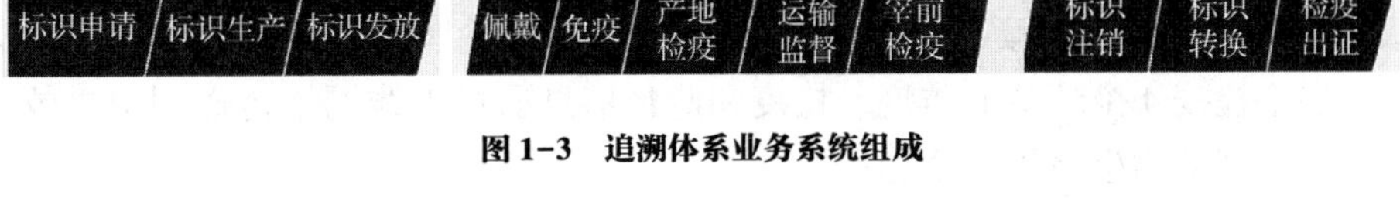

畜禽标识申领与发放管理系统			动物生命周期全程监管系统					动物产品质量安全追溯系统		
标识申请	标识生产	标识发放	佩戴	免疫	产地检疫	运输监督	宰前检疫	标识注销	标识转换	检疫出证

图 1-3 追溯体系业务系统组成

（二）业务系统组成图 （图1-4）

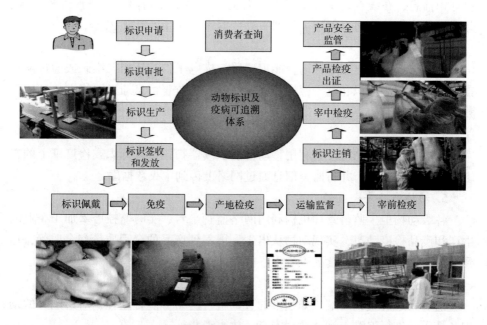

图1-4 追溯体系业务系统组成与实物示意图

（三）畜禽标识申购与发放管理系统

畜禽标识是动物标识及疫病可追溯体系中的重要防疫物资，耳标作为标识动物的手段，从产生到注销具有严格的申请、审批、生成和发放管理制度。

畜禽标识通过网络订购、签收、领用，不但能保证动物标识的质量，而且能快速、准确地查寻动物标识的使用地。

（四）动物生命周期全程监管系统

在追溯体系中，针对现有动物防疫、检疫、监督环节技术手段较落后的现状，采用移动智能识读器作为信息采集终端，实时地把饲养、产地检疫、运输、屠宰检疫4个环节的防疫、检疫和监督信息通过无线网络传送到中央数据中心。实现动物生命周期全程监管。

（五）动物产品质量安全追溯系统

动物产品质量安全追溯系统是动物标识及疫病可追溯体系的终极目标，将动物在进入屠宰企业时对应的唯一二维码标识同屠宰环节时分割动物产品的标准条码之间建立相应的关系来实现动物和产品的绑定，并提供多种不同的查询方式针对标准条码进行查询，进而可以获知动物的原产地、防检疫等信息，达到动物产品的质量安全追溯的目的。

项目二　动物防疫技术

任务一　了解免疫接种

一、动物免疫接种基本知识

（一）免疫接种的概念、目的和意义

免疫接种是根据特异性免疫的原理，采用人工方法使动物接种疫苗、类毒素或免疫血清等生物制品，使机体产生对相应病原体的抵抗力，即主动免疫或被动免疫。

通过免疫接种的手段可使易感动物转化为非易感动物，从而达到预防和控制疫病的目的。在预防疫病的诸多措施中，免疫预防接种是一种经济、方便、有效的手段，对增进动物健康起着重要作用。

（二）免疫接种的分类

根据免疫接种的时机不同，可分为预防免疫接种和紧急免疫接种。

1. 预防免疫接种

未发生疫病时，有计划地给予健康动物进行免疫接种，称为预防免疫接种。例如根据免疫接种计划而进行的免疫，属于预防免疫接种。

预防免疫接种要有针对性，如本地区哪些疫病有潜在威胁，甚至邻近地区有哪些疫情，针对所掌握的这些情况，制订每年的预防接种计划。

2. 紧急免疫接种

发生疫病时，为迅速控制和扑灭疫病的流行，而面对疫区和受威胁区内尚未发病动物进行的免疫接种称为紧急免疫接种。

理论上说，紧急免疫接种使用高免血清较安全有效，但高免血清用量大，

价格高，产生的免疫期短，不能满足实际使用需求。实践证明，对于某些疫病使用疫苗进行紧急免疫接种，也可取得较好的效果。

紧急免疫接种前，必须检查动物的健康状态。因为紧急免疫接种仅能使健康的动物获得保护力。对于患病动物或处于潜伏期的动物，紧急免疫接种能促使其更快发病。

在受威胁区进行紧急免疫接种，其目的是建立"免疫带"以包围疫区，阻止疫病向外传播。紧急免疫接种必须与疫区的隔离、封锁、消毒等综合措施配合。

（三）疫苗种类

1. 常规疫苗

常规疫苗是指由细菌、病毒、立克次氏体、螺旋体、支原体等完整微生物制成的疫苗。分灭活苗和弱毒苗两种。

（1）灭活苗　灭活苗是指选用免疫原性强的细菌、病毒等经人工培养后，用物理或化学方法致死（灭活），使传染因子被破坏而保留免疫原性所制成的疫苗，又称为死苗。灭活苗保留的免疫原性物质在细菌主要为细胞壁，在病毒主要为结构蛋白。

灭活苗的优点：①比较安全，不发生全身副作用，无返祖现象；②有利于制成联苗、多价苗；③制品稳定，受外界影响小，便于储存和运输；④激发机体产生的抗体持续时间较短，利于确定某种传染病是否被消灭。

灭活苗的缺点：①需要接种次数多、剂量大，必须经注射途径免疫，工作量大；②不产生局部免疫，引起细胞介导免疫的能力较弱；③免疫力产生较迟，通常2~3周后才能获得良好的免疫力，故不适于作紧急防疫使用；④需要佐剂增强免疫效应。

生产实践中还常常使用自家灭活苗，是指用本场分离的病原体或含有病原微生物的患病动物脏器制成乳剂，经过灭活后制成的疫苗，主要用于本场传染病的控制（图2-1）。

（2）弱毒苗　弱毒苗又称活苗，是指通过人工诱变获得的弱毒株、筛选的天然弱毒株或失去毒力但仍保持抗原性的无毒株所制成的疫苗。用同种病原体的弱毒株或无毒变异株制成的疫苗称同源疫苗，如新城疫的 B_1 系毒株和 Lasota 系毒株等（图2-2）。通过含交叉保护性抗原的非同种微生物制成的疫苗

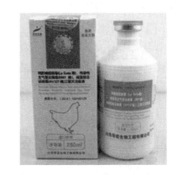

图2-1　三联疫苗商品实例

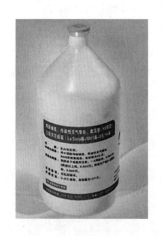

图2-2　鸡新城疫疫苗商品实例

称异源疫苗,如预防马立克氏病的火鸡疱疹病毒(HATFC126株)疫苗和预防鸡痘的鸽痘病毒疫苗等。

弱毒苗的优点:①一次接种即可成功,并且可采取注射、滴鼻、饮水等多种免疫途径接种;②可以通过对母畜禽免疫接种而使幼畜禽获得被动免疫;③可引起局部和全身性免疫应答,免疫力持久,有利于清除野毒;④生产成本低。

弱毒苗的缺点:①散毒问题:如口蹄疫弱毒苗对猪存在散毒问题;②残余毒力:弱毒苗残余毒力较强者其保护力也强,但副作用也较明显,如新城疫Ⅰ系弱毒苗,对雏鸡可引起不良反应,有时大鸡接种后排毒可使小鸡感染,甚至死亡;③某些弱毒苗可引起接种的动物免疫抑制,如犬细小病毒疫苗可诱导犬的免疫抑制;④存在返祖现象。

2. 亚单位疫苗

亚单位疫苗指用理化方法提取病原微生物中一种或几种具有免疫原性的成分所制成的疫苗。此类疫苗接种动物能诱导产生对相应病原微生物的免疫抵抗力。由于去除了病原体中与激发保护性免疫无关的成分,没有病原微生物的遗传物质,因而副作用小、安全性高,具有广阔的应用前景。目前,已投入使用的有脑膜炎球菌的荚膜多糖疫苗、A族链球菌M蛋白疫苗、沙门菌共同抗原疫苗、大肠杆菌菌毛疫苗及百日咳杆菌组分疫苗等。

3. 生物技术疫苗

生物技术疫苗通常包括以下几种:基因工程亚单位疫苗、合成肽疫苗、抗独特性疫苗、基因工程活载体疫苗、DNA疫苗和植物疫苗。

(1) 基因工程亚单位苗　基因工程亚单位疫苗是用DNA重组技术,将编码病原微生物保护性抗原的基因导入受体菌(如大肠杆菌)或细胞,使其在受体细胞中高效表达,分泌保护性抗原肽链。提取保护性抗原肽链,加入佐剂即制成基因工程亚单位疫苗。首次报道成功的是口蹄疫基因工程疫苗,此外还有预防仔猪和犊牛下痢的大肠杆菌菌毛基因工程疫苗。

(2) 合成肽疫苗　合成肽疫苗是用化学合成法人工合成病原微生物的保护性多肽,并将其连接到大分子载体上,再加入佐剂制成的疫苗。最早报道(1982年)成功的是口蹄疫疫苗。合成肽疫苗的优点是可在同一载体上连接多种保护性肽链或多个血清型的保护性抗原肽链,这样只要一次免疫就可预防几种传染病或几个血清型。研制成功的合成肽疫苗还不多，但越来越受到人们的重视，相信该类疫苗在未来的生产实践中能发挥重要的作用。但其缺点是免疫原性较差、合成成本高。

（3）基因工程活载体疫苗　基因工程活载体疫苗是指将病原微生物的保护性抗原基因，插入到病毒疫苗株等活载体的基因组或细菌的质粒中，使载体病毒获得表达外源基因的新特性，利用这种重组病毒或质粒制成的疫苗。该类活载体疫苗具有容量大、可以插入多个外源基因、应用剂量小而安全、能同时激发体液免疫和细胞免疫、生产和使用方便、成本低等优点。基因工程活载体疫苗是目前生物工程疫苗研究的主要方向之一，并已有多种产品成功地用于生产实践。

（4）基因缺失苗　是用基因工程技术将强毒株毒力相关基因切除构建的活疫苗，该苗安全性好、不易返祖；其免疫接种与强毒感染相似，机体可对病毒的多种抗原产生免疫应答；免疫力坚强，免疫期长，尤其是适于局部接种，诱导产生黏膜免疫力，因而是较理想的疫苗。已有多种基因缺失疫苗问世，例如以痘病毒为例，痘病毒一次可插入大量的外源基因，制成多价苗和联苗。一次性注入可产生多种病原的免疫力。

（5）DNA疫苗　这是一种最新的分子水平的生物技术疫苗，应用基因工程技术把编码保护性抗原的基因与能在真核细胞中表达的载体DNA重组，这种目的基因与表达载体的重组DNA可直接注射（接种）到动物（如小鼠）体内，目的基因可在动物体内表达，刺激机体产生体液免疫和细胞免疫。

（6）植物疫苗　该苗用转基因方法将编码有效免疫原的基因导入可食用植物细胞的基因中，免疫原即可在植物的可食用部分稳定的表达和积累，人类和动物通过摄食达到免疫接种的目的。常用的植物有番茄、马铃薯、香蕉等。如用马铃薯表达乙型肝炎病毒表面抗原已在动物试验中获得成功。这类疫苗尚在初期研制阶段，它具有口服、易被幼仔接受等优点。

（四）免疫常用疫（菌）苗及免疫有效期

由于不同地区的疫病流行情况不同，所以不同地区免疫常用疫（菌）苗种类不同。表2-1至表2-3所示为部分畜禽常见疫病的疫苗名称及免疫期等内容，供制订免疫接种计划时参考。

表2-1　　　　　　　　　　　　　　　家禽常用疫苗

疫苗种类	用法与用量	免疫期
鸡新城疫 I 系弱毒冻干苗	皮下注射，0.1mL，或刺种2下，或肌内注射1mL，饮水免疫时3倍量	12个月以上

续表

疫苗种类	用法与用量	免疫期
鸡新城疫 Lasota 系弱毒疫苗	按瓶签注明羽份，可点眼、滴鼻、饮水、气雾	3 个月
鸡新城疫 II 系弱毒冻干苗	按瓶签注明羽份，可点眼、滴鼻、饮水、气雾	随鸡的免疫状态与时机不同而异
鸡新城疫 C_{30} 弱毒冻干苗	按瓶签注明羽份，可点眼、滴鼻、饮水、气雾	2 个月
鸡新城疫 V_4 克隆株弱毒冻干苗	按瓶签注明羽份，可点眼、滴鼻、饮水、气雾	2 个月
鸡痘鹌鹑化弱毒冻干疫苗	按瓶签注明羽份稀释，刺种	雏鸡 2 个月，成鸡 5 个月
马立克病 "814" 弱毒疫苗	皮下注射或肌内注射，0.2mL	18 个月
鸡马立克病火鸡疱疹病毒冻干苗	皮下注射或肌内注射，0.2mL	12 个月
鸡传染性支气管炎弱毒冻干苗（H_{52}，H_{120}）	H_{120}疫苗用于雏鸡，H_{52}疫苗用于 1 月龄以上的鸡，按瓶签注明羽份，可滴鼻或饮水免疫	H_{120}疫苗 2 个月，H_{52}疫苗 6 个月
鸡传染性喉气管炎弱毒冻干苗	按瓶签注明羽份，可滴鼻、点眼或饮水免疫	3~6 个月
鸭瘟鸡胚化弱毒冻干苗	肌内注射 1mL	9 个月，初生雏鸭 1 个月
小鹅瘟鸭胚化弱毒疫苗	肌内注射 1mL	8 个月

表 2-2 猪常用疫苗

疫苗种类	用法与用量	免疫期
猪瘟兔化弱毒疫苗	肌内注射或皮下注射 1mL，断乳前仔猪每头注射 4 头份剂量	12 个月
猪瘟结晶紫疫苗	皮下注射	6 个月
猪丹毒 G_4T_{10} 弱毒冻干苗	皮下注射 1mL	6 个月
猪丹毒 GC_{42} 毒疫苗	皮下注射 1mL（含菌 7 亿），或经口给予 2mL（含菌 14 亿）	6 个月
猪丹毒氢氧化铝灭活疫苗	皮下或肌内注射，10kg 以上 5mL，10kg 以下 3mL，45d 以后再注射 3mL	6 个月
猪肺疫氢氧化铝疫苗	断乳后猪肌内或皮下注射 5mL	6 个月

续表

疫苗种类	用法与用量	免疫期
猪瘟、猪丹毒、猪肺疫三联活疫苗	2月龄以上猪肌内注射1mL	猪瘟12个月，猪丹毒、猪肺疫6个月
猪瘟、猪丹毒二联活疫苗	2月龄以上猪肌内注射2mL	猪瘟12个月，猪丹毒
猪链球菌弱毒疫苗	皮下或肌内注射1mL，经口给予时剂量加倍	暂定6个月

表 2-3   牛、羊常用疫苗

疫苗种类	用法与用量	免疫期
气肿疽甲醛疫苗	牛皮下注射5mL/（头/次），羊皮下注射1mL/（只/次）	6个月
布氏杆菌猪型2号弱毒疫苗	经口给予，羊100亿活菌/（只/次）牛500亿活菌/（只/次）	12个月
牛羊黑疫、快疫二联氢氧化铝疫苗	羊肌内或皮下注射3mL/（只/次）牛肌内或皮下注射10mL/（只/次）	12个月
羊链球菌灭活疫苗	皮下注射3mL/（只/次）	6个月
羊痘鸡胚化劈毒冻干疫苗，	羊尾根皮内注射0.5mL/（只/次）	绵羊12个月，山羊6个月
山羊传染性胸膜肺炎氢氧化铝疫苗	6个月以内的山羊皮下或肌内注射3mL/（只/次），6个月以上的山羊皮下或肌内注射5mL/（只/次）	12个月
牛出败氢氧化铝疫苗	100kg以下的牛肌内或皮下注射4mL/头，100kg以上的牛肌内或皮下注射6mL/头	9个月

二、动物免疫标识的规定

（一）概述

《动物免疫标识管理办法》是为了加强和规范动物强制免疫工作，有效控制动物疫病的发生和流行，依据《中华人民共和国动物防疫法》，制定本办法。免疫耳标应由无毒、无刺激塑料制作，正面为圆形。由农业部制定免疫耳标标准样式，各地耳标式样颜色、大小、形状应当统一。

(二) 相关管理办法

主要管理依据相关管理规定的三十三条为基准，主要是所有动物都需建立免疫档案管理制度，对猪、牛、羊佩带免疫耳标；动物免疫标识的编码、标准由农业部统一设计；免疫耳标正面印制耳标编码。编码全国统一，为 8 位阿拉伯数字，分上下两排。上排 6 位编码为免疫工作所在地，使用本地邮政编码。下排 2 位编码为防疫员的编号。免疫耳标应由无毒、无刺激塑料制作，正面为圆形。由农业部制定免疫耳标标准样式，各地耳标式样颜色、大小、形状应当统一。

县级动物防疫监督机构以基本防疫单元为单位建立免疫档案。免疫档案内容包括畜（禽）主姓名、动物种类、年（月、日）龄、免疫日期、疫苗名称、疫苗批号、疫苗厂家、疫苗销售商、免疫耳标号、防疫员签字等。

免疫耳标由省级动物防疫监督机构统一组织定点生产，逐级供应，县级动物防疫监督机构负责本行政区域内免疫耳标的计划订购和供应工作。省级动物防疫监督机构要建立免疫耳标生产、保管、发放、使用、登记、回收、销毁工作制度以及耳标钳的生产、核发工作制度，以及相关的管理规定必须依法执行等。

(三) 申购与发放管理

我国从 2007 年 3 月起，全面推行新型耳标二维码标识。对标识的标准、申领、生产、供应、发放等制定了规范和要求。建立了全国唯一的编码体系，可以满足畜禽档案长期保存的有关规定。畜禽标识申购与发放必须在网络上进行相关的标识的申请审核审批。生产、发放等管理从生产到注销具有严格的管理制度，一般流程如下。

1. 耳标申请

县级管理机构根据本辖区的耳标需求数量，通过网上申请该数量的耳标，以任务作为单位申请，申请任务的种类由用户指定。

2. 耳标审核

市级耳标查看县级的任务进行审核，审核意见作为上级耳标管理机构审核耳标的参考意见。

3. 耳标审批

省级（自治区、直辖市）耳标管理机构对提交的耳标申请进行审批，审批时，耳标必须是在指定的地方生产，如果审批通过，将由中央管理机构生成耳标的序列号码，如果审批未通过，则不能生成耳标的序列号码。

4. 耳标的生成与下载

中央耳标管理机构定期查看耳标申请和审批情况。核准符合生产标准的任务，通过系统生成耳标编码和二维码数据，同时设定耳标下载的权限和参数，使耳标厂商可以从中央服务器下载耳标数据。

5. 耳标生产

耳标生产时可以定期上网查看耳标的序列号生成情况，下载已允许生产的耳标序列号，耳标生产企业根据耳标定购任务的交货日期，排定生产优先级。自动化的耳标生产线完成生产任务。企业可以通过互联网上传数据确认耳标生产完毕，将合格耳标发放到县级管理机构。

6. 耳标发货

生产企业将合格的耳标，通过物流网络发货到地区，或者是县级管理机构，同时通过移动智能识别器读器将发货信息传至中央管理器。

7. 耳标的签收

县级管理机构收到耳标后，以任务为单位核对耳标的包装。如信息无误，通过网上和移动智能识读设备签收耳标。

8. 耳标的发放

相关的管理机构通过互联网或移动设备向防疫员发放耳标，然后将领用的信息传至中央服务器。

任务二　了解消毒技术

一、消毒概述

（一）概念

消毒是指运用物理、化学或生物学方法清除或杀灭畜禽体表及其生存环境和相关物品中的病原微生物的措施。

消毒的目的是减少病原体对环境的污染，切断疫病的传播途径，阻止疫病的发生、蔓延，是重要的综合性防疫措施之一。消毒不能消除患病动物体内的病原微生物，因而它仅是预防、控制和消灭传染病的重要措施之一，它需要配合免疫接种、隔离、治疗、杀虫、灭鼠、扑杀和无害化处理等措施才能取得成效。

（二）消毒对象

1. 养殖场消毒对象

养殖场消毒对象包括患病动物及动物尸体所污染的圈舍、场地、土壤、水、饲养用具、运输用具、仓库、人体防护装备、病畜产品、粪便等。

2. 动物检疫消毒对象

（1）动物产品 除规定应"销毁"的动物疫病以外，其他疫病的染疫动物的生皮、原毛以及未经加工的蹄、骨、角、绒等。

（2）运载动物及动物产品的工具 运输工具及其附带物如栏杆、篷布、绳索、饲饮槽、笼箱、用具、动物产品的外包装等。

（3）检疫相关场所 检疫地点、动物和动物产品交易销售场所、隔离检疫场所等；存放畜禽产品的仓库；被病死动物、动物产品及其排泄物污染的一切场所。

（4）检疫工具及器械 检疫刀、检疫钩、锉棒等。

（三）消毒剂的选择原则

1. 针对性

不同种类的病原微生物构造不同，对消毒剂反应不同，在选择消毒剂时，须了解消毒剂的药性和消毒对象的特性，应根据消毒目的、对象和消毒剂的作用机理和适用范围，选择最有针对性的消毒剂。

2. 广谱、高效性

消毒剂对抗病原体范围广、杀菌力强、作用产生迅速，而且在有粪尿、食物残渣、机体分泌物等有机物存在时，仍能保持良好的抗菌活性。

3. 稳定性

消毒剂应性质稳定，不易燃、不易爆、不易挥发、不易变质或不易失效。应易溶于水，其溶液的有效寿命长。

4. 安全性

大部分消毒剂对人、畜禽具有一定的毒性或刺激性，所以应尽量选择对人畜无毒、无刺激和无腐蚀性、无残留、不产生异味，不损坏被消毒物品的消毒剂。

5. 经济性

应选择价格低廉、易获得、易配制和易使用的消毒剂。

二、消毒的种类

一般消毒的种类分疫源地消毒和预防性消毒两种，也可按照消毒水平的高低，分为高水平消毒、中水平消毒与低水平消毒。日常概念中一类根据消毒时机、消毒目的分类，另一类根据消毒方法分类。

(一) 根据消毒时机和消毒目的分类

根据消毒时机和消毒目的不同，消毒可分为三类。

1. 预防性消毒

预防性消毒是指平时为预防疫病的发生，对畜禽舍、场地、环境、用具和饮水、饲料等所进行的定期或不定期的各种消毒措施。

2. 临时消毒

临时消毒又称紧急消毒，是指在发生疫病期间，为及时清除、杀灭患病动物排出的病原体而采取的应急性消毒措施。消毒的对象包括患病动物所在的圈舍、隔离场地以及被患病动物分泌物、排泄物污染和可能污染的一切场所、用具和物品等。临时消毒应及时进行，通常要进行反复、多次的消毒。

3. 终末消毒

终末消毒是指在疫区最后一头病畜禽痊愈或死亡（扑杀）后，经过一个潜伏期的监测，未出现新的病例，在解除疫区封锁前，为了消灭疫区内可能残留的病原体而采取的全面的、彻底的大消毒。终末消毒后经验收合格即可解除封锁。

(二) 根据消毒方法不同分类

根据消毒方法不同分类，消毒分为三类。

1. 物理消毒法

物理消毒法是指通过机械清除、冲洗、通风换气、热力、光线等物理方法对环境、物品中病原体的清除或杀灭方法。

（1）机械性清除　用机械的方法如清扫、洗刷、通风等清除病原体。机械性清除简便易行，是实践中最常用的一种消毒方法，也是日常的卫生工作之一。该方法虽然不能彻底杀灭病原体，但可以有效地减少动物圈舍及动物体表的病原体，若配合其他消毒方法，常可获得较好的消毒效果。

（2）日光消毒　阳光照射一方面具有直接加热和干燥的作用，另一方面自然光谱中的紫外线（其波长范围为210~328nm）具有较强的杀菌消毒作用。一般病毒和非芽孢病原菌在强烈阳光下反复暴晒，可使其致病力大大降低甚至死亡。利用阳光暴晒，对牧场、草地、畜栏、用具和物品等是一种简单、经济、易行的消毒方法。阳光的强弱直接关系到消毒效果，因为日光中的紫外线在通过大气层时，经散射和被吸收后损失很多，到达地面的紫外线波长在300nm以上，其杀菌消毒作用相对较弱，要在阳光下照射较长时间才能达到消毒作用。因此，利用阳光消毒应根据实际情况灵活掌握，并配合其他消毒方法。

图 2-3　紫外线杀菌消毒车实例

实际工作中，人工紫外线常被用来进行空气消毒（图 2-3），其波长范围为 200~275nm，杀菌作用最强的波长为 250~270nm。紫外线对不同的微生物有不同的致死剂量，消毒时应根据微生物的种类选择适宜的照射时间，一般照射时间不应小于 30min。

（3）热消毒　高温对微生物有明显的致死作用，所以，应用高温进行灭菌消毒是比较可靠的。热消毒可分为干热消毒和湿热消毒。

①干热消毒：包括火焰消毒法和热空气消毒法两类。

火焰消毒法（图 2-4）：直接以火焰焚烧、烧灼，可立即杀死全部微生物。常在发生烈性传染病，如炭疽、气肿疽等时，对患病动物尸体及其污染的垫草、病料以及其他废弃物等物品的消毒，可直接点燃或在焚烧炉内焚烧。圈舍墙壁、地面等耐火处及金属料盘、金属笼具等可用火焰喷灯进行消毒。在实验室主要用酒精灯对接种针、玻璃棒、试管口、玻片、剪刀、镊子等可以灼烧的物品进行消毒。火焰消毒是一种最为彻底的消毒方法。

热空气消毒法：利用干热空气进行消毒。需在特制的干热灭菌箱内进行，主要用于各种耐热的干燥玻璃器皿如试管、吸管、烧杯、烧瓶、培养皿、玻璃注射器等器材的消毒。由于干热的穿透力低，因此箱内温度上升到 160℃后，保持 2h 才可杀死所有病原体及其芽孢。

②湿热消毒：是灭菌效力较强的消毒方法，应用较为广泛。常用的湿热消毒有以下几种。

图 2-4　火焰消毒枪

煮沸消毒法：是最常用的消毒方法之一，此法操作简便、经济实用、效果比较可靠。常用于耐煮的金属器械、木质和玻璃器具、工作服等的消毒。大多数非芽孢病原微生物在 100℃沸水中迅速死亡，大多数芽孢在煮沸后 15~30min 可被致死，煮沸 1~2h 可以杀灭所有的病原体。若配合化学消毒可提高煮沸消毒效果，如在煮沸金属器械时加入 1%~2% 碳酸钠，可提高沸点，并使溶液偏碱性，增强杀菌作用，同时还可减缓金属氧化，具有一定的防锈作用；若在水中加入 2%~5% 苯酚，煮沸 5min 可杀死炭疽杆菌的芽孢。

应用煮沸消毒法消毒时，要掌握消毒时间。一般消毒时间应从水煮沸后开始计算，各种器械煮沸消毒时间参考表 2-4。煮沸过程不要加入新的消毒物品；被消毒物品应全部浸入水中；消毒注射器时，针筒、针心、针头应拆开分放；一次消毒物品不宜过多，一般应少于消毒容器量的 3/4；煮沸消毒棉织物时，应适当搅拌。

表 2-4 各类器械煮沸消毒时间

消毒对象	时间/min	消毒对象	时间/min
玻璃类器械	20~30	金属类及搪瓷类器械	5~15
橡胶及电木类器械	5~10	接触过疫病的器械	>30

蒸汽消毒法：蒸汽消毒主要用在实验室、病害动物及其产品化制站。其消毒原理是当相对湿度为 80%~100% 的热空气遇到温度较低的物品后，凝结成水、释放大量热量，从而达到消毒目的。如果蒸汽与化学药品（如甲醛等）并用，杀菌力更强。蒸汽消毒包括常压蒸汽消毒和高压蒸汽消毒。

常压蒸汽消毒法是在 1atm 下，用 100℃ 左右的水蒸气进行消毒。这种消毒法在农村一般利用铁锅和蒸笼进行，在一些交通检疫检验站可设立专门的蒸汽锅炉或利用蒸汽机车和轮船的蒸汽对运输的车皮、船舱、包装工具等进行消毒。在常压下，蒸汽温度达到 100℃，维持 30min，就能杀死细菌的繁殖体，但不能杀死细菌的芽孢和霉菌孢子。

高压蒸汽消毒法是杀菌效果最好的消毒法。在密闭条件下，蒸汽压力越大，则灭菌器内温度越高，杀菌效力越强。在医院、动物医院、实验室和病死畜化制站，常利用高压蒸汽灭菌器（图 2-5）对耐高热的物品，如各种耐热玻璃器皿、金属器械、敷料、针头、橡胶用品、普通培养基等进行消毒。通常压力达到 101kPa 时，温度为 121.3℃，经过 30min 即可杀灭所有的繁殖体和芽孢。

巴氏消毒法：也称低温消毒法，是一种利用较低温度（60~90℃）对液体食品进行加热处理，既可杀死液体中的病原菌（不包括芽孢和嗜热菌），又能保持食品品质的消毒法。巴氏消毒法广泛用于牛乳、葡萄酒、啤酒和果汁消毒。各类液体食品的巴氏消毒确切温度和时

图 2-5 高压蒸汽灭菌器

间因食品的种类和其所含微生物的性质不同而不同。如常用的牛乳巴氏消毒法：在 63~65℃加热 30min（低温长时间巴氏消毒法），或 71~75℃加热 15~20s（高温短时间巴氏消毒法），然后迅速冷却至 10℃以下，这可使牛乳中细菌总数减少 90% 以上。还有一种超高温巴氏消毒法，是利用一种热交换式的金属板或管道，其内温度控制在 132℃以上，被消毒牛乳经过管道 1~2s，然后迅速冷却，从而达到消毒目的，这种消毒法可使牛乳在常温下保存期延长至半年左右。

2. 化学消毒法

化学消毒法是指用化学药物（消毒剂）杀灭病原体的方法。在疫病防治过程中，经常利用各种化学消毒剂对病原微生物污染的场所、物品等进行清洗、浸泡、熏蒸、喷洒等，以杀灭其中的病原体。消毒剂除对病原微生物具有广泛的杀伤作用外，对动物、人的组织细胞也有损伤作用，使用过程中应加以注意。

在动物防疫检验实践中，化学消毒法应用最为广泛。常用的化学消毒法有冲刷法、浸泡法、喷雾法、喷洒法、熏蒸法、撒布法、拌和法、涂擦法等。

（1）冲刷法　冲刷法是将消毒剂配制成一定浓度，然后用配好的消毒液对动物体表、物品、地面等进行冲洗或洗刷。冲刷消毒前应对消毒对象进行清扫，并根据消毒对象的不同，选择不同的消毒药物。

（2）浸泡法　浸泡法是将需消毒的物品浸泡在一定浓度的消毒液中，浸泡一定时间后再取出，如皮毛的浸渍消毒和器械浸泡消毒。

（3）喷雾法　喷雾法是通过施药器械将稀释好的消毒液雾化成一定大小的雾化粒子喷出，均匀地悬浮于空气中或均匀地覆盖于被消毒物体表面的消毒方法。

喷雾消毒法使用的器械一般是喷雾器。喷雾器有两类：一类是手动喷雾器，一类是机动喷雾器。手动喷雾器又有背携式、手压式两种，常用于小面积消毒；机动喷雾器又有背携式、担架式两种，常用于大面积消毒。

圈舍空间喷雾消毒效果的好坏与雾滴粒子大小以及雾滴均匀度密切相关。喷出的雾滴直径应控制在 80~120μm，不要小于 50μm。过大易造成喷雾不均匀和禽舍太潮湿，且在空中下降速度太快，与空气中的病原微生物、尘埃接触不充分，起不到消毒空气的作用；雾粒太小则易被畜禽吸入肺泡，诱发呼吸道疾病。舍内空间气雾喷雾消毒时，应关闭门窗和通风口，减少空气流动，以增强消毒效果。

（4）喷洒法　喷洒法是将消毒液装入喷壶或直接泼洒，使消毒液均匀地洒到物品表面或地面。此法常用于场地和圈舍的消毒。

（5）熏蒸法　熏蒸法是将消毒液加热或利用药品的理化特性使消毒液形成

图 2-6　喷雾消毒

含药的蒸汽。一般用于密闭空间消毒或密闭室内的物品消毒。常用福尔马林配合高锰酸钾进行熏蒸，也可选择固体甲醛、过氧乙酸及新型烟熏剂进行熏蒸消毒。其优点是消毒较全面、省工省力，但消毒后有较浓的刺激气味，动物舍不能立即使用。另外，消毒时要注意工作人员的安全防护。

（6）撒布法　撒布法是将粉剂型消毒剂均匀地撒布在消毒对象表面。如用生石灰加适量水使其松散后，撒布于潮湿地面、粪池周围及污水中进行消毒。

（7）拌和法　对粪便、垃圾等污染物进行消毒时，可用粉剂型消毒剂与其拌和均匀，堆放一定时间，可达到良好的消毒目的。如将漂白粉与粪便以 1:5 的比例拌和均匀，进行粪便消毒。

（8）涂擦法　涂擦法是用毛巾、毛刷等蘸取消毒液在物体表面或动物、人员体表擦拭消毒。如用毛巾蘸取消毒液擦洗母畜乳房；用毛巾蘸取消毒液擦拭门窗、设备、用具等；用脱脂棉球蘸取消毒液对动物皮肤、黏膜、伤口等进行涂擦。

3. 生物消毒法

生物消毒法是利用自然界中广泛存在的微生物在氧化分解污物（如垫草、粪便等）中的有机物时所产生的大量热能来杀死病原体。常用生物消毒法有堆积发酵、沉淀池发酵、沼气池发酵等方法。该法是一种经济简便的消毒方法，主要用于粪便的无害化处理。粪便在堆积过程中，其中的微生物发酵产热而使内部温度达到 70℃以上，经过一段时间便可杀死病毒、细菌（芽孢除外）、寄生虫卵等病原体而达到消毒目的，同时又保持了粪便的良好肥效。

（1）堆粪法　堆粪法适用于较干的动物粪便的处理。一般在地面挖一深 20~25cm 的长形沟或一浅圆形坑，沟的长短宽窄、坑的大小视粪便量而定。先在底层铺上 25cm 厚的非传染性类便或干草等，然后在其上面堆放需要消毒的粪便、垫草等，堆到 1~1.5m 高度时，在粪堆表面覆盖 10~20cm 厚的非传染性粪便，最外层抹上 10cm 厚草泥封闭发酵。夏季 3 周以上，冬季不短于 3 个月，即可完成消毒。堆粪时，若粪便过稀可混合一些干粪土或杂草，若过干时应泼洒适量的水，使其含水量保持在50%~70%，以促使其迅速发酵产热。

（2）发酵池法　发酵池法多用于稀粪便的发酵处理，尤其适合于饲养数量较多、规模较大的猪、鸡场。发酵池可以为圆形、方形等，并根据粪便的多少决定池的大小和数量。池的边缘与池底用砖砌后再抹以水泥，使其不渗漏。使用时，先在池底层放一些干粪，再将欲消毒的畜禽粪便、垃圾、垫草倒入池内，快满的时候在粪的表面再盖一层泥土封好。

三、消毒方法和分类

（一）根据病原微生物的种类进行选择

由于各种微生物对消毒因子的抵抗力不同，所以，要有针对性地选择消毒方法。

（1）对于抵抗力较弱的细菌繁殖体、亲脂性病毒、螺旋体、支原体、衣原体和立克次氏体等病原微生物，既可选择煮沸消毒法，也可选择低效消毒剂（如苯扎溴铵、洗必泰等）进行消毒。

（2）对于抵抗力较强的结核杆菌、真菌等病原微生物，可选择高效热力消毒法（火焰消毒、高压蒸汽消毒等），也可选择中效消毒剂（如乙醇、碘酊等）进行消毒。

（3）对于抵抗力很强的细菌芽孢，需选择高效热力消毒法（火焰消毒、高压蒸汽消毒等），或高效消毒剂（醛类、烷类、过氧化物类消毒剂）进行消毒。

（二）根据消毒对象进行选择

同样的消毒方法，对不同性质物品的消毒效果往往不同。

（1）不耐热、湿的染疫物和圈舍、仓库、物品等，可选择熏蒸消毒法。

（2）怕热而不怕湿的物品可采用消毒液浸泡。

（3）物体表面可采用擦拭、喷雾消毒，也可选择紫外线照射、射线辐射进行消毒。

（4）饲料及添加剂等常采用辐射消毒。

（5）动物活体及人体消毒一般选用毒副作用小的消毒剂喷雾消毒，消毒时要注意安全性。

（6）染有一般病原体的粪便、垃圾、垫草等污物一般选择生物热消毒等。

（三）根据消毒现场进行选择

进行消毒的环境情况往往是复杂的，对消毒方法的选择及效果的影响也是多样的。

（1）对圈舍、房间进行消毒，如密闭效果好，可选用熏蒸消毒。密闭效果差的最好选用冲洗、喷雾消毒。

（2）对于通风条件好的房间进行空气消毒可利用自然换气法；若通风不好、污染空气长期滞留在建筑物内可以使用药物熏蒸或气溶胶喷洒等。

（3）在有火源的场所，不能大量使用环氧乙烷等易燃、易爆类消毒剂。

（4）在人群、动物群集地方，不要使用具有毒性和刺激性强的消毒剂。

（5）影响消毒效果的因素

①消毒剂的浓度：任何一种消毒剂都有最低的有效浓度，在一定范围内，浓度增加一般可增强其杀菌能力或反应速度。但浓度过高容易破坏被消毒物品，并且有些消毒剂浓度过高其杀菌作用不升反降，如70%乙醇的杀菌作用比100%乙醇的作用强，因此应根据需要选取适当的消毒浓度。

②温度：温度升高可加速消毒剂与病原体的反应速度，而在低温条件下某些消毒剂不能发挥其消毒作用。有的情况下，消毒处理本身就需要一定的温度。一般来说，无论物理消毒还是化学消毒，温度越高效果越好。

③相对湿度：湿度对气体消毒剂的作用有明显的影响，而且各种不同气体对湿度的要求也不同。如福尔马林熏蒸时，最适相对湿度为60%~80%；环氧丙烷最适相对湿度为30%~60%。

④消毒时间：消毒剂接触微生物后需要一定时间才能将微生物杀死，时间过短达不到消毒目的。

⑤酸碱度：pH可影响某些消毒剂的溶解度、离解度、分子结构等，从而影响消毒剂的消毒效果。如新洁尔灭、度米芬、洗必泰等阳离子消毒剂，在碱性环境中消毒力强；苯酚、来苏儿等阴离子消毒剂在酸性环境中消毒作用强。

⑥有机物的存在：有机物质能抑制或减弱许多消毒剂的杀菌能力，这主要由于有机物质掩盖了微生物，影响了消毒剂的穿透力；同时有机物和消毒剂反应会消耗一部分消毒剂。如粪便、饲料残渣、分泌物等大量污染时，可降低消毒效果。因此，消毒前应先清除干净各种有机物，再进行化学消毒可提高效果。

⑦微生物的种类及污染程度：由于不同微生物本身形态结构及代谢方式等生物学特性的不同，使其对同一种消毒剂的敏感程度不同。尤其是细菌芽孢因有较厚的芽孢壁和多层芽孢膜，消毒剂不易渗透进去，所以芽孢对消毒剂的抵抗力比其繁殖体要强得多。此外，污染程度越严重，微生物量越多，抗力越强，则消毒越困难。

⑧消毒剂之间的拮抗作用：两种以上消毒剂合用时，相互之间可能产生物理性、化学性、药理性配伍禁忌，使消毒剂药效降低或失效。如高锰酸钾与碘

酊混用可发生氧化还原反应而影响药效；阴离子消毒剂与阳离子消毒剂混用可使药效下降等。

（四）消毒剂的分类

消毒剂种类繁多，在动物防疫检疫工作中应用较多的消毒剂主要有以下几类。

1. 碱类

强碱化合物包括钠、钾、钙和铵的氢氧化物，弱碱化合物包括碳酸盐、碳酸氢盐和碱性磷酸盐。检疫检验中常用的碱类消毒剂为氢氧化钠、生石灰等。碱对细菌、病毒的杀灭作用均较强，高浓度溶液可杀灭芽孢，可用于多种传染病的消毒。碱溶液对人和动物组织、铝制品、油漆面和纤维织物等具有腐蚀作用，操作时应注意防护。

（1）氢氧化钠（苛性钠、火碱）　氢氧化钠的杀菌作用很强，常用于病毒性、细菌性污染的消毒，对细菌芽孢和寄生虫卵也有杀灭作用。主要用于养殖场的地面、用具消毒。一般2%的溶液用于病毒性或细菌性污染的消毒；5%的溶液用于杀灭细菌芽孢。本品对金属有腐蚀性，对纺织品、漆面等有损害作用，也能灼伤皮肤和黏膜。喷洒6~12h后用清水冲洗干净，防止引起动物肢蹄、趾足和皮肤等损伤以及对被消毒物品的腐蚀，并注意对人员自身的防护。

（2）生石灰　消毒用生石灰的主要成分是氧化钙（CaO），加水生成氢氧化钙（熟石灰、消石灰），后者具有强碱性，对大多数细菌繁殖体有较强的杀灭作用，但对炭疽芽孢和结核杆菌无效。熟石灰易吸收空气中的二氧化碳形成碳酸钙而失效。临用前加水配成10%~20%的石灰乳混悬液，用于粉刷消毒动物的圈舍墙壁、地面、粪渠及污水沟等处。有时可直接将生石灰按一定比例加入被消毒液体，也可将生石灰撒布在阴湿地面、粪池周围及污水沟等处进行消毒。

2. 醇类

醇类消毒剂能够去除细菌细胞膜中的脂质并使菌体蛋白凝固和变性。各种脂族醇类都有不同程度的杀菌作用，最常使用的醇类消毒剂为乙醇（酒精）。乙醇可杀灭一般的病原体，但不能杀死细菌芽孢，对病毒也无显著效果。常用75%的酒精进行皮肤消毒和器械消毒。

3. 酸类

常用的酸类杀毒剂包括有机酸、无机酸。

无机酸为原浆毒，具有强烈的刺激和腐蚀作用，使用的无机酸有硫酸、盐酸，有强大的杀菌和杀芽孢作用。2mol/L硫酸可用于消毒排泄物；2%盐酸和15%食盐水等量混合，保持液温30℃左右，浸泡40h，可用于炭疽芽孢污染的皮张消毒。

有机酸主要用作防腐药，少数有机酸也可用于防疫检疫中的消毒。乳酸对多种病原体具有杀灭和抑制作用，能杀灭流感病毒和某些革兰阳性菌，常用20%的乳酸溶液在密闭室内加热蒸发 30~90min，用于空气消毒。有时也用草酸和甲酸溶液以气溶胶形式消毒口蹄疫或其他传染病病原体污染的房舍。

4. 酚类

酚类低浓度时能破坏菌体细胞膜，使胞质漏出；高浓度时可使病原体的蛋白质变性而起杀菌作用。酚类的化学性质稳定，并且其抗菌活性不受环境中有机物和细菌数目的影响。酚类因有特殊臭味而不适于食品加工场所、食品加工器具、食品运输车辆及贮藏库的消毒。酚类消毒剂的应用对环境有污染，因而其应用已日趋减少。

（1）苯酚（石炭酸）　无色针状结晶，可杀灭细菌繁殖体，但对芽孢无效、对病毒效果差，又由于毒副作用较大，故临床中已很少单独使用。为了扩大酚类的抗菌范围，市售的酚类消毒药大多含有两种或两种以上具有协同作用的药物，如复合酚（菌毒敌、农福）：含苯酚41%~49%和醋酸22%~26%的混合物。抗菌谱广，能杀灭细菌、霉菌和病毒，对多种寄生虫卵也有杀灭作用，稳定性好、安全性高，是目前使用较多的一种消毒药。常用其 0.5%~1%的水溶液对动物圈舍、笼具、排泄物等进行消毒；也可熏蒸消毒，熏蒸用量为 $2g/m^3$。但不宜与碱性药物或其他消毒液混用。

（2）甲酚（煤酚）　无色或淡黄色澄明液体，有类似苯酚的臭味。毒性较小、杀菌作用比苯酚强 3 倍，但对芽孢无效，对病毒的作用较差。由于其难溶于水，故临床较少直接使用，临床中常用的是其 50%的肥皂溶液，即甲酚皂溶液（来苏儿）。2%甲酚皂溶液用于手术前洗手及皮肤消毒；3%~5%用于器械、物品消毒；5%~10%用于动物圈舍、动物排泄物、染菌材料等消毒。

5. 醛类

醛类消毒剂的化学活性很强，作用机制是使菌体蛋白变性，改变菌体酶和核酸等的功能而达到杀菌目的。本品能杀死细菌及其芽孢、病毒、霉菌，甚至对昆虫及寄生虫虫卵也有杀灭作用。常用的有甲醛、聚甲醛、戊二醛等。

（1）甲醛溶液（福尔马林）　含 40%（V/V）甲醛水溶液称为福尔马林，具有很强的消毒作用，可用于圈舍、用具、皮毛、仓库、实验室、衣物、器械、房舍等的消毒，并能处理排泄物。2%~4%水溶液用于器械、圈舍和水泥地面的消毒；10%水溶液用于排泄物的消毒。本品常和高锰酸钾混合用作熏蒸消毒，比例是 $14mL/m^3$ 福尔马林加入 $7g/m^3$ 高锰酸钾，如果污染严重则将上述两种药品的用量加倍。熏蒸时，室温不应低于 15℃，相对湿度为 60%~80%，密闭门窗 7h 以上便可达到消毒目的，然后敞开门窗通风换气，消除残余的气味。本品对皮肤、黏膜刺激强烈，可引起支气管炎，甚至窒息，使用时要注意人畜安全。

（2）聚甲醛　为甲醛的聚合物。具有甲醛特臭的白色疏松粉末，在冷水中溶解缓慢，热水中很快溶解。聚甲醛本身无消毒作用，常温下缓慢解聚，放出甲醛呈杀毒作用。如加热至 80~100℃ 时很快产生大量甲醛气体，呈现强大的杀菌作用。主要用于环境熏蒸消毒，常用量为 3~5g/m³，消毒时间不少于 10h。消毒时室内温度应在 18℃ 以上，相对湿度最好在 80%~90%。

（3）戊二醛　本品挥发性较低，其碱性水溶液具有较好的杀菌作用，当pH 为 7.5~8.5 时作用最强，可杀灭细菌的繁殖体和芽孢、真菌、病毒，其作用较甲醛强 2~10 倍。有机物对其作用影响不大。对组织刺激性弱，但碱性溶液可腐蚀铝制品。目前，常用 2% 碱性溶液（加 3% 碳酸氢钠）用于浸泡消毒不宜加热消毒的医疗器械、塑料及橡胶制品等，浸泡 10~20min 即可达到消毒目的。

6. 卤素类

卤素和易放出卤素的化合物均有强大杀菌作用，其中氯的杀菌力最强，碘较弱。卤素对菌体细胞原浆有高度亲和力，易渗入细胞内使原浆蛋白产生卤化作用或氧化作用而呈现杀菌作用。

（1）漂白粉（氯化石灰）　是一种广泛应用的消毒剂。本品是次氯酸钙、氯化钙和氢氧化钙的混合物，有效氯含量一般为 25%~32%，但有效氯易散失。在妥善保存的条件下，有效氯每月损失 1%~3%。当有效氯低于 16% 时失去消毒作用。本品应密闭保存，置于干燥、通风处。漂白粉加水后生成次氯酸，杀菌作用快而强，能杀灭细菌及其芽孢、病毒及真菌等。5% 的溶液可用于动物圈舍、笼架、饲槽、水槽及车辆等的消毒；10%~20% 乳剂可用于被污染的动物圈舍、车辆和排泄物的消毒；将干粉剂与粪便以 1:5 的比例均匀混合，可进行粪便消毒。由于次氯酸杀菌迅速且无残留物和气味，因此常用于食品厂、肉联厂设备和工作台面等物品的消毒。漂白粉对皮肤和黏膜有刺激作用，也不能用于金属制品和有色棉织物的消毒。

（2）氯胺-T　是一种含氯化合物，含有效氯 24%~26%，性质较稳定，易溶于水且刺激性小。氯胺杀菌谱广，对细菌繁殖体、芽孢、病毒、真菌孢子都有杀灭作用，可用于养殖场、无菌室及医疗器械的消毒；且适用于饮水食具、食品，各种器具等消毒。0.0004% 溶液用于饮水消毒；0.3% 溶液可用于黏膜消毒；0.5%~1% 的溶液用于食具、器皿和设备消毒；3% 溶液用于排泄物和分泌物消毒；10% 溶液在 2h 内可杀死炭疽芽孢。日常使用中，以 1:500 的比例配制的消毒液，性能稳定、无毒、无刺激反应、无酸味、无腐蚀、使用保存安全，可用于室内空气、环境消毒和器械、用具、玩具的擦拭、浸泡消毒等。本品水溶液稳定性较差，故宜现用现配，时间过久则杀菌作用降低。

（3）二氯异氰尿酸钠（优氯净） 本品属氯胺类化合物，为新型广谱高效安全消毒剂，含有效氯60%～64.5%，在水溶液中水解为次氯酸。对细菌繁殖体、芽孢、病毒、真菌均有显著杀灭作用。可用于饮水、器具、环境和粪便的消毒。0.5%～1%水溶液用于杀灭细菌和病毒；5%～10%水溶液用于杀灭芽孢。干粉与粪便按1:5混合，可消毒粪便。常温下进行场地消毒时，用量为10～20mg/m²，作用2～4h；冬季0℃以下时，50mg/m²，作用16～24h。本品水溶液稳定性差，需现用现配。

（4）碘酊 常用于皮肤消毒，也可用于饮水消毒。2%～5%的碘酊，常用于皮肤消毒，也可用于手术部位、注射部位的消毒，也用于皮肤霉菌病的治疗。在1L水中加入2%碘酊5～6滴，用于饮水消毒，能杀死致病菌及原虫，15min后可供饮用。

（5）碘伏 是碘与表面活性剂的不定型络合物，是一种高效低毒的消毒剂，对细菌、病毒、芽孢、真菌均有良好的杀灭作用。在酸性（pH 2～4）环境中杀菌效果最好，有机物存在时可降低其杀菌力。常用于手术部位、皮肤和黏膜消毒，也可用于饮水、饲槽、水槽和手术器械的消毒。0.5%～1%水溶液用于手术部位、奶牛乳房和乳头、手术器械等的消毒；12～25mg/L水溶液用作清洁和饮水消毒；50mg/L水溶液用作环境消毒；75mg/L水溶液用作饲槽和水槽消毒，作用时间为5～10min。

7. 氧化剂类

氧化剂类消毒剂含有不稳定的结合态氧，当与病原体接触后可释放出新生态氧，使病原体内活性基团氧化而起杀菌作用。常用的制剂有以下几种。

（1）过氧乙酸（过醋酸） 兼具酸和氧化剂特性，是一种高效杀菌剂，其气体和溶液均具有较强的杀菌作用。杀菌作用快而强，对细菌、真菌、病毒和芽孢均有效，在低温下仍有杀菌和杀芽孢能力。除金属和橡胶外，可用于多种物品的消毒。0.2%溶液用于耐酸塑料、玻璃、搪瓷制品等的消毒；0.5%溶液用于圈舍、仓库、地面、墙壁、食槽的喷雾消毒及室内空气消毒；5%溶液按2.5mL/m³量喷雾消毒被污染实验室、无菌室、仓库、屠宰车间等；0.2%～3%溶液还可作10日龄以上鸡只的带鸡消毒。由于分解产物无毒，故能消毒水果蔬菜和食品表面。本品对组织有刺激性，对金属也有腐蚀作用。本品性质不稳定、易挥发，高浓度遇热（70℃以上）易爆炸，浓度在10%以下无爆炸危险。低浓度水溶液易分解，应现用现配。

（2）高锰酸钾 为强氧化剂，遇有机物或加热、加酸或碱均能放出新生态氧，呈现杀菌、杀病毒、除臭和解毒作用，在酸性环境中杀菌作用增强。0.1%水溶液能杀死多数细菌的繁殖体，用于皮肤、黏膜、创面冲洗消毒；2%～5%

溶液能在 24h 内杀死芽孢，多用于器具消毒。也可与福尔马林混合用于空气的熏蒸消毒。高浓度溶液有刺激和腐蚀作用。

（3）过氧化氢（双氧水） 有较强的氧化性，在与组织或血液中的过氧化氢酶接触时，迅速分解释放出新生态氧，对细菌产生氧化作用而发挥抗菌作用。常用 3% 的溶液清洗创伤，去除痂皮，尤其对厌氧菌感染更有效。本品还有一定的除臭和止血作用。

8. 表面活性剂类

表面活性剂类制剂可通过吸附于细菌表面，改变菌体胞膜的通透性，使胞内酶、辅酶和中间代谢产物逸出，造成病原体代谢过程受阻而呈现杀菌作用。

（1）新洁尔灭（苯扎溴铵） 是一种季铵盐类阳离子表面活性剂，性质稳定，水溶液呈碱性。本品对一般细菌有较好的杀灭能力，但对分枝杆菌及真菌的效果较弱，对病毒效果差，对芽孢一般只能起抑制作用，对革兰阳性菌的杀灭能力比革兰阴性菌强。常用于创面、皮肤、手术器械及禽蛋的消毒。0.05%~0.1% 水溶液用于手的消毒；0.1% 水溶液用于皮肤、黏膜及器械浸泡消毒；0.1% 水溶液还可用于蛋壳的喷雾消毒和种蛋的浸洗消毒。若水质硬度过高，应加大药物浓度 0.5~1 倍。本品对皮肤、黏膜有一定的刺激和脱脂作用，不适用于饮水消毒。不能与阴离子表面活性剂（肥皂、合成洗涤剂等）配合应用。

（2）消毒净 是一种季铵盐类阳离子表面活性剂。用于黏膜、皮肤、器械及环境的消毒作用比新洁尔灭强。易溶于水和乙醇，水溶液易起泡沫。0.05% 溶液可用于黏膜冲洗、金属器械浸泡消毒；0.1% 溶液可用于手和皮肤消毒。若水质硬度过高，应加大药物浓度 0.5~1 倍。

（3）百毒杀 为双链季铵盐类表面活性剂。本品具有速效和长效等双重效果，能杀灭多种病原体和芽孢。0.0025%~0.005% 溶液用于预防水塔、水管、饮水器污染，以及杀霉、除藻、除臭和改善水质；0.015% 溶液用于舍内、环境喷洒或设备器具洗涤、浸泡等预防性消毒；0.05% 溶液用于疫病发生时的临时消毒；0.005% 溶液也可用于饮水消毒。

9. 挥发性烷化剂

挥发性烷化剂的化学活性很强，在常温常压下易挥发成气体。杀菌机制是通过其烷基取代病原体活性的氨基、巯基、羧基等基团的不稳定氢原子，使之变性或功能改变而达到杀菌的目的。本品能杀死细菌及其芽孢、病毒、真菌，甚至对昆虫及寄生虫虫卵也有杀灭作用。它们主要作为气体消毒剂。

环氧乙烷（氧化乙烯）：是一种高效、广谱的杀菌剂。对细菌及其芽孢、病毒、真菌等各种微生物以及某些昆虫和虫卵都有良好的杀灭作用。气体和液体均有较强杀菌作用，以气体作用更强，故多用其气体。通常不会造成消毒物品的损坏，可用于精密仪器、医疗器械、生物制品、皮革、裘皮、羊毛、橡胶、塑料制品、图书、谷物、饲料等忌热、忌湿物品的消毒，也可用于仓库、实验室、无菌室等空间的消毒。消毒方法是在密闭条件下，环境相对湿度为30%~50%，最适温度 38~54℃，但不得低于18℃。杀灭细菌繁殖体用量为300~400g/m³，作用 8h；杀灭芽孢和霉菌污染物品时用量为 700~950g/m³，作用 24h 以上。本品对人和动物有一定毒性作用，环氧乙烷蒸气遇明火极易爆炸，故使用时应注意安全。

10. 染料类

（1）利凡诺 为外用杀菌防腐剂，是染料中最有效的杀菌防腐药。对革兰阳性菌及少数革兰阴性菌有较强的杀灭作用，对各种化脓菌均有较强作用，尤其对链球菌的杀菌作用较强。常以 0.1%~0.3%水溶液用于皮肤、黏膜的创面感染。本品刺激性小，一般治疗浓度对组织无损害。

（2）甲紫 为外用杀菌药物，主要对革兰阳性菌有良好的作用，也有抗真菌作用，对革兰阴性菌和分枝杆菌几乎无作用。对组织无刺激性。1%~2%水溶液治疗皮肤、黏膜的创面感染和溃疡；0.1%~1%水溶液用于烧伤，能与坏死组织凝结成保护膜，起收敛作用。

四、消毒剂的计算

（一）消毒剂浓度表示法

消毒剂浓度表示法有百分浓度、体积比浓度、百万分比浓度、摩尔浓度等。消毒实际工作中最常用百分浓度。

1. 百分浓度

溶质为固体或气体时，百分浓度是指 100mL 溶液中含有溶质的克数。溶质为液体时，是指 100mL 溶液中含有溶质的毫升数。

2. 体积比浓度

体积比浓度指用两种液体配制溶液时，为了操作方便，用两种液体的体积比表示浓度。例如1:10 的盐酸溶液，就是指 1 体积浓盐酸与 10 体积水配成的溶液。体积比浓度一般在对浓度要求不太精确时使用。

3. 百万分比（mg/L）浓度

百万分比（mg/L）浓度是指用溶质质量占全部溶液质量的百万分比来表示的浓度。

4. 摩尔浓度

摩尔浓度是用1L（1000mL）溶液中所含溶质的摩尔数来表示的溶液浓度。通常用"摩尔/升（mol/L）"表示。1 摩尔在数值上与该物质的相对分子质量相同。

（二）消毒剂的配制方法

1. 固体消毒剂配制溶液

固体消毒剂的配制直接根据质量浓度或质量分数计算溶质用量和溶剂用量即可。

2. 消毒剂溶液稀释

稀释消毒液时，可按式（2-1）计算消毒剂原药液和应加溶剂的量。

$$C_1 V_1 = C_2 V_2 \tag{2-1}$$

式中　C_1——原药液浓度；

　　　V_1——原药液容量；

　　　C_2——需配制药液的浓度；

　　　V_2——需配制药液的容量。

（三）消毒稀释液的计算方法

【例 2-1】某含氯消毒剂的有效氯含量为 50000mg/L，需要配制有效氯含量为 1000mg/L 的消毒剂溶液 10L（10000mL），应取消毒剂原液多少 mL？加水多少 L？

$$V = （C' \times V'）/C$$
$$= （1000mg/L \times 10000mL）/50000mg/L$$
$$= 200mL$$

$$X = 10000 - 200 = 9800mL = 9.8L$$

故应取消毒剂原液 200mL，加水 9.8L，即可配制有效氯含量为 1000mg/L 的消毒剂溶液 10L。

【例 2-2】某含氯消毒剂的有效氯含量为 0.5%，需要配制有效氯含量为 1000mg/L 的消毒剂溶液 10L（10000mL），应取消毒剂原液多少 mL？加水多少 L？

有效氯含量为 0.5% 相当于 100mL 消毒剂中含有 0.5g（500mg）有效氯，每 L（1000mL）中含有 5000mg 有效氯，即有效氯含量为 5000mg/L。

$$V = （C' \times V'）/C$$
$$= （1000mg/L \times 10000mL）/5000mg/L$$
$$= 2000mL$$

$$X = 10000 - 2000 = 8000mL = 8L$$

故应取有效氯含量为 0.5% 消毒剂原液 2000mL，加水 8L，即可配制有效氯含量为 1000mg/L 的消毒剂溶液 10L。

【例 2-3】某含氯消毒剂的有效氯含量为 0.5%，需要配制有效氯含量为 200mg/L 的消毒剂溶液 10L（10000mL），应取消毒剂原液多少 mL？加水多少 L？

1mg/L 相当于 1000000mL 消毒剂中含有 1g（1000mg）有效氯，每升（1000mL）中含有 1mg 有效氯，即有效氯含量为 1mg/L。

$$V = (C' \times V')/C$$
$$= (200mg/L \times 10000mL)/5000mg/L$$
$$= 400mL$$
$$X = 10000 - 400 = 9600mL = 9.6L$$

故应取有效氯含量为 0.5% 消毒剂原液 400mL，加水 9.6L，即可配制有效氯含量为 200mg/L 的消毒剂溶液 10L。

（四）常见的消毒剂配制表

1. 二氯异氰尿酸钠溶液配制方法（表 2-5）

表 2-5　　　　　　　　　二氯异氰尿酸钠溶液配制方法

二氯异氰尿酸钠	使用浓度/mg/L					
（原药浓度55%）	500	1000	2000	5000	10000	50000
加水量/L	取药量/g					
1	0.9	1.8	3.6	9.1	18.2	90.9
10	9	18	36	91	182	909
15	13.5	27	54	136.5	273	1363.5
20	18	36	72	182	364	1818
25	22.5	45	90	227.5	455	2272.5

2. 过氧乙酸溶液配制方法

对二元包装的过氧乙酸，配制前按产品使用说明书将 A、B 两液混合。混合后根据有效成分含量，按表 2-6 方法配制。

表 2-6　　　　　　　　　过氧乙酸溶液配制方法

原药浓度/%	使用浓度/mg/L													
	2000 (0.2%)		3000 (0.3%)		4000 (0.4%)		5000 (0.5%)		10000 (1%)		20000 (2%)		50000 (5%)	
	取药量/mL	加水量/mL	取药量/mL	加水量/mL	取药量/mL	加水量/mL	取药量/mL	加水量/mL	取药量/mL	加水量/mL	取药量/mL	加水量/mL	取药量/mL	加水量/mL
20	10	990	15	985	20	980	25	975	50	950	100	900	250	750
18	11	989	17	983	22	978	28	972	56	944	111	889	278	722

任务三　掌握动物疫病防治技术

一、生物防治技术

(一) 免疫计划的制订

免疫计划是指根据某些传染病的发生规律，将有关疫苗，按科学的免疫程序，有计划地给动物接种，使动物机体获得对这些传染病的免疫力，从而达到控制、消灭传染源的目的。在进行免疫接种前必须拟定免疫计划，其方法如下。

1. **明确待免疫动物群**

了解本场或本地区所饲养的动物种类、年龄、用途及健康状况。不同种类、不同年龄、不同用途的动物，其免疫程序是不同的，如肉用鸡因其饲养周期短，一般来说需要免疫的疫病和免疫次数均少；而蛋用鸡和种鸡则不同。

2. **计划需要免疫的病种**

根据本地区或本养殖场及周边地区疫病发生和流行情况，对常见多发、危害大的疫病实施免疫。

3. **确定每种病免疫次数**

大多数疫病都需要多次免疫，有些需要终生免疫，如鸡新城疫。这要根据待免动物群的种类、用途以及疫苗的生物学特性来确定。

4. **确定疫苗种类**

根据待免动物群年龄、疫苗特性以及计划需要免疫的病种来确定需要选用的疫苗种类。

5. **查阅免疫监测结果或进行抗体检测**

由于发病不分年龄的疫病需终生免疫，所以应根据抗体消长规律来确定首免日期及加强免疫的时间。初次使用免疫程序的动物也应测定其免疫水平，对新生动物进行免疫接种需要测定其母源抗体水平。

6. **季节性疾病的免疫**

根据疫病的发病及流行特点来决定疫苗接种的季节，常发生于一定季节的疫病或常发生于一定年龄段的疫病，应在流行季节到来之前的一定时间进行免疫接种。

(二) 免疫生物制品的选择

利用微生物、寄生虫及其组织成分或代谢产物以及动物或人的血液与组织液等生物材料为原料,通过生物学、生物化学以及生物工程学的方法制成的,用于传染病或其他疾病的预防、诊断和治疗的生物制剂称为生物制品。狭义的生物制品是指利用微生物及其代谢产物或免疫动物而制成的,用于传染病的预防、诊断和治疗的各种抗原或抗体制剂。主要包括疫苗、免疫血清和诊断液三大类。在动物防疫中最常用的生物制品是疫苗。

疫苗是指由病原微生物或其组分、代谢产物经过特殊处理所制成的、用于人工主动免疫的生物制品。疫苗种类繁多,按构成成分及其特性,可将疫苗分为常规疫苗、亚单位疫苗和生物技术疫苗三大类,在动物免疫接种时要正确选择疫苗才能起到疫病防治的作用。

(三) 生物制品的保存和运送

1. 生物制品的保存

各种疫苗应保存在低温、阴暗及干燥的场所。

(1) 保存温度

①冻干活疫苗:分-15℃和2~8℃两种保存温度,前者加普通保护剂,后者加有耐热保护剂。加有耐热保护剂的疫苗在2~8℃环境下,有效期可达2年,是冻干活疫苗的发展方向。如果超越此限度,温度愈高影响愈大。如鸡新城疫I系弱毒冻干苗在-15℃以下保存,有效期为2年;在0~4℃保存,有效期为8个月;在10~15℃保存,有效期为3个月;在25~30℃保存,有效期为10d。生物制品保存期间,切忌温度忽高忽低。

②灭活疫苗:灭活疫苗分油佐剂、蜂胶佐剂、铝胶佐剂和水剂苗。一般在2~8℃贮藏,严防冻结,否则会出现破乳现象(蜂胶佐剂苗既可2~8℃保存也可-10℃保存)。

③细胞结合型疫苗:如马立克氏病血清I、D型疫苗等必须在液氮中(-196℃)贮藏。

(2) 避光,防止受潮 光线照射,尤其阳光的直射,均影响生物制品的质量,所有生物制品都应严防日光暴晒,贮藏于冷暗干燥处。潮湿环境,易长霉菌,可能污染生物制品,并容易使瓶签字迹模糊和脱落等。因此,应把生物制品存放于有严密保护及除湿装备的地方。

(3) 分类存放 按疫苗的品种和批号分类码放,并加上明显标志。

2. 生物制品的运送

(1) 妥善包装 运输疫苗时,要妥善包装,防止运输过程中发生损坏。

(2) 严格控制运输温度

①冻干活疫苗:应冷藏运输。如果量小,可将疫苗装入保温瓶或保温箱内,再放入适量冰块进行包装运输;如果量大,应用冷藏运输车运输。

②灭活疫苗：宜在 2~8℃温度下运输。夏季运输必须使用保温瓶，放入冰块。避免阳光照射。冬季运输应用保温防冻设备，避免冻结。

③细胞结合型疫苗：鸡马立克病血清Ⅰ型、D型疫苗必须用液氮罐冷冻运输。运输过程中，要随时检查液氮，尽快运达目的地。

3. 运输注意事项

（1）专人负责　疫苗生产企业、疫苗批发企业应指定专人负责疫苗的发货、装箱、发运工作。发运前应检查冷藏运输设备的启动和运行状态，达到规定要求后，方可发运。

（2）严格按照疫苗储存温度要求进行运输　冷藏车或配备冷藏设备的疫苗运输车在运输过程中，温度条件应符合疫苗储存要求。动物疫病预防控制机构、疫苗生产企业、疫苗批发企业应对运输过程中的疫苗进行温度监测并记录。记录内容包括疫商名称、生产企业、供货（发送）单位、数量、批号及有效期、启运和到达时间、启运和到达时的疫苗储存温度和环境温度、运输过程中的温度变化、运输工具名称和接送疫苗人员签名。

冻干活疫苗在运输、贮藏、使用过程中，避免温度过高和反复冻融（反复冻融3次疫苗即失去效力）。

（3）运输过程中，避免日光暴晒。

（4）采用最快的运输方式，尽量缩短运输时间。

（5）采取防震减压措施，防止生物制品包装破损。

（四）免疫接种技术

免疫接种是激发动物机体产生特异性免疫力，使易感动物转化为非易感动物的重要手段，是预防和控制动物传染病的重要措施之一。在一些重要传染病的控制和消灭过程中，有组织、有计划地进行疫苗接种是行之有效的方法。

1. 免疫接种的类型

免疫接种分为预防接种、紧急接种和临时接种。

（1）预防接种　为控制动物传染病的发生和流行，减少传染病造成的损失，根据一个国家、地区或养殖场传染病流行的具体情况，按照一定的免疫程序有组织、有计划地对易感动物群进行疫苗接种。

（2）紧急接种　某些传染病暴发后，为迅速控制和扑灭该病的流行，对疫区和受威胁区尚未发病动物群进行的免疫接种。

（3）临时接种　在引进或运出动物时，为了避免在运输途中或到达目的地后发生传染病而进行的预防免疫接种。

2. 常见免疫接种技术

（1）家禽免疫接种技术　滴鼻、点眼。滴鼻、点眼是目前最常用的个体免疫接种方法之一，主要适用于鸡新城疫、鸡传染性支气管炎等需经黏膜免疫途径免疫的疫苗。滴鼻时用一手指堵一鼻孔，滴另一鼻孔。滴鼻、点眼时，不能放鸡过快，要停留 1~2s，使药液完全吸收（图 2-7）。

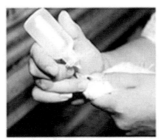

（1）稳定鸡只　　　　　（2）将鸡头固定在水平状态　　　　　（3）点眼操作

图 2-7　点眼

（2）饮水免疫　饮水免疫方便、省力，家禽应激反应最小，能诱导黏膜免疫，但是免疫不均衡，疫苗在水溶液中时间过长时降低免疫效果。

①免疫用水：常规使用生理盐水或蒸馏水，也可使用凉开水，不可用含有氯消毒剂的自来水。如禽数量较多可以将自来水放于大口容器内让太阳晒，使氯挥发或添加去氯剂（10L 水加 10% 硫代硫酸钠 3~10mL）。计算好疫苗和用水量，在水中先加入 0.1%~0.3% 脱脂乳粉，5min 后再将疫苗加入水中混匀，立即饮用器具。

②适宜搪瓷、木制、塑料器具：饮水器具应适宜，确保应免禽同时饮到疫苗水。不得用金属器具。

③免疫时间：最好在早晨或傍晚。

④温度：水温不得越过 20℃。

⑤饮水时间：为使群体在短时间内每个个体都能摄入足够量的疫苗水，应根据动物的不同和气温情况控水，夏季为 3~4h，冬季为 5~6h，疫苗稀释后 30~45min 内饮完，饮完疫苗水后再停水 1h 方可喂料、饮水。高温季节使用时，饮水中可先加入无菌冰块。

⑥饮水量：依鸡日龄大小而定。一般 7~10 日龄鸡，每只 5~10mL；20~30 日龄鸡，每只 10~20mL；30 日龄以上鸡，每只 30mL。

⑦避免阳光直射。

⑧最好在水中开启疫苗瓶。

⑨疫苗接种前后至少 24h 内饮水中不加入消毒剂、抗病毒药物及磺胺等免疫抑制药物。

（3）喷雾或气雾免疫　喷雾或气雾免疫是一种常用群体免疫技术。一般 1 日龄雏鸡喷雾，每 1000 只鸡的喷雾量为 100~200mL；平养鸡为 250~500mL；笼养鸡为 250mL。

免疫前，应关闭门窗、通风和取暖设备，使鸡舍处于黑暗中。喷雾器和气雾机的位置约在禽群上方 60~70cm。支原体发病场严禁喷雾或气雾免疫。

（4）注射免疫

①颈背部皮下注射（图 2-8）：主要用于接种灭活疫苗。针头从颈部下 1/3 处，针孔向下与皮肤呈 45°角从前向后方向刺入皮下 0.5~1cm，使疫苗注入皮肤与肌肉之间。

图 2-8　颈部注射

②双翅间脊柱侧面皮下注射：该部位是最佳皮下注射部位，由头部向尾部方向进针，局部反应较小，特别适合油乳剂灭活疫苗。

③胸部肌肉注射：注射器与胸骨成平行方向，针头与胸肌呈 30~40°倾斜的角度，于胸部中 1/3 处向背部方向刺入胸肌。切忌垂直刺入胸肌，以免出现穿破胸腔的危险。

④腿部肌肉注射：主要用于接种水剂疫苗，也可用于油乳灭活疫苗。以大腿无血管处为佳。

（5）刺种　把沾满溶液的针刺入翅膀内侧无血管处。每 1 瓶疫苗应更换一个新的刺种针。接种 1 日龄禽可以在大腿或腹部的皮肤刺种。刺种 5~7d 后检查刺种部位，如果有红肿、水疱或结痂，表示接种成功。刺种部位的结痂于 2~3 周后可自行脱落。

（6）涂擦　适用于禽痘和禽传染性喉气管炎免疫。接种禽痘时，首先拔掉禽大腿部的 8~10 根羽毛，然后用高压灭菌消毒的棉签或毛刷蘸取疫苗，逆着羽毛生长的方向涂刷 2~3 次。也可用擦肛法，常用于鸡传染性喉气管炎弱毒疫苗的免疫，可减少疫苗的应激反应。翻开肛门，用消毒棉拭或专用刷子，沾满稀释好的疫苗，涂抹或轻轻地刷拭肛黏膜。毛囊涂控鸡痘疫苗后 10~12d 局部会出现同刺种一样的反应；擦肛后 4~5d，可见泄殖腔黏膜潮红，否则应重新接种。

（7）拌料 要用于球虫的免疫。洁净容器中加入 1200mL 蒸馏水或凉开水，将疫苗倒入水中（冲洗疫苗瓶和盖），然后加入加压式喷雾器中，把球虫疫苗均匀地喷洒在饲料上，搅拌均匀，让鸡在 6~8h 内采食干净。

（8）皮内注射 禽皮内注射部位宜在肉髯部。

3. 家畜免疫接种技术

（1）滴鼻 如伪狂犬疫苗用于 3 日龄内乳猪滴鼻。

（2）口服 如牛、羊口服猪 2 号布氏杆菌苗。注意口服菌苗时，必须空腹，最好是清晨喂饲，服疫苗 30min 后方可喂食。

（3）肌肉注射 选择合适针头，猪于耳后颈部肌肉注射，牛、马、羊等于颈中部肌肉注射。

（4）穴位注射

①后海穴注射：局部消毒后，于后海穴向前上方进针，刺入 0.5~4cm。根据畜体大小注意进针深度。

②风池穴注射：局部剪毛、消毒后，垂直刺入 1~1.5cm（依猪只大小和肥瘦，掌握进针深度）。

（5）皮下注射 宜选择皮薄、被毛少、皮肤松弛、皮下血管少的地方。常用的部位有家畜颈侧中部 1/3 部位皮下注射、尾根皮下注射，犬、猫的背部皮下注射等。

（6）皮内注射 宜选择皮肤致密、被毛少的部位。马、牛宜在颈侧、尾根、肩胛中央，猪宜在耳根后，羊宜在颈侧或尾根部。对注射部位进行消毒；将针头于皮肤面呈 15° 刺入皮内 0.5cm 左右注入药液。注射完毕，拔出针头，用消毒干棉球轻压针孔，以避免药液外溢，最后涂以 5%碘酊消毒。

（7）胸腔肺内注射 用于猪气喘病弱毒疫苗的免疫注射。猪胸腔肺内注射的部位是在猪右侧，倒数第 7 肋间至肩胛骨后缘 3~5cm 处进针，针头进入胸腔有入空感，回抽针发现无血或其他内容物，即可注入疫苗。

（五）免疫接种注意事项

1. 注意无菌操作

（1）器械消毒 注射器及针头需蒸煮灭菌、高压灭菌或用一次性注射器。灭菌后的器械 7d 内不用，应重新灭菌。禁止使用化学药品消毒器械。使用一次性无菌塑料注射器时，要检查包装是否完好和是否在有效期内。

（2）针头选择 家畜应一畜一针头，禽则最多每 50 只就需换一个针头。针头大小要适宜，若过短、过粗，拔出针头时，疫苗易顺针孔流出，或将疫苗注入脂肪层；针头过长，易伤及骨膜、脏器。

2. 做好操作人员个人安全防护和畜禽保定

（1）消毒　免疫接种人员剪短手指甲，用肥皂、消毒液（来苏儿或新洁尔灭溶液等）洗手，再用75%酒精消毒手指。

（2）个人防护　穿工作服、胶靴，戴橡胶手套、口罩、帽等。在进行气雾免疫和布病免疫时应戴护目镜。

（3）保定畜禽　不同的动物采用相应的保定措施，以防免疫接种人员遭受伤害，同时便于免疫操作。

3. 免疫时要注意动物健康状况

（1）只有健康动物方能接种　体质瘦弱的畜禽接种后，难以达到应有的免疫效果。当畜（禽）群已感染发病时，注射疫苗可能会导致死亡；对处于潜伏期、感染期的畜禽易造成疫情暴发。

（2）幼龄和孕前期、孕后期的动物，不宜接种或暂缓接种疫苗　由于幼畜禽免疫应答较差，可从母体获得母源抗体，疫苗易受母源抗体干扰，所以初生畜禽不宜免疫接种；怀孕后期的家畜，应谨慎接种疫苗以防引起流产；繁殖母畜，宜在配种前1个月注射疫苗。

（3）屠宰前28d内禁止注射油乳剂疫苗。

4. 正确使用疫苗

（1）检查疫苗外观　凡发现疫苗瓶破损、瓶盖或瓶塞密封不严或松动、无标签或标签不完整（包括疫苗名称、批准文号、生产批号、出厂日期、有效期、生产厂家等）、超过有效期、色泽改变、发生沉淀、破乳或超过规定量的分层（超过疫苗总量的1/10）、有异物、有霉变、有摇不散凝块、有异味、无真空等，一律不得使用。

（2）详细阅读使用说明书　免疫接种之前要详细阅读疫苗使用说明书，了解疫苗的用途、用法、用量和注意事项等。

（3）平衡温度　使用冻干苗时，应先置于室温（15~25℃）平衡温度后，方可稀释使用；油乳苗要达到25~35℃，方可使用，使用中应不断振摇；使用鸡马立克氏病细胞结合型活毒疫苗（液氮苗）时，先将疫苗瓶迅速浸入25℃温水浴中使疫苗溶解，然后用冰冷的专用稀释液稀释后立即接种，在整个接种过程中注意保持疫苗处于低温状态。

（4）正确稀释疫苗　按疫苗使用说明，用规定的稀释液，按规定的稀释倍数和稀释方法稀释疫苗。无特殊规定的，可用注射用水或生理盐水。

（5）防止散毒　使用弱毒疫苗时，应避免外溢；未使用完的弱毒疫苗应做高温消毒处理。

（六）微生态制剂应用技术

1. 概念

微生态制剂又称活菌制剂、益生菌制剂，指能在动物消化道中生长、发育或繁殖，并起有益作用的微生物制剂。微生态制剂是近10多年来为替代抗生素添加剂而开发的一类新型饲料添加剂，它与抗生素、化学药物等有本质的区别，具有以下几个特点：

（1）属于活菌制剂　微生态制剂都是来自人体或动物体内的微生物，不管是真菌还是细菌，加工生产的都是活的菌剂，应用到人、动物体都可以定植、繁殖、运转，从而发挥作用。

（2）安全性高　微生态制剂对宿主、动物本身及其工艺化生产都是安全的，不会像抗生素或化学药物那样使人和动物体产生抗药性，它的生产、使用都是安全的。

（3）具有多种生态效应　微生态制剂具有可调控生态平衡、促进动物生长、防病抗病等作用。

根据微生态制剂的作用特点，可分为益生菌、微生物生长促进剂两类。益生菌即直接饲喂的微生态制剂，主要由正常消化道优势菌群的乳酸杆菌或双歧杆菌等种、属菌株组成。微生物生长促进剂由真菌、酵母、芽孢杆菌等具有很强消化能力的种、属菌株组成。

2. 微生态制剂的作用

（1）维持动物肠道菌群平衡　微生态制剂常用于恢复肠道优势菌群，调节微生态平衡。一些需氧的微生物特别是芽孢杆菌能消耗肠道内氧气，造成局部厌氧环境，有利于厌氧微生物生长，同时也抑制了需氧和兼性厌氧病原菌生长，从而使失调菌群恢复正常，即生物夺氧作用。

（2）抑制病原菌的繁殖　益生素中的有益微生物可竞争性抑制病原菌附着到肠细胞上，促使其随粪便排出体外。给新生家畜、禽接种（或饲喂）益生菌有助于畜禽建立正常的微生物区系，排除或控制潜在的病原体。益生菌在动物肠道内代谢后产生乳酸、丙酸等，能抑制大肠杆菌等有害菌，同时可促进饲料的消化与吸收，而且乳酸的生成又会防止仔猪腹泻。另外，益生菌在代谢过程中产生的过氧化氢对潜在的病原微生物有杀灭作用。

（3）提高饲料转化率，促进生长　有益菌在动物肠道内生长繁殖产生多种消化酶，如水解酶，发酵酶和呼吸酶等，有利于降解饲料中的蛋白质、脂肪和复杂的碳水化合物；并且还会合成B族维生素、氨基酸以及不明促生长因子等营养物质，提高了饲料转化率，促进动物生长。另外，许多微生物本身富含营养物质，添加到饲料中可作为营养物质被动物摄取，从而促进动物生长。

（4）提高机体免疫功能　益生菌可作为非特异免疫调节因子，通过细菌本身或细胞壁成分刺激宿主免疫细胞，使其激活，促进吞噬细胞活力或作为佐剂发挥作用。此外，还可发挥特异性免疫功能，促进宿主 B 细胞产生抗体的能力。

（5）改善环境卫生　微生态制剂中的某些菌属，例如嗜胺菌可利用消化道内游离的氨、胺及吲哚等有害物质，使肠内粪便和血中氨下降，排出的氨也减少。而且排出的粪中还含有大量的活性菌体，可以利用剩余的氨。因此，微生态制剂的添加可极大地降低粪便臭味，改善舍内空气质量，减少机体应激，降低对环境的污染。

3. 微生态制剂的应用及注意事项

（1）正确选用微生态制剂　预防动物疾病时主要选用乳酸菌、双歧杆菌等产乳酸类的微生态制剂；为促进动物快速生长、提高饲料效率，则可选用以芽孢杆菌、乳酸杆菌、酵母菌和霉菌等制成的微生态制剂；若以改善养殖环境为主要目的，应从以光合细菌、硝化细菌以及芽孢杆菌为主的微生态制剂中去选择。

（2）掌握使用剂量　剂量不够，在体内不能形成菌群优势，难以起到益生作用；数量过多，会造成不必要的浪费。一般认为每克日粮中活菌（或孢子）数以 $2×10^5 \sim 2×10^6$ 个为佳，饲料中一般添加 0.02% ~ 0.2%。

（3）注意使用时间　微生态制剂在动物的整个生长过程都可以使用，但不同生长时期其作用效果不尽相同。幼龄动物体内微生态平衡尚未完全建立，抵抗疾病的能力较弱，此时引入益生菌，可较快地进入体内，占据附着点，效果最佳。如预防仔猪下痢，宜在母猪产前 15d 使用；为控制仔猪断乳应激性腹下痢，可从仔猪断乳前 2d 开始喂至断乳后 5d 停药。另外在断乳、运输、饲料转变、天气突变和饲养环境恶劣等应激条件下，动物体内微生态平衡易遭破坏，使用微生态制剂对形成优势种群极为有利。

（4）避免与抗菌类药物合用　微生态制剂是活菌制剂，而抗生素具有杀菌作用，一般情况下不可同时使用。但是当肠道内病原体较多，而微生态制剂又不能取代肠道微生物时，可先用抗生素调理肠道，然后使用微生态制剂，使非病原菌及微生态制剂中的有益菌成为肠道内的有益菌群。

（5）保存恰当　应尽量采用低温、干燥、避光的环境存放，以保证活菌制剂的效果。

二、药物防治技术

在正常的饲养管理状态下，适当使用化学药物、抗生素、微生态制剂等，加入饲料或饮水，以调节机体代谢、增强抵抗能力和预防多种病的发生，这种方法称之为药物预防。药物治疗是给患病动物应用药物以恢复其健康。

动物传染病种类繁多，目前，虽然已经研制出了许多有效的疫苗，以此来预防和控制疫病的发生及流行，但仍有一些疫病还未研制出疫苗；或虽然已经研制出疫苗，但在实际应用中尚存在一定的问题。因此，使用适当的药物对其进行预防和治疗，是现代养殖业疫病防治的一项重要措施。

（一）药物选择技术

科学、安全、高效地使用兽药，既能及时预防和治疗动物疾病，提高畜牧业经济效益，也能控制和减少药物残留，保证动物产品品质，对提供安全、无公害食品等具有重要意义。科学有效地使用兽药，应把握好以下几个基本环节及原则。

1. 选购质量可靠、疗效确切的兽药

（1）要了解兽药基本常识　兽药优劣可从外观上初步识别，从商标和标签上看，一般合格兽药生产单位的兽药，多带有"R"注册商标，标有"兽用"字样，并有国家兽药药政管理部门核发的产品生产批准文号，产品的主要成分、含量、作用与用途、用法与用量、生产日期和有效期等内容；从产品本身看，水针剂和油溶剂不合格者，置于强光下观察，可见有微小颗粒或絮状物、杂质等；片剂不合格者，其包装粗糙，手触压片不紧，上有粉末附着，无防潮避光保护等。

（2）要选购正规和信誉较好的兽药生产单位的产品　因为这些单位的生产、检测设备和手段相对先进，兽药质量比较稳定；而有的厂家生产设备陈旧，生产工艺简陋，检测手段不健全，产品质量难以保证，甚至有的厂家因受利益驱动，铤而走险，有意制售假劣兽药。因此，在选购兽药时，不能只图便宜而不顾质量。同时，应注意观察兽药包装上有无该药品的生产批准文号、厂家地址、生产日期、使用说明书及有效期或保质期等内容。如果以上内容不全或不规范，则说明该兽药质量值得怀疑，最好不要购买。

（3）要了解兽药主要品种的有效成分、作用、用途及注意事项　同一类兽药有多个不同的商品名，购买时要了解该产品的主要成分及含量，掌握其作用、用途、用法与用量等内容。在使用过程中，应按照其说明书使用，尽量避免因过量使用兽药造成药物浪费或畜禽中毒；也要防止因用量过小达不到治疗效果。

2. 在正确诊断的前提下准确用药

用药前，准确判断畜禽病情十分重要，是及时治疗、避免因兽药使用不当而造成疫病防治失败的关键。采用对因治疗和对症治疗的方法，依据"急则治其标、缓则治其本、标本皆治"的原则用药。防止出现这类问题：药没少用，但未起到防治效果，造成不必要的损失和药物浪费、增加饲养成本。根据病因和症状选择药物，是减少浪费、降低成本的有效方法。

3. 安全用药，科学配伍

要根据畜禽的病情，选用安全、高效、低毒的药物。如根据病情要用两种或两种以上的药物时，要科学配伍使用兽药，可起到增强疗效、降低成本、缩短疗程等积极作用，但如果药物配伍使用不当，将起相反作用，导致饲养成本加大、畜禽用药中毒、动物机体药物残留超标和畜禽疾病得不到及时有效治疗等副作用。

4. 把握科学用药的相关原则

目前，在市场经济条件下，人们日益关注绿色食品。针对畜牧生产中用药存在的问题和实际情况，必须正确认识，克服弊端，努力把握以下6个原则：

（1）预防为主、治疗为辅的原则　由于养殖者对畜禽疾病，特别是传染病方面的认识不足，出现只重治疗、不重预防的现象，这是十分错误的。有的畜禽传染病只能早期预防，不能治疗，如病毒性传染病。因此，对一些病毒性传染病应做到有计划、有目的、适时地使用疫苗进行预防，平时注重消毒和防疫；若出现疫情，根据实际情况及时采取隔离、扑杀等措施，以防疫情扩散。

（2）对症下药的原则　不同的疾病用药不同；同一种疾病也不能长期使用一种药物治疗，因为长期使用同一种药物，病菌容易产生耐药性。如果条件允许，最好是对分离的病菌做药敏试验，然后有针对性地选择药物，达到"药半功倍"的效果。在实际生产中，要杜绝滥用兽药和无病用药的现象。

（3）适度剂量的原则　防治畜禽疫病，如果使用剂量过小，达不到预防或治疗效果，而且容易导致耐药性菌株的产生；剂量过大，既造成浪费、增加成本，又会产生药物残留和中毒等不良反应。所以掌握适度的剂量，对确保防治效果和提高经济效益十分重要。

（4）合理疗程的原则　对常规畜合疾病来说，一个疗程一般为3~5d，如果用药时间过短，起不到彻底杀灭病菌的作用，甚至可能会给再次治疗带来困难；如果用药时间过长，可能会造成药物浪费和残留现象。因此，在防治畜禽疾病时，要把握合理的疗程。

（5）采用正确给药途径的原则　一般情况下，因禽类数量大，能口服的药物最好随饲料给药而不作肌内注射，不仅方便、省工，而且还可减少因大面积捕捉带来的一些应激反应。而猪、牛等大家畜，采用肌内或静脉注射给药，方便、可靠、快捷；肌内注射又比静脉注射省时省力，能肌内注射的不作静脉注射。在给药过程中，按照规定要求，根据不同药物停药期的要求，在畜禽出栏或屠宰前及时停药，避免残留药物污染食品。

（6）经济效益为首的原则　在用药前要对畜禽的病情有充分的了解，要准确判断疾病的发生、发展和转归，在此基础上制定合理的治疗方案，方案中不但要考虑用什么药、给药途径、疗程等内容，还应考虑用药费用、器材和人工的费用以及治疗之后畜禽的利用价值。如病情严重无治愈的可能或治疗后无利用价值，就不必再去治疗，应尽早淘汰。

（二）给药技术

不同的给药方法可以影响药物的吸收速度、利用程度、药效出现时间及维持时间。药物预防一般采用群体给药法，将药物添加在饲料中，或溶解到水中，让畜禽服用，有时也采用气雾法给药。

1. 拌料给药

拌料给药即将药物均匀地拌入饲料中，让畜禽自由采食。该法简便易行，节省人力，减少应激。主要适用于预防性用药，尤其是长期给药。对于患病的畜禽，当其食欲下降时，不宜应用。拌料给药时应注意以下几点：

（1）准确掌握药量　应严格按照畜禽群体重，计算并准确称量药物，以免造成药量过小起不到治疗作用或药量过大引起畜禽中毒。

（2）确保拌和均匀　通常采用分级混合法，即把全部用量的药物加到少量饲料中，充分混合后，再加到一定量饲料中，再充分混匀，然后再拌入到计算所需的全部饲料中。大批量饲料拌药更需多次分级扩充，以达到充分混匀的目的。切忌把全部药量一次性加到所需饲料中，简单混合，这样做会因拌和不均匀造成部分畜禽药物中毒，而大部分畜禽吃不到药物，达不到防治疫病的目的。

（3）注意不良反应　有些药物混入饲料后，可与饲料中的某些成分发生拮抗作用。如饲料中长期混合磺胺类药物，就容易引起鸡维生素 B 或维生素 K 缺乏。应密切注意并及时纠正不良反应。

2. 饮水给药

饮水给药是指将药物溶解到饮水中，让畜禽在饮水时饮入药物，发挥药理效应，常用于预防和治疗疫病。饮水给药所用的药物应是水溶性的。为了保证全群内绝大部分个体在一定时间内都喝到一定量的药水，应考虑畜禽的品种、畜舍温度、湿度、饲料性质、饲养方法等因素，严格掌握畜禽一次饮水量，然后按照药物浓度，准确计算用药剂量，以保证药饮效果。

在水中不易被破坏的药物，可以让畜禽长时间自由饮用；而对于一些容易被破坏或失效的药物，应要求畜禽在一定时间内全部饮尽。为此，在饮水给药前常停饮一段时间，气温较高季节停饮 1~2h，以提高动物饮欲。然后给予加有药物的饮水，让畜禽在一定时间内充分喝到药水。

3. 气雾给药

气雾给药是指用药物气雾器械，将药物弥散到空气中，让畜禽通过呼吸作用吸入体内或作用于畜禽皮肤及黏膜的一种给药方法。气雾给药时，药物吸收快，作用迅速，节省人力，尤其适用于现代化大型养殖场，但需要一定的气雾设备，且畜舍门窗应能密闭。

并不是所有的药物都可通过气雾途径给药。可应用于气雾途径给药的应该是无刺激性，易溶解于水。有刺激性的药物不应通过气雾给药。若欲使药物作用于肺部，应选用吸湿性较差的药物，而要想使药物作用于上呼吸道，就应选择吸湿性较强的药物。

气雾给药时，雾粒直径大小与用药效果有直接关系。气雾微粒越细，越容易进入肺泡内，但与肺泡表面黏着力小，容易随呼气排出，影响药效。若微粒过大，则不易进入肺内。要使药物主要作用于上呼吸道，就应选用雾粒较大的雾化器。大量试验证实，进入肺部的微粒直径以 $0.5 \sim 5 \mu m$ 最合适。

在应用气雾给药时，不要随意套用拌料或饮水给药浓度。应按照畜舍空间和气雾设备，准确计算用药剂量。以免造成不应有的损失。

4. 体外用药

体外用药主要指杀死畜禽的体表寄生虫、微生物所进行的体表用药。包括喷洒、喷雾、熏蒸和药浴等不同方法。涂擦法适用于畜禽体表寄生虫的驱虫，以及部分体内寄生虫的驱治。药浴主要适用于羊体外寄生虫的驱治，特别是在牧区，每年在剪毛后，常选择晴朗无风的天气配制好药液，进行药浴或喷淋。

(三) 常用药物及应用

1. 防治传染病常用药物

防治传染病除了选用生物制品外，还可应用抗生素、化学合成抗菌药等进行防治。

(1) 抗生素

①β-内酰胺类：抗 G^+ 球菌、G^+ 杆菌、放线菌、螺旋体等。

临床常用药物：青霉素类如青霉素 G、阿莫西林等；头孢菌素类如头孢拉定、头孢噻呋等。

②氨基糖苷类：对 G^- 菌作用突出，对 G^+ 球菌也有效。

临床常用药物：

链霉素：是治疗结核杆菌和鼠疫杆菌感染的首选药，细菌极易产生耐药性。对鸡传染性鼻炎和鹌鹑溃疡性肠炎有较好疗效。

庆大霉素：广谱，不易耐药，抗菌作用强。

卡那霉素：与庆大霉素相似。

新霉素：与卡那霉素相似，但毒性大，仅用于口服和局部用药。

丁胺卡那霉素（阿米卡星）：抗菌谱更宽，对钝化酶稳定，对耐药菌株有效。

奇霉素：广谱，对淋球菌突出，对霉形体、大肠杆菌均有效。

③大环内酯类：对 G^+ 菌、部分 G^- 菌（球菌、流感杆菌、巴氏杆菌）、霉形体、立克次体、钩端螺旋体等有效。动物对本类药物易产生耐药性。

临床常用药物：红霉素、麦迪霉素、螺旋霉素、吉他霉素（北里霉素）、竹桃霉素、交沙霉素、罗红霉素、阿奇霉素、克拉霉素、泰乐菌素等。

④林可霉素类：对菌和霉形体有效。临床常用药物为林可霉素（洁霉素），常用于呼吸道和消化道感染。本品与奇霉素合用，对鸡毒支原体或大肠杆菌病的效力超过单一药物。

⑤多肽类：主要用于治疗肠道感染和促生长。

临床常用药物：

主要抗 G^+ 菌的药物：杆菌肽，维吉尼霉素、持久霉素（恩拉霉素）、硫肽霉素、米加霉素（蜜柑雷素）、阿伏霉素、黄霉素（斑伯霉素）、大碳霉素、魁北霉素等。

主要抗 CT 菌的药物：硫酸黏杆菌素 B 和硫酸黏杆菌素 E。

⑥四环素类：对 G^+ 细菌、细菌、螺旋体、立克次体、霉形体、衣原体、原虫均有效，长时间应用易形成二重感染和维生素缺乏。临床常用药物：

四环素、土雷素、金霉素：用途广、作用弱。

强力霉素（多西环素、脱氧土霉素）：长效、高效、低毒，对四环素、土霉素耐药菌时本品仍有效。

⑦氯霉素类：对 G^+ 细菌、细菌、螺旋体、立克次体、霉形体、衣原体和某些原虫均有效。主要用于伤寒、副伤寒、白痢、大肠杆菌病、子宫内膜炎、乳腺炎、猪胸膜肺炎等。

临床常用药物：

氯霉素：能抑制骨髓造血功能和影响生长，临床上已禁止使用。

甲砜霉素：虽不抑制骨髓造血功能，但可抑制红细胞、白细胞和血小板生成，因此在临床上已较少使用。

氟甲砜霉素（氟苯尼考）：为动物专用抗生素，现已广泛应用于兽医临床，疗效较好。本品不抑制骨髓造血功能，但有胚胎毒性，因此妊娠动物禁用。

（2）化学合成抗菌药

①磺胺类药物：对 G^+ 细菌、细菌、立克次体、衣原体、原虫等均有抑制作用。

临床常用药物：

磺胺-6-甲氧嘧啶（SMM）：抗菌最强，长效，主要用于全身感染，对猪弓形虫、鸡球虫、鸡住白细胞虫效果良好。

磺胺甲噁唑（SMZ）：抗菌强，用于全身感染，长效，但肾毒性大，对球虫有较好疗效。

磺胺嘧啶（SD）：抗菌作用较强，易进入脑部，用于全身感染。

磺胺二甲嘧啶（SM_2）：作用与磺胺嘧啶相似，但疗效较差，对球虫有效，乳汁中含量高。

磺胺氯丙嗪（EsB_3）：抗球虫作用好。

磺胺脒（SM）：主要用于消化道感染。

甲氧苄啶（TMP）：抗菌增效剂，用于全身细菌感染。

②硝基呋喃类：此类药物有呋喃唑酮、呋喃妥因、呋喃西林、呋喃它酮等。因具有潜在的"三致"作用，已禁止使用。

③硝基咪唑类：广谱抗菌（特别是厌氧菌）、抗原虫。

临床常用药物：

地美硝唑（二甲硝咪唑）：广谱抗菌，对螺旋体疗效佳，抗原虫。水禽对本品敏感，大剂量可引起平衡失调。

甲硝唑：强力杀厌氧菌，对蠕形螨、滴虫、兔球虫疗效佳。

④喹噁啉类：广谱抗菌，对 T 菌作用强于 G^+ 菌。

临床常用药物：

卡巴氧：广谱抗菌，主要用于大肠杆菌、巴氏杆菌等 G^- 菌感染和猪痢疾密螺旋体感染，促生长。

乙酰甲喹：与卡巴氧相似，对菌强于卡巴氧，主要用于仔猪黄白痢、鸡白痢等症，但家禽敏感易中毒，促生长。

喹乙醇：与卡巴氧相似，促生长好。

⑤氟喹诺酮类：广谱杀菌，菌强于 G^+ 菌，对霉形体、衣原体、螺旋体作用强。

临床常用药物：氟哌酸、氧氟沙星、左氧氟沙星、培氟沙星、环丙沙星、依诺沙星、洛美沙星、氟罗沙星（多氟沙星）、氧氟沙星、二氟沙星（双氟哌酸）、恩诺沙星（乙基环丙沙星）、沙拉沙星、达诺沙星（单诺沙星）、马波沙星等，其中后 5 种为动物专用。

2. 防治寄生虫病常用药物

（1）抗蠕虫药　蠕虫包括线虫、绦虫、吸虫、血吸虫几种。

临床常用药物：

①驱线虫药：阿维菌素类如阿维菌素、伊维菌素、多拉菌素和伊利菌素，常用的有阿维菌素和伊维菌素；咪唑类如噻苯咪唑、丙硫苯咪唑；咪唑并噻唑类如盐酸左旋咪唑；四氢嘧啶类如噻嘧啶等均具有较好的驱线虫效果。

②驱绦虫药：吡喹酮是较为理想的新型广谱驱绦虫药、抗血吸虫药和驱吸虫药。对囊尾蚴、多头蚴等也有较好的效果；氯硝柳胺驱绦虫范围广、效果好、毒性低、使用安全。用于畜禽绦虫病，反刍动物前后盘吸虫病。犬、猫对本品稍敏感；鱼类敏感，易中毒致死。

③驱吸虫药：硝氯酚（拜尔—9015）：是国内外广泛应用的抗牛羊肝片吸虫药，具有高效、低毒特点。治疗量一次内服，对肝片吸虫成虫驱虫率几乎达100%。其他如氯生太尔（氯氰碘柳胺）、三氯苯哒唑（三氯苯唑）、海托林（三氯苯哌嗪）均有良好驱虫效果。

④抗血吸虫药：吡喹酮为当前首选的抗血吸虫药，主要用于人和动物血吸虫，也用于绦虫病和囊尾蚴病。此外，硝硫氰醚和六氯对二甲苯（血防—846）对耕牛血吸虫均有疗效。

（2）抗原虫药

①抗球虫药：抗球虫药物种类繁多，临床常用药物有：磺胺药和抗菌增效剂如磺胺二甲嘧啶、磺胺喹噁啉、磺胺二甲氧嘧啶、磺胺氯丙嗪等；氯羟吡啶又名克球多；硝苯酰胺类如二硝托胺（球痢灵）；尼卡巴嗪又名球虫净；氯苯胍；氨丙啉；常山酮；三嗪类如地克珠利；莫能霉素、盐霉素、拉沙里菌素、马杜霉素等。

②抗滴虫药：主要防治药物有甲硝唑、二甲硝咪唑（地美硝唑）。

③抗鸡住白细胞虫药：乙胺嘧啶、磺胺间甲氧嘧啶、磺胺喹噁啉、青蒿素等。

项目三　动物检疫基础知识

任务一　了解动物检疫

一、动物检疫的概念和特点

（一）概念

所谓动物检疫，指的是为了预防、控制动物疫病传播、扩散和流行，保护动物生产和人体健康，遵照国家法律，运用强制性手段，由法定的机构，法定的人员依照法定的检验项目、标准和方法，对动物及其产品进行检查定性和处理的技术行政措施。

动物检疫是兽医防疫工作的一个重要组成部分，是预防疾病发生的一个重要环节，它对推动畜牧业的发展起着关键的作用。动物检疫是门户，也是养殖行业的一道保护罩，我们要市场维护和更新这个保护罩，不能让它有丝毫损害。

目前，全球动物疫情正处于活跃期，随着国际贸易和人员来往规模的不断扩大，动物疫病传播的风险也随之增大，同时病原体在人与动物之间循环相互传播，使得动物疫病和公共卫生问题日益突出。养殖模式、生态环境变化以及病原体在多宿主之间传递，均影响动物疫病的流行，并呈现新的发病流行特点。

我国是一个养殖业大国，也是一个动物及动物产品进出口大国和消费大国。同时因为养殖行业规模的扩大和增加，导致疫情频发。因此，动物检疫工作是攸关我国的食品安全、生态环境、保护进出口贸易安全、社会稳定等全局性综合性的重要工作，责任重大，使命艰巨。

（二）特点

动物检疫不同于一般的动物疫病诊断和检查，它是政府行为。有一定的法律效应，在各方面的管理都比较严格，所以它有以下特性。

1. 强制性

《中华人民共和国动物防疫法》为法律依据，动物卫生监督机构实施检疫是行政执法行为，是政府行为，受法律保护。由国家行政力量支持强制作为后盾，动物检疫不是一项可做可不做的工作，而是一项非做不可的工作，凡是拒绝、阻挠、逃避动物检疫的都属于违法行为，都将受到法律制裁，触犯刑律的，依法追究刑事责任。

2. 法定性

法定性指法定的机构、人员、检疫项目、对象和方法，以及法定的处理方式、证章标志。《中华人民共和国动物防疫法》规定，县级以上人民政府畜牧兽医行政管理部门主管本行政区域内的动物防疫工作。县级以上的人民政府所属的动物防疫监督机构是动物检疫与实施监督的主体。

动物卫生监督机构的官方兽医具体实施动物，动物产品检疫官方兽医应当具备规定的资格条件，取得国务院兽医主管部门颁发的资格证书。

3. 动态性

动态性指检疫结果只是对被检疫动物、动物产品一定时间段、一定种类的动物疫病的状况。因此有有效期的规定。

4. 法定检疫对象

检疫对象是指动物检疫过程中政府规定的动物疫病。检疫工作的直接目的是通过动物检疫，发现、处理带有检疫对象的动物及其动物产品。但是，由于目前发现的动物疫病已达到数百万之多，如果对每种动物疫病都从头到尾进行彻查，需要花费大量的财力、物力、人力及时间，这在实际工作中既不现实，也不必要，因此国家和地方根据各种疫病危害的大小、流行情况、分布区域以及被检动物及其产品的用途，以法律形式，将某些重要的一并规定为必检对象。

5. 法定的处理方法

对动物产品实施检疫检验后，动物检疫人员应根据检验结果依法做出相应的处理决定，其处理方式必须依法进行，不得任意设定。

（三）动物检疫的作用

动物检疫应具备以下几点作用。

（1）监督作用。

（2）消灭某些动物疫病的有效手段。

（3）促进外贸发展。

（4）防止患病动物和染疫产品进入流通环节。

（5）保护人类身体健康。

二、动物检疫的范围

动物检疫的范围是指动物检疫的责任界限。依据我国动物防疫法及动物检疫管理办法的有关规定，凡在国内生产流通或进出境的贸易性、非贸易性的动物、动物产品及其运载工具，均属于动物检疫的范围。动物检疫的范围可按照动物检疫的实物类别分为国内动物检疫的范围和进出境动物检疫的范围。

（一）国内动物检疫的范围

《中华人民共和国动物防疫法》规定国内动物检疫的范围包括动物和动物产品。

动物是指家畜家禽（主要指牛、马、绵羊、山羊、猪、兔、骆驼、狗、猫、鸡、鸭、鹅、火鸡等哺乳类动物和禽类）和人工饲养、合法捕获的其他动物。

动物产品是指动物的肉、生皮、原毛、绒、脏器、脂、血液、精液、卵、胚胎、蹄、头、角、筋以及可能传播动物疫病的乳、蛋等。

（二）进出境动物检疫的范围

《中华人民共和国进出境动植物检疫法》和《中华人民共和国进出境动植物检疫法实施条例》规定，进出境动物检疫的范围包括进境、出境、过境的动物、动物产品和其他检疫物；装载动物、动物产品和其他检疫物的装载容器、包装物、铺垫材料；来自动物疫区的运输工具；有关法律、行政法规、国际条约规定或者贸易合同约定应当实施进出境动物检疫的其他货物、物品。

动物是指饲养、野生的活动物，如畜、禽、兽、蛇、龟、鱼、虾、蟹、贝、蚕、蜂等。

动物产品是指来源于动物未经加工或者虽经加工但仍有可能传播疫病的产品，如生皮张、毛类、肉类、脏器、油脂、动物水产品、乳制品、蛋类、血液、精液、胚胎、骨、蹄、角等。

其他检疫物是指动物疫苗、血清、诊断液、动物性废弃物等。

三、动物检疫的分类和对象

（一）动物检疫的分类

按照动物及其产品在交易流通中的动态及运转形式，动物检疫在总体上分为国内动物检疫（简称内检）和国境动物检疫（简称外检）两大类（表3-1）。

表3-1　　　　　　　　　　　国内外检疫分类

动物检疫									
国内检疫					国外检疫				
产地检疫	净化检疫	运输检疫	屠宰检疫	市场检疫	进境检疫	出境检疫	过境检疫	携带、邮寄物检疫	运输工具检疫

1. 国内动物检疫（内检）

对国内动物、动物产品，在其饲养、生产、屠宰、加工、贮藏、运输等各个环节所进行的检疫，称为国内动物检疫。其目的是防止动物疫病的传播和蔓延，以保护我国各地养殖业的正常发展和人民健康。

国内动物检疫由农业农村部主管，县级以上畜牧兽医行政管理部门主管本行政区域内的动物检疫工作。县级以上地方人民政府设立的动物卫生监督机构负责本行政区域内动物、动物产品的检疫及其监督管理工作。

动物卫生监督机构指派官方兽医按照《中华人民共和国动物防疫法》和《动物检疫管理办法》的规定对动物、动物产品实施检疫，出具检疫证明，加施检疫标志。动物卫生监督机构可以根据检疫工作需要，指定兽医专业人员协助官方兽医实施动物检疫。

内检有产地检疫和屠宰检疫两种。销售、运输（包括赶运）和屠宰的动物离开生产、饲养地前实施的检疫为产地检疫；对各种运输工具如火车、汽车、船只、飞机等所运送动物、动物产品所进行的检疫为运输检疫监督。在宰前、宰后及屠宰过程中，对动物及其产品进行的检疫为屠宰检疫，包括宰前检疫和宰后检验两个环节；对动物及其产品在市场交易过程中所进行的检疫与监督为市场检疫监督，其主要任务是监督检查，即对市场交易的畜禽及其产品进行验证、查物、抽检、重检、补检、补免等。

2. 国境动物检疫（外检）

在口岸对出入国境的动物、动物产品、可疑染疫的运输工具等进行的检疫和检疫处理，称为国境检疫，又称进出境检疫或口岸检疫（简称外检）。外检的目的是防止动物疫病传入、传出我国国境，保护我国畜牧业生产和人体健康，促进对外经济贸易的发展。外检有进境检疫、出境检疫、过境检疫、携带或邮寄检疫及运输工具检疫等。

（二）动物检疫的对象

动物检疫对象是指政府规定必须实施检疫的动物疫病。动物疫病的种类很多，动物检疫并不是把所有的疫病都作为检疫对象，而是由农业农村部根据国内外动物疫情、疫病的传播特性、保护畜牧业生产及人体健康等需要而确定的。在选择动物检疫对象时，主要考虑四个方面的因素：一是人畜共患病，如炭疽、布鲁杆菌病等；二是危害性大而目前预防控制有困难的动物疫病，如高致病性禽流感、痒病、牛海绵状脑病等；三是急性、烈性动物疫病，如猪瘟、鸡新城疫等；四是尚未在我国发生的国外传染病，如非洲猪瘟、非洲马瘟等。

1. 我国动物的检疫对象

全国动物检疫对象由农业农村部制定、调整并公布，但各级农业部门可以从本地区实际需要出发，在国家规定的检疫对象的基础上适当删减，作为本地区检疫对象。农业农村部于 2008 年 12 月发布修订后的《一、二、三类动物疫病病种名录》共收录动物疫病共 157 种（附录三）。

2. 不同用途动物的检疫对象

（1）屠宰用动物检疫对象

生猪：口蹄疫、猪瘟、高致病性猪蓝耳病、炭疽、猪丹毒、猪肺疫、猪副伤寒、猪 n 型链球菌病、猪支原体肺炎、副猪嗜血杆菌病、丝虫病、猪囊尾蚴病、旋毛虫病。

家禽（鸡、鸭、鹅、鹌鹑、鸽子等禽类）：高致病性禽流感、新城疫、禽白血病、鸭瘟、禽痘、小鹅瘟、马立克病、鸡球虫病、禽结核病。

牛：口蹄疫、牛传染性胸膜肺炎、牛海绵状脑病、布鲁杆菌病、牛结核病、炭疽、牛传染性鼻气管炎、日本血吸虫病。

羊：口蹄疫、痒病、小反刍兽疫、绵羊痘和山羊痘、炭疽、布鲁杆菌病、肝片吸虫病、棘球蚴病。

（2）产地检疫用动物检疫对象

生猪：口蹄疫、猪瘟、高致病性猪蓝耳病、炭疽、猪丹毒、猪肺疫。

牛：口蹄疫、布鲁杆菌病、牛结核病、炭疽、牛传染性胸膜肺炎。

羊：口蹄疫、布鲁杆菌病、绵羊痘和山羊痘、小反刍兽疫、炭疽。

鹿：口蹄疫、布鲁杆菌病、结核病。

骆驼：口蹄疫、布鲁杆菌病、结核病。

家禽：高致病性禽流感、新城疫、鸡传染性喉气管炎、鸡传染性支气管炎、鸡传染性法氏囊病、马立克病、禽疽、鸭瘟、小鹅瘟、鸡白痢、鸡球虫病。

马属动物：马传染性贫血病、马流行性感冒、马鼻疽、马鼻腔肺炎。

（3）种用动物检疫对象

种马、种驴：鼻疽、马传染性贫血、马鼻腔肺炎。

种牛：口蹄疫病、布鲁杆菌病、蓝舌病、结核病、牛地方性白血病、副结核病、牛传染性胸膜肺炎、牛传染性鼻气管炎、牛病毒性腹泻/黏膜病。

种羊：口蹄疫、布鲁杆菌病、蓝舌病、山羊关节炎脑炎、梅迪-维斯纳病、羊痘、螨病。

种猪：口蹄疫、猪水泡病、猪瘟、猪支原体肺炎、猪密螺旋体痢疾。

种兔：兔病毒性出血症、兔魏氏梭菌病、兔螺旋体病、兔球虫病。

（4）乳用动物检疫对象 奶牛检疫对象同种牛检疫对象；奶羊检疫对象同种羊检疫对象。

3. 进出境动物检疫对象

进出境动物检疫对象是由国家质量监督检验检疫总局规定和公布的，贸易双方国家签订有关协定或贸易合同也可以规定某种动物疫病为检疫对象。目前进出境动物的检疫对象是按照世界动物卫生组织（OIE）规定的动物检疫对象进行的。

2019 年版 OIE《陆生动物卫生法典》，在动物疫病名录方面进行了重大修订，除了增加疫病数量以外，并对部分疫病的命名方式进行了调整，将原来单一的以"病原"命名，调整为"病原+感染"的命名模式。现陆生动物疫病为以下 88 种。

（1）多种动物疫病、感染和侵染（24 种） 炭疽、克里米亚刚果出血热、东方马脑脊髓炎、心水病、伪狂犬病病毒感染、蓝舌病病毒感染、流产布鲁氏菌、马耳他布鲁氏菌、猪布鲁氏菌感染、细粒棘球绦虫感染、多房棘球绦虫感染、流行性出血热病毒感染、口蹄疫病毒感染、结核分枝杆菌复合群感染、狂犬病病毒感染、裂谷热病毒感染、牛瘟病毒感染、旋毛虫感染、日本脑炎、新大陆螺旋蝇蛆病（嗜人锥蝇）、旧大陆螺旋蝇蛆病（倍赞氏金蝇）、副结核病、Q 热、苏拉病（伊氏锥虫）、土拉杆菌病、西尼罗热。

（2）牛疫病和感染（13 种） 牛无浆体病、牛巴贝斯虫病、牛生殖道弯曲杆菌病、牛海绵状脑病、牛病毒性腹泻、地方流行性牛白血病、出血性败血病、结节性皮肤病病毒感染、丝状支原体丝状亚种 SC 型感染（牛传染性胸膜肺炎感染）、牛传染性鼻气管炎/传染性脓疱阴户阴道炎、泰勒虫病、毛滴虫病、锥虫病（采采蝇传播）。

（3）绵羊、山羊疫病和感染（11 种） 山羊关节炎/脑炎、传染性无乳症、山羊传染性胸膜肺炎、绵羊地方性流产（绵羊衣原体病）、小反刍兽疫病毒感染、梅迪-维斯纳病、内罗毕羊病、绵羊附睾炎（绵羊布鲁氏菌）、沙门菌病

（流产沙门菌）、痒病、绵羊痘和山羊痘。

（4）马疫病和感染（11 种） 马传染性子宫炎、马媾疫、西方马脑脊髓炎、马传染性贫血、马流感、马梨形虫病、鼻疽伯克霍尔德氏菌感染（马鼻疽）、非洲马瘟病毒感染、马疱疹病毒 1 型感染、马动脉炎病毒感染、委内瑞拉马脑脊髓炎。

（5）猪疫病和感染（6 种） 非洲猪瘟病毒感染、古典猪瘟病毒感染、猪繁殖与呼吸综合征、猪带绦虫感染（猪囊尾蚴病）、尼帕病毒性脑炎、传染性胃肠炎。

（6）禽疫病和感染（13 种） 禽衣原体病、禽传染性支气管炎、禽传染性喉气管炎、禽支原体病（鸡败血支原体）、禽支原体病（滑液囊支原体）、鸭病毒性肝炎、禽伤寒、禽流感病毒感染、鸟类（包括野生鸟类）高致病性 A 型流感病毒感染、新城疫病毒感染、传染性法氏囊病（甘布罗病）、鸡白痢、火鸡鼻气管炎。

（7）兔疫病和感染（2 种） 兔黏液瘤病、兔病毒性出血症。

（8）蜜蜂疫病、感染和侵染（6 种） 欧洲蜂幼虫腐臭病、美洲蜂幼虫腐臭病、蜜蜂武氏螨侵染、蜜蜂热厉螨侵染、蜜蜂瓦螨侵染（大蜂螨）、蜂窝甲虫（蜂房小甲虫）侵染。

（9）其他疫病和感染（2 种） 骆驼痘、利什曼病。

任务二 掌握动物检疫的程序、方式和方法

一、动物检疫的程序

（一）检疫申报

目前，国家实行动物检疫申报制度。畜（货）主在出售、屠宰、运输、合法捕获野生动物等，以及出售或者运输动物产品之前，应当按照国务院官方兽医主管部门的规定向当地动物卫生监管机构申报检疫。

实行报检制度有利于检疫机关预知动物、动物产品移动的时间、流向、种类和数量等情况，以便提前准备，合理布置和安排检疫具体事宜，及时完成检疫任务，有利于提高人们对动物检疫的意识，有利于提高动物、动物产品质量，促进商品流通和确保动物检疫工作的科学实施，质量到位。

1. 报检类型及时限

出售、运输动物产品和供屠宰、继续饲养的动物，应当提前 3d 申报检疫。

出售、运输乳用动物、种用动物及其精液、卵、胚胎、种蛋以及参加展览、演出和比赛的动物，应当提前 15d 申报检疫。

向无规定动物疫病区输入相关易感动物、易感动物产品的，货主除按规定

向输出地动物卫生监督机构申报检疫外，还应当在起运 3d 前向输入地省级动物卫生监督机构申报检疫。合法捕获野生动物的，应当在捕获后 3d 内向捕获地县级动物卫生监督机构申报检疫。屠宰动物的，应当提前 6h 向所在地动物卫生监督机构申报检疫；急宰动物的，可以随时申报。

2. 报检内容

报检内容含动物种类、数量、起运地点、到达地点和约定检疫时间等。

在申报检疫的同时，还应当提交检疫申报单；跨省、自治区、直辖市调运乳用动物、种用动物及其精液、胚胎、种蛋的，还应当同时提交输入地省、自治区、直辖市动物卫生监督机构批准的《跨省引进乳用种用动物检疫审批表》。

3. 报检形式

申报检疫采取申报点填报、传真、电话等方式申报。采用电话申报的，需在现场补填检疫申报单。

4. 报检结果

动物卫生监督机构受理检疫申报后，必须填写检疫受理单，按约定时间指派具体工作人员，携带相关检疫用品到现场或指定地点实施检疫；不予受理的，应当说明理由。

（二）电子检疫申报流程

动物产地检疫申报是申报人（即货主）找当地村级防治员或养殖场的检疫申报员填写动物检疫申报单，并经当地村级防治员或养殖场的检疫申报员签字后（动物来源于养殖场的还需加盖养殖场公章），再拉动物到动物检疫申报点并提交动物检疫申报单给官方兽医进行受理。官方兽医受理检疫申报要填写动物检疫申报登记，下面介绍具体操作说明。

1. 动物检疫申报登记（图 3-1）

（1）单击业务单据中的"动物检疫申报登记"，在弹出的操作模块中，根据表中提示进行录入，录入完后单击"保存"按钮进行保存。

（2）系统有提醒功能 录入过程中，漏输某一项内容时，系统会弹出提醒对话框提醒补录，信息录入完整后，方可进行保存。

（3）系统有记忆功能 用户只要录入相应的信息，新增或重新登录至该界面时，可在相应的内容行中点下拉箭头，调出之前已录入的信息。

（4）产地或捕获地、启运地、到达地点的省、市、县等区域信息可通过单击左边对应的按钮选择相关区域代码后，由系统自行填写。

（5）检疫申报单据号是指货主提交的检疫申报单编号。

（6）官方兽医填写完申报内容后单击"保存"按钮，保存本次申报内容，进入下一步受理。

图 3-1　动物检疫申报登记系统示意图

2. 单据受理

官方兽医检查申报内容无误后，单击上方的"受理"按钮，按实际业务填写"受理"或"不受理"以及检疫合格或不合格的动物数量等情况，填写完毕，单击"保存受理"（然后视情况打印出动物检疫受理单和现场检疫记录，为节约打印成本，建议手工填写这两种单据），进入下一步出证（图3-2）。

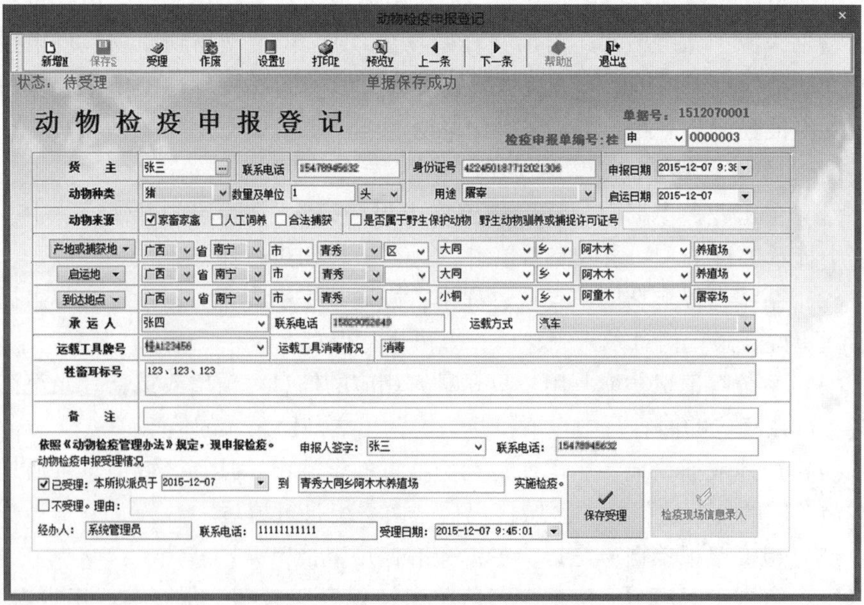

图 3-2　动物检疫申报单受理示意图

3. 出证

步骤：单击"受理"下方"保存"旁的"检疫现场信息录入"，弹出操作模块后根据实际业务进行填写，"检疫现场信息录入"操作模块，会自动根据"申报的内容"带出"检疫现场信息录入"的相关信息，可根据实际业务进行填写。填写完毕，单击"保存打印"按钮完成出证流程（图3-3）。

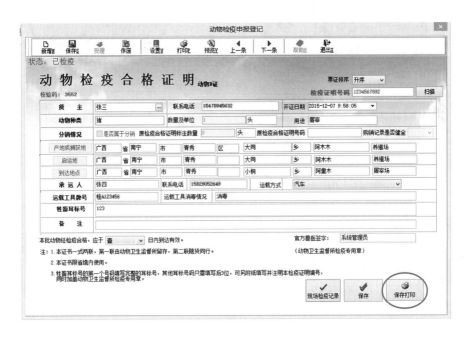

图3-3　动物检疫合格证明

（三）现场检疫和实验室检测

动物卫生监管机构接到检疫申报后，应当及时指派官方兽医对动物、动物产品等实施现场检疫。它是内检、外检中常用的检疫方式，现场检疫的内容包括查证验物和"三观一查"。经现场检验，对发现或出现疑似的动物疫病需进一步进行实验室检测。一般认为，现场检疫和实验室检测是同一程序的两个组成部分，二者相辅相成。

（四）检疫结果

经检疫合格的，出具检疫证明、加施检疫标志并准予放行；检疫不合格的，按照我国《中华人民共和国动物防疫法》及动物检疫管理办法的有关规定对检疫物实施处理。

1. 国内合格动物、动物产品处理方法

检疫合格后出具《动物检疫合格证明》，由动物卫生监督机构出具证明，加盖验讫标志（图3-4）。

（1）用在动物产品包装箱上的大标签

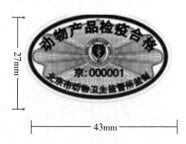
（2）用在动物产品包装袋上的小标签

图3-4 动物产品检疫合格证

2. 国内不合格的动物、动物产品

（1）经检验后为不合格的要做无害化的安全处理，严格按照《中华人民共和国动物防疫法》中动物疫病的控制和扑灭有关规定执行。

（2）若发现动物、动物产品未按规定进行免疫、检验，无检疫证明或者检疫证明过期失效的、证物不符，应该进行补免、补检或重减。

①补免：对未按照规定预防接种或者已经接种但超过免疫有效期的动物进行预防接种。

②补检：对未经检疫进入流通领域的动物及动物产品的检疫。

③重检：动物及其产品的检疫证明过期或者虽然是在有效期内，但发现有异常情况时所做的重新检疫。

3. 国境检疫不合格的动物、动物产品

在国境检疫中，检疫机构单方面采用强制性措施，对违章入境和经检疫不合格的进出境动物、动物产品和其他检疫物采取的除扑杀、销毁、退回、截留、封存、不准入境、不准出境、不准过境等措施。

①合格的动物及其产品，输入动物产品和其他的检疫物，经检验合格，由口岸动植物检疫机关在报关单上加盖印章或者是签发检疫放行通知单。

②检疫不合格的，由口岸动植物检疫机关签发检疫处理通知单，通知货主或者其代理人在口岸动植物检疫机关的监督和技术指导下做安全除害处理。

但一般情况下要根据检疫通知单通知货主及其代理人做出相关处理，如果是一类重大疾病，连同同群动物全部退回，全部扑杀，销毁尸体。

如为二类动物疾病退回，或者是扑杀患病动物，同群其他动物在隔离或其他隔离地点进行隔离观察。如不合格的动物产品和其他检疫物，由口岸动植物检疫机关签发检疫处理通知单，通知货主或其代理人作除害退回或销毁处理，经除害处理合格的准于入境。

4. 禁止进境的物品

禁止进境的物品包括动物病原体（包括菌种、毒种等）、害虫（动物及其产品有害的活虫）及其他有害生物（如危险性病虫的中间宿主、媒介等），动物疫情流行国家和地区的有关动物、动物产品和其他检疫物，动物尸体等。

二、动物检疫的方式方法

动物疫病有数百种，每种疫病由于病原不同而各有其特点。要正确检疫，必须掌握检查动物疫病的方式和方法。动物检疫的方式主要有现场检疫和隔离检疫。常用的检疫方法有流行病学调查法、病理学检查法、病原学检查法、免疫学检查法和临诊检疫法。在动物检疫工作中必须应用各方面的有关理论和操作技术，根据动物检疫的特点，应用一种或几种检查方法对动物疫病做出迅速、准确的检疫。

（一）现场检疫

"现场"包括动物养殖场、集中地、屠宰场、动物产品加工基地等。现场检疫是在动物集中现场进行的检疫，其内容包括查证验物和"三观一查"。

1. 查证验物

查证是指查看有无检疫证明，检疫证明是否由法定检疫机构出具，是否在有效期内，查看贸易单据、合同以及其他相应的证明。有无检疫证明、是否合法有效。验物是指核对被检动物、动物产品的种类、品种、数量及产地是否与证单相符。

2. 三观一查

"三观"是指临床检查中对动物群体的静态、动态和饮食状态的观察，"一查"是指个体检查，即对某养殖场（户）在短时间内突然集中发生或连续发生大量同一种传染病病畜禽时所进行的调查。

"三观"包含：

（1）静态观察　静态观察是在动物安静休息，完全保持自然状态下，观察其站立、睡卧姿势；精神状态；营养程度和呼吸、反刍等基本生理活动现象。

注意有无异常站立、睡卧姿势，有无咳嗽、喘息、呻吟、流涎、嗜睡、孤立一隅等反常现象。

（2）动态观察　经静态观察之后，将被检动物驱赶起来，观察其自然活动和驱赶活动。重点看起立、运动的姿势与步态；精神状态。注意有无不愿起立，不能起立或起立困难以及跛行、步态蹒跚、转圈、共济失调、曲背弓腰、离群掉队及运动后咳嗽、喘气等病态。

（3）饮食状态观察 目的在于检查动物的食欲和口腔疾病。可以观察动物自然采食饮水动作，亦可有意少给食物看其抢食行为。从中发现不食不饮、少食少饮、吞咽困难和退槽、呕吐、流涎等可疑患病动物。

"一查"包含询问调查、现场观察、查验资料、动物剖检、现场采样、数理统计、电话等进行交流调查。

3. 三观一查结果

通过"三观"从群体中发现可疑病畜禽，再对可疑病畜禽进行详细的个体检查，进而得出临床检疫结果。

（1）群体检查 是指对待检动物群体进行的现场检疫。同场、同圈（舍），或同一产地来源的，或同车、同船、同机运输的划为一群。在畜群过大时，要适当分群，以利于检查。

（2）个体检疫 是对群体检疫时检出的可疑病态动物进行详细和系统的临诊检查。若群体没有发现病态动物，亦应抽查 5%～20% 的动物做个体检疫。若抽查发现检疫对象，再抽检 10%，必要时对全群动物逐一进行复查。

在某些特殊情况下，现场检疫还包括其他内容，如流行病学调查，病理剖检、采样送检等。

（二）隔离检疫

1. 定点检疫

定点检疫是指将动物按规定的地点进行隔离检疫，主要用于进出境动物、种畜禽调用前后及有可疑检疫对象发生时或建立健康动物群时的检疫。如调用种畜禽一般在启用前 15～30d 在原种畜禽场或隔离场进行检疫。到场后可根据需要隔离 30～45d。在国境检疫中，隔离检疫是指依据检疫协议或有关标准，将拟出入境的动物置于与其他动物无直接或间接接触的隔离状态，在特定时间内进行必要的临床观察。

定点检疫的内容主要是对隔离动物进行经常性的临诊检查（群体检疫和个体检疫）。

2. 实验检疫

实验检疫是指在动物隔离检疫期间，对发现异常情况的动物（如发病动物、病死动物和可疑感染动物等）及时采集病料进行实验室检查。进出境检疫还须按照贸易合同要求或两国政府签订的条款进行规定项目的实验室检查。

项目四　动物检疫技术

任务一　学习临场检疫技术

动物检疫技术就是兽医学科中诊断疾病的技术，包括流行病学调查、临诊检疫、病理学检查、免疫学检查以及检疫材料的采集，它们从不同的角度阐述疫病的诊断方法，各有特点。在实际检疫工作中，应根据检疫对象的性质、检疫条件和检疫要求，灵活运用，以建立正确诊断。对许多疫病的检疫如猪瘟、布氏杆菌病等，有国家标准、农业行业标准、动物检疫操作规程，检疫中应按标准或规程操作。

一、临场检疫的概述

（一）临场检疫的概念

临场检疫是指能够在现场进行并能得到一般检查结果的检疫方法。其特点是，动检人员亲临现场进行，简便快速，可以得到一般检疫结果，在实施临场检疫时，通常以动物流行病学调查法和动物临诊检查法为主，在某些情况下也采用动物病理检疫法。可见，临场检疫是动物检疫工作中，特别是基层动检工作中最常用的方法。

（二）临场检疫的意义

临诊检疫是应用兽医临床诊断学的方法对被检动物群体和个体实施疫病检查。根据动物患病过程中所表现的临床症状做出初步诊断，或得出诊断印象，为后续诊断奠定基础。有些疫病据其临诊症状可直接建立正确诊断。

临诊检疫的基本方法包括问诊、视诊、触诊、听诊和叩诊。这一方法简单、方便、易行，对任何动物在任何场所均可实施。因此，生产中常和流行病学调查、病理剖检紧密结合，用于动物产地、屠宰、运输、市场及进出境各个流通环节的现场检验检疫，是动物检疫中最常用的一种检疫技术。广泛意义的临诊检疫还包括流行病学调查和病理解剖。

（三）临场检疫的目的与要求

1. 目的

动物检疫中临诊检疫的目的表现在两个方面：一方面是用动物临床诊断学的方法对待检畜禽，分辨出病畜和健畜；另一方面是在流行病学调查和临诊检查的基础上，对病畜禽做出是不是某种检疫对象的结论或印象。

2. 要求

临诊检疫要按照一定的程序进行，具体有以下四个方面的要求：

（1）先流行病学调查后临诊检疫　在对动物进行临诊检疫之前，必须首先掌握流行病学资料，尤其是进行大群检疫时，应结合有关流行病学调查资料，进行有目的的临诊检疫。

（2）先休息后检疫　检疫前让动物充分休息，待恢复常态后再实施检疫。

（3）先临诊检疫后其他检疫　通过临诊检疫，对于那些具有典型的特征性病状的动物疫病可以做出初步诊断；对于那些症状不十分典型的动物疫病，虽不能初步诊断，但也能提供诊断线索。因此，在临诊检疫的基础上，可以有目的地采取其他检疫方法建立诊断。

（4）先群体检疫后个体检疫　即先对动物某一群体进行检疫，从中查出异常动物，然后再对这些异常动物进行个体检疫，以确定病性。在检疫实践中，这种群体检疫和个体检疫相结合的方法，既能提高检疫效率，又能保证检疫质量。

二、群体检疫技术

（一）群体检疫的概念

群体检疫是指对待检动物群体进行的现场临诊观察。通过群体检疫，可对群体动物的健康状况做出初步评价，并从群体中把病态动物检出来，做好标记，待进行个体检疫。

群体的划分方法有：将同一来源和同一批次或同一圈舍的动物作为一群。禽、兔、犬还可按笼、箱、舍划群。运输检疫时，可登车、船、机舱进行群检或在卸载后集中进行群检。

（二）群体检疫的方法和内容

一般情况下，群体检疫的方法是先静态检查，再动态检查，后饮食状态检查。

1. 静态检查

检查人员深入圈舍、车、船、仓库，在不惊扰畜禽的情况下，仔细观察动物在自然安静状态下的表现，如精神状态、外貌、营养、立卧姿势、呼吸、反刍状态，羽、冠、髯等情况，注意有无咳嗽气喘、呻吟流涎、昏睡嗜睡、独立一隅等反常现象。

2. 动态检查

静态检查后，将动物哄起，检查动物的头、颈、背有无异常；四肢的运动状态，注意有无跛行、后腿麻痹、曲背弓腰、步态蹒跚和离群掉队等现象。

3. 饮食状态检查

检查动物饮食、咀嚼、吞咽时的表现状态。注意有无少食、贪饮、假食、废食和吞咽困难等现象，动物在定餐进食之后，一般都有排粪排尿的习惯，借此机会再仔细检查其排便时的姿势，粪尿的硬度、颜色、含混物、气味等是否正常。

凡发现上述异常表现和症状的动物，都应标上记号，以便隔离和进一步进行个体检疫。

三、个体检疫技术

（一）个体检疫的概念

个体检疫是指对群体检疫时发现的异常个体或抽样检查（5%～20%）的个体进行系统的临诊检疫。通过个体检疫可初步鉴定动物是否有病、是否患有某种检疫对象，然后再根据需要进行必要的实验室检疫。

（二）个体检疫的方法和内容

在大批动物检疫中，群体检疫发现的异常个体有时较多，为顺利完成检疫任务，必须熟练掌握个体检疫的"看、听、摸、检"四大技术要领，现分述如下。

1. 看

看就是利用视觉观察动物的外表现象。要求检疫人员要有敏锐的观察力和系统检查的能力。即看到动物的精神、行为、姿态，被毛有无光泽，有无脱毛。看皮肤、口、蹄部、趾间有无肿胀、丘疹、水疱、脓疱、溃疡等病变。看可视黏膜是否苍白、潮红、黄染，注意有无分泌物和炎性渗出物。看反刍和呼吸动作，并仔细查看排泄物的性状。

2. 听

听就是利用听觉检查动物各器官发出的声音。即直接用耳听取动物的叫声、咳嗽声，借助听诊器听诊心音、肺呼吸音和胃、肠蠕动音。

3. 摸

摸就是用手触摸感知畜体各部的性状。即用手去感触动物的脉搏、耳、角和皮肤的温度；触摸体表淋巴结的大小、硬度、形态和有无肿胀；胸和腹部有无压痛点；皮肤上有无肿胀、疹块、结节等。注意结合体温测定的结果加以分析。

平时在触诊时可以重点摸以下部位：①耳根、角根、鼻端、四肢末端；②体表皮肤；③体表淋巴结；④嗉囊。

4. 检

检就是检测体温和实验室检疫。即一方面要对动物进行体温检测，另一方面又要进行规定的实验室检疫。体温的变化对动物的精神、食欲、心血管和呼吸系统等都有非常明显的影响，但应注意，测温前应让动物得到充分的休息，避免因运动、暴晒、运输、拥挤等应激因素导致的体温升高变化。

健康动物：早晨温度较低，午后略高，波动范围在0.5~0.1℃。

常根据体温升高程度，判断动物发热程度，进而推测疫病的严重性和可疑疫病范围。体温升高程度分为微热（体温升高1℃）、中等热（体温升高2℃）、高热（体温升高3℃）、最高热（体温升高3℃以上）。

各种动物的正常体温、脉搏数、呼吸数的情况分别见表4-1、表4-2、表4-3。

表4-1　　　　　　　　　　各种动物的正常体温

动物种类	体温/℃	动物种类	体温/℃	动物种类	体温/℃
马	37.5~38.5	猪	38.0~40.0	银狐	38.7~40.7
骡	38.0~39.0	骆驼	36.5~38.5	貂	38.1~40.2
驴	37.0~38.0	鹿	38.0~39.0	鸡	40.0~42.0
牛	37.5~39.5	犬	37.5~39.5	兔	38.5~39.5
羊	38.0~40.0	猫	38.0~39.0	水貂	39.5~40.5

表 4-2 各种动物的正常脉搏数

动物种类	脉搏数/ （次/min）	动物种类	脉搏数/ （次/min）	动物种类	脉搏数/ （次/min）
马	26~42	猪	60~80	银狐	80~140
骡	26~42	骆驼	30~60	貂	70~146
驴	42~54	鹿	36~78	鸡	120~200
牛	40~80	犬	70~120	兔	120~140
羊	60~80	猫	110~130	水貂	90~180

表 4-3 各种动物的正常呼吸数

动物种类	呼吸数/ （次/min）	动物种类	呼吸数/ （次/min）	动物种类	呼吸数/ （次/min）
马	8~16	猪	10~30	银狐	14~30
骡	8~16	骆驼	6~15	貂	23~43
驴	8~16	鹿	15~25	鸡	15~30
牛	10~25	犬	10~30	兔	50~60
羊	12~30	猫	10~30	水貂	40~70

四、各种动物临诊检疫技术

（一）猪的临诊检疫

1. 静态检查

（1）健猪 站立平稳，不断走动拱食，并发出"哼哼"声，被毛整齐光亮，对外界刺激敏感，遇人接近表现警惕性凝视。睡卧常取侧卧，四肢伸展，头侧着地，呼吸均匀，爬卧时后腿屈于腹下，排泄物正常。体温正常，被毛整齐光亮。

（2）病猪 精神萎靡，离群独立，全身颤抖、蜷卧，不愿起立，吻突触地。被毛粗乱无光，鼻盘干燥，眼有分泌物，呼吸困难或喘息，粪便干硬或腹泻。

2. 动态检查

（1）健猪 起立敏捷，行为灵活，走跑时摇头摆尾或上卷尾。若驱赶随群前进，不断发出叫声。

（2）病猪　精神沉郁，久卧不起，驱赶时行动迟缓和跛行，步态踉跄或出现神经症状。

3. 食态检查

（1）健猪　饥饿时叫唤。饲喂时抢食，大口吞咽有响声且响声清脆，全身鬃毛随吞食而颤动。

（2）病猪　食欲下降，懒于上槽或只吃几口就退槽，饲喂后肷窝仍凹陷。有些饮稀不吃稠，只闻而不食，呕吐，甚至食欲废绝。

（二）牛的临诊检疫

1. 静态检查

（1）健牛　站立时姿态平稳，神态安定，以舌频舔鼻镜。睡卧时常呈膝卧姿势，四肢弯曲。全身被毛整洁光亮，皮肤平坦、柔软而有弹性。反刍正常有力，呼吸平稳，无异常声音。鼻镜湿润，眼、嘴及肛门周围干净，粪尿正常。肉用牛垂肉高度发育，乳用牛乳房清洁且无病变，泌乳正常。

（2）病牛　站立不稳，头颈低伸，拱背弯腰或有异常体态，睡卧时四肢伸开，横卧或屈颈侧卧，嗜睡。被毛粗乱，反刍迟缓或停止。天然孔分泌物异常，粪尿异常。乳用牛泌乳量减少或乳汁性状异常；排泄物、体温正常。

2. 动态检查

（1）健牛　健康牛走起路来精力充沛，眼亮有神，走路平稳，腰背灵活，四肢有力，行走自如，耳尾灵敏。

（2）病牛　精神沉郁或兴奋，两眼无神，屈背弓腰，四肢无力，久卧不起或起立困难；跛行掉队或不愿行走，走路摇晃，耳尾不动。

3. 食态检查

（1）健牛　争抢饲料，咀嚼有利，采食时间长，采食量大。放牧中喜采食高草，常甩头用力扯断，运动后饮水不咳嗽。

（2）病牛　表现为厌食或不食，或采食缓慢，咀嚼无力，运动后饮水咳嗽。

（三）羊的临诊检疫

1. 静态检查

（1）健羊　站立平稳，乖顺，被毛整洁，口及肛门周围干净。饱腹后舍群卧底休息，反刍、呼吸平稳。遇炎热常相互把头藏于对方腹下避暑。

（2）病羊　精神萎靡不振，常独卧一隅或表现异常姿态，遇人接近不起不走，反出迟缓或不反刍。鼻镜干燥，呼吸促迫，咳嗽，打喷嚏，磨牙流泪。同时应注意有无被毛粗乱不洁或脱毛、痘疹、皮肤干裂等情况。

2. 动态检查

（1）健羊　走起路来有精神，合群不掉队；放牧中虽很分散，但不离群。山羊活泼机敏，喜攀登，善跳跃，好争斗。

（2）病羊　精神沉郁或兴奋，喜卧懒动，行走摇摆，离群掉队或出现转圈及其他异常运动。

3. 食态检查

（1）健羊　饲喂时相互争食，放牧时常边走边吃草，边走边排粪，粪球正常。遇水源时先抢水喝，食后肷窝突出。

（2）病羊　食欲缺乏或停食，食后肷窝下陷。

（四）禽的临诊检疫

1. 静态检查

（1）健禽　神态活泼，反应敏捷。站立时伸颈昂首翘尾，且常高收一肢。卧时头叠放在翅内。冠、髯红润，羽绒丰满光亮，排列匀称。口鼻洁净，呼吸、叫声正常。

（2）病禽　精神萎靡，缩颈垂翅，闭目似睡。冠、髯苍白或紫黑，喙、蹼色泽变暗，头颈部肿胀，眼、鼻等天然孔有异常分泌物。张口呼吸或发出"咯咯"声或有喘息声。羽绒蓬乱无光，泄殖腔周围及腹部羽毛常潮湿污秽，下痢。

2. 动态检查

（1）健禽　行动敏捷，步态稳健；鸭、鹅水中有木自如，放牧时不掉队。

（2）病禽　行动迟缓，放牧时离群掉队，出现跛行或翅麻痹等神经症状。

3. 食态检查

（1）健禽　啄食连续，食欲旺盛，食量大，嗉囊饱满。

（2）病禽　食欲减退或废绝，嗉囊空虚或充满液体、气体。

（五）其他动物的临诊检疫

1. 马的临诊检疫

（1）健马　多站少卧，站立时昂头，机警敏捷，稍有音响，两耳竖起，两眼凝视；卧时屈肢，两眼闭合，平静似睡。被毛整洁光亮，皮肤无肿胀，鼻、眼洁净，外阴无异常，呼吸正常。行动活泼，步伐轻快有力，昂首蹶尾，善于奔跑，运动后呼吸变化不大或很快恢复正常。放牧时争向草地，自由采食。舍饲给料时食欲旺盛，咀嚼有声响，时常发出"咴咴"叫声，饮水有吮力。粪便球形，中等湿度。

（2）病马　精神委顿，站立不稳；回视腹部，低头奔耳或头颈平伸，肢体僵硬，两眼无神，对外界反应迟钝或无反应。被毛粗乱无光，皮屑积聚，皮肤有局部肿胀，眼、鼻等天然孔有不正常的分泌物，粪便干硬或腹泻，或混有恶臭脓血等，阴门、外阴部污秽。行动迟缓，步伐沉重无力，有时跛跄，有时表现起立困难和后肢麻痹，常离群掉队。运动后呼吸变化大。对牧草和饲料均不理睬，时吃时停或食欲废绝，咀嚼、吞咽困难。对饮水不感兴趣。

2. 兔的临诊检疫

（1）健兔　精神饱满，活泼好动，行动敏捷。反应灵敏，头位正常，躯体呈圆筒形，腹部不下垂，营养良好。两耳直立呈粉红色，耳壳无污垢。眼睛明亮有神，眼睑湿润，眼角干净清洁，被毛浓密光亮，匀整平洁。鼻孔四周清洁湿润、无黏液，口唇干净。呼吸正常。四爪干净，无粪污。肛门四周清洁干燥。粪球圆形，如豌豆大小，不相连，表面黑亮，压有弹性。

（2）病兔　精神委顿，行动迟缓，不喜活动，四肢麻痹，伏卧不起，行动跛跄，反应迟钝，头偏一侧。腹部下垂，体弱消瘦，体表有肿块。食欲不振或厌食。两耳下垂，苍白或发绀，耳壳有污垢。眼无神有分泌物，可视黏膜充血、贫血或黄染。被毛粗乱或脱落；鼻炎流涕，口炎流涎，鼻孔周围污秽不洁，口唇湿润；呼吸异常。前肢两爪湿润，后肢及肛门四周有粪污。粪球不成形，稀便或干硬无弹性。

3. 犬的临诊检疫

（1）健犬　活泼好动，反应灵敏，情绪稳定，喜欢接近人，机灵而警觉性高，稍有音响，常会吠叫。安静时呈典型的犬坐姿势或伏卧。运动姿势协调，能快速奔跑，经训练有很强的跳跃能力。吃食时"狼吞虎咽"，很少咀嚼。眼明亮，无任何分泌物，鼻镜湿润，较凉，无鼻液；口腔清洁湿润，舌色鲜红，被毛蓬松顺滑，富有色泽。

（2）病犬　精神沉郁，眼睛无神，不听使唤，嗜睡呆卧，对外部反应迟钝甚至无反应。有的病犬则表现兴奋不安，无目的走动，奔跑，转圈，甚至攻击人畜。站立不稳或有异常站立姿势。食欲减退或废绝，饮水增加，呕吐或有腹泻。鼻端干燥，呼吸困难，被毛粗硬杂乱，或见有斑秃、痂皮、溃烂。

任务二　掌握动物检疫后的处理技术

动物检疫处理是指在动物检疫中根据检疫结果对被检动物、动物产品等依法做出的处理措施。

动物检疫结果有合格和不合格两种情况。因此，动物检疫处理的原则有两条：一是对合格动物、动物产品发证放行；二是对不合格的动物、动物产品贯彻"预防为主"和就地处理的原则，不能就地处理的（如运输中发现的）可以就近处理。

动物检疫处理是动物检疫工作的重要内容之一，必须严格执行相关规定和要求，保证检疫后处理的法定性和一致性，只有合理地进行动物检疫处理，才能防止疫病的扩散，保障防疫效果和人的健康，真正起到检疫的作用。只有做好检疫后的处理，才算真正完成动物检疫任务。

一、动物检疫的结果

(一) 检疫结果的判定

进出境动物检疫结果的判定主要是指实验室检验结果的判定。检疫结果是出具检疫证书的科学基础，检疫证书是检疫结果的书面凭证，检疫结果的判定和出证是确定动物是否符合有关规定的必然要求和最终表现，是对进出境动物放行、进行检疫处理和货主对外索赔的科学依据。同时，检疫结果的判定将决定检疫处理的方式，而检疫处理不仅直接关系到动物疫病传入、传出国境，而且还牵涉到进出口商的利益，这就要求试验结果判定者不仅要具备很高的技术水平，还要具有科学的态度和高度的责任心，对试验结果进行客观公正的判断。将阳性判为阴性，会造成动物疫病传入或传出国境；将阴性判为阳性，进出口的动物和动物产品就要做退回或销毁处理，不仅影响对外贸易的发展，而且有损于中国检验检疫机关的形象。任何一项检疫结果都必须具有可重复性，当进出口商或国外检疫当局对检疫结果有疑问并需要复检时，检验检疫机关不仅要出示原始检疫记录、试验操作规程、结果判定标准，而且还要对原有样品进行复试。只有公正客观的对检疫结果进行判定，才能公正的执法。检疫结果判定的依据如下。

1. 国际标准

世界贸易组织规定，在动物卫生领域的国际标准采用世界动物卫生组织制定的标准，包括《陆生动物诊断试验和投药标准手册》和《水生动物疾病诊断手册》。

2. 双边协议

目前，我国已和50多个国家签署了近200个进出境动物和动物产品检疫协议书（双边协定），如与朝鲜、阿根廷等签订的动物检疫及兽医卫生合作协定，与德国、英国、日本、丹麦、新西兰、加拿大、法国、美国等签订的进（出）口动物检疫单项条款，与丹麦、新西兰、澳大利亚、美国等签订的动物检疫备忘录，与南非、摩洛哥、斯洛伐克、北马其顿等国家签订的动植物检验检疫合作议定书等。在这些议定书中，明确规定了各种疫病的诊断方法和结果判定标准，缔约双方开展检疫时，必须严格遵循议定书中规定的方法和判定标准。

3. 国家标准

全国动物检疫标准化技术委员会负责组织制定、修订和审定动物检疫和动物卫生方面的标准。目前有关动物检疫和动物卫生方面的国家标准达数十个。

4. 检疫规程

贸易双方无检疫议定书，又无国家标准可供依据时，可参照国家质量监督检验检疫总局制定的检疫规程。

（二）检疫处理的原则

检疫处理总的原则是：在保证动（植）物病虫害不传入、传出国境的前提下，同时考虑尽量减少经济损失以促进对外贸易的发展。能做除害处理的，尽可能不进行销毁。无法进行除害处理或除害处理无效的，或法律有明确规定的，要坚决做扑杀、销毁或者退回处理，做出扑杀、销毁处理决定后，要尽快实施，以免疫病进一步扩散。

具体事项的处理原则：

（1）在输入动物时，检出中国政府规定的一类传染病、寄生虫病的，其阳性动物连同其同群的其他动物全群退回或全群扑杀并销毁尸体。

（2）在输入动物时，检出中国政府规定的二类传染病、寄生虫病的，其阳性动物退回或扑杀，同群其他动物在动物检疫隔离场或检验检疫机关指定的地点继续隔离观察。

（3）输入动物产品和其他检疫物，经检疫不合格的，做除害、退回或销毁处理，处理合格的准予进境。

（4）输入的动物、动物产品和其他检疫物检出带有一、二类传染病和寄生虫病名录以外的，对农、林、牧、渔业生产有严重危害的其他疾病，由口岸检验检疫机构根据有关情况，通知货主或其他代理人做除害、退回或销毁处理，经除害处理合格的，准予进境。

（5）出境动物、动物产品和其他检疫物经检疫不合格或达不到输入国要求而又无有效方法做除害处理的，不准出境。

（6）过境的动物经检疫发现有我国公布的一、二类传染病和寄生虫病的，全群动物不准过境。

（7）过境动物的饲料受病原污染的，做除害、不准过境或销毁处理。

（8）过境的动物尸体、排泄物、铺垫材料及其他废弃物，必须在口岸检验检疫机构的监督下进行无害化处理。

（9）对携带、邮寄我国规定的禁止通过携带、邮寄方式进境的动物、动物产品和其他检疫物进境的，做退回或销毁处理。

（10）携带、邮寄允许通过携带、邮寄方式进境的动物、动物产品及其他检疫物经检疫不合格而又无有效方法做除害处理的，做退回或销毁处理。

（11）进境运输工具上的动物性废弃物，必须经检验检疫机构处理。

（三）检疫处理的方式和程序

1. 检疫处理的方式

检疫处理的方式有除害、扑杀、销毁、退回、截留、封存、不准入境、不准出境、不准过境等。

（1）除害　通过物理、化学和其他方法杀灭有害生物，包括熏蒸、消毒、高温、低温、辐照等。

（2）扑杀　对经检疫不合格的动物，依照法律规定，用不放血的方法进行致死，消毒传染源。

（3）销毁　即用化学处理、焚烧、深埋或其他有效方法彻底消灭病原体及其载体。

（4）退回　对尚未卸离运输工具的不合格检疫物，可用原运输工具退回输出国；对已卸离运输工具的不合格检疫物，在不扩大传染的前提下，由原入境口岸在检验检疫机构的监管下退回输出国。

（5）截留　对旅客携带的检疫物，经现场检疫认为需要除害或销毁的，签发《出入境人员携带物留验/处理凭证》，作为检疫处理的辅助手段。

（6）封存　对需进行检疫处理的检疫物予以封存，防止疫情扩散，也是检疫处理的辅助手段。

2. 检疫处理的程序

检疫处理的程序是口岸检验检疫机构根据检验检疫结果，对不合格的检疫物签发《检验检疫处理通知书》，通知货主或其代理人进行处理。检疫处理必须在检疫人员的监督下进行，检疫处理后，货主可根据需要向检验检疫机构申请出具有关对外索赔证书。

二、国内动物检疫处理

（一）合格动物、动物产品的处理

经检疫确定为无检疫对象的动物、动物产品属于合格的动物、动物产品，由动物防疫监督机构出具证明，动物产品同时加盖验讫标志。

1. 合格动物

县境内进行交易的动物，出具《动物产地检疫合格证明》；运出县境的动物，出具《出县境动物检疫合格证明》。

2. 合格动物产品

县境内进行交易的动物产品，出具《动物产品检疫合格证明》；运出县境的动物产品，出具《出县境动物产品检疫合格证明》；剥皮肉类（如马肉、牛肉、骡肉、驴肉、羊肉、猪肉等），在其胴体或分割体上加盖方形针码检疫印章，带皮肉类加盖滚筒式验讫印章。白条鸡、鸭、鹅和剥皮兔等，在后腿上部加盖圆形针码检疫印章。

（二）不合格动物、动物产品的处理

经检疫确定含有检疫对象的动物、疑似病畜及染疫动物产品为不合格的动物、动物产品。对经检疫不合格的动物及其产品，应做好防疫、消毒和其他无害化处理，无法进行无害化处理的，予以销毁。若发现动物、动物产品未按规定进行免疫、检疫或检疫证明过期的，应进行补注、补检或重检。

（1）补注　对未按规定预防接种或已接种但超过免疫有效期的动物进行的预防接种。

（2）补检　对未经检疫进入流通领域的动物及其产品进行检疫。

（3）重检　动物及其产品的检疫证明过期或虽在有效期内，但发现有异常情况时所做的重新检疫。

经检疫的阳性动物施加圆形针码免疫、检疫印章，如结核阳性牛，在其左肩胛部加盖此章；布氏杆菌阳性牛，在其右肩胛部加盖此章。

不合格的动物产品应加盖销毁、化制或高温标志做无害化处理。

（三）各类动物疫病的检疫处理

按照《中华人民共和国动物防疫法》规定的动物疫病控制和扑灭的相关规定处理。

1. 一类动物疫病的处理

当发现一类动物疫病时，当地县级以上地方人民政府畜牧兽医行政管理部门应立即派人到现场，划定疫点、疫区、受威胁区，并及时报请同级人民政府发布封锁令对疫区实行封锁，同时将疫情等情况于 24h 内逐级上报国家农业部。

县级以上地方人民政府应立即组织有关部门和单位对疫区采取封锁、隔离、扑杀、销毁、消毒、紧急免疫接种等强制性控制、扑灭措施，并通报相邻地区联防，迅速扑灭疫情。

在封锁期间，禁止疫区动物及动物产品流出疫区，禁止非疫区的易感染动物进入疫区，并根据扑灭疫病的需要对出入封锁区的人员、运输工具及有关物品采取消毒和其他限制性措施。

当疫点、疫区内的染疫、疑似染疫动物扑杀或死亡后，经过该疫病最长潜伏期的检测，再无新病例发生时，经县级以上人民政府畜牧兽医行政管理部门确认合格后，由原来发布封锁令的政府宣布解除封锁。

2. 二类动物疫病的处理

当地县级以上畜牧兽医行政管理部门划定疫点、疫区、受威胁区，县级以上地方人民政府组织有关单位和部门对疫区内易感动物采取隔离、扑杀、销毁、消毒、紧急免疫接种措施，限制易感动物以及动物产品、有关物品出入，以迅速控制、扑灭疫情。

3. 三类动物疫病的处理

县级、乡级人民政府按照动物疫病预防计划和农业农村部的有关规定，组织防治和净化。

4. 二、三类疫病暴发流行时的处理

二、三类疫病暴发流行时按照一类疫病处理办法处理。

5. 人畜共患疾病的处理

农业部门与卫生行政部门及有关单位互相通报疫情，及时采取控制、扑灭措施。

三、进出境动物检疫处理

（一）出境动物检疫处理

1. 合格动物、动物产品的处理

动物、动物产品及其他检疫物，经检疫合格的，由口岸动植物检疫机关在报关单上加盖印章或者签发《检疫放行通知单》，准予出境。经现场检疫未发现异常，必须调离海关监管区进行隔离场检疫的，由口岸动植物检疫机关签发《检疫调离通知单》。

2. 不合格动物、动物产品的处理

（1）出境动物经检疫不合格的，由口岸动植物检疫机关签发《检疫处理通知书》，通知货主或其代理人作如下处理。

①一类疫病：连同同群动物全部退回或全部扑杀，销毁尸体。

②二类疫病：退回或扑杀患病动物，同群其他动物在隔离场或在其他隔离地点隔离观察。

（2）输入动物产品和其他检疫动物经检疫不合格的，由口岸动植物检疫机关签发《检疫处理通知单》，通知货主或其代理人做除害、退回或销毁处理。经除害处理合格的，准予出境。

（3）禁止下列物品出境

①动物病原体（包括菌种、毒种等）、害虫（对动物及其产品有害的活虫）及其他有害生物（如有危险性虫病的中间宿主、媒介等）。

②动物疫情流行国家和地区的有关动物、动物产品和其他检疫物。

③动物尸体等。

（二）进境动物检疫处理

1. 现场检疫处理

（1）凡不能提供有效检疫证书的，视情况做退回或销毁处理。

（2）现场检疫发现动物发生少量死亡或有一般可疑传染病临床症状时，应做好现场检疫记录，隔离有传染病临床症状的动物。必要时对死亡的动物应及时移送指定地点做病理剖检，并采样送实验室检验，死亡的动物尸体转运到指定地点进行无害化处理并出具证明进行索赔或其他处理。

（3）现场检疫发现动物发生大批死亡或有《中华人民共和国进境动物一、二类传染病、寄生虫病名录》中所列一类传染病、寄生虫病临床症状的，必须立即封锁现场，采取紧急防疫措施，禁止卸离运输工具，全群退回并立即上报国家质量监督检验检疫总局和地方人民政府。

（4）动物铺垫材料、剩余饲料和排泄物等，由货主或其代理人在检疫人员的监督下，做除害处理。如熏蒸、消毒、高温处理等。

（5）未按《中华人民共和国动物进境许可证》规定的要求输入境的，按《中华人民共和国进出境动植物检疫法》的规定，视情况做处罚、退回或销毁处理。

（6）未经检验检疫机构同意，擅自卸离运输工具的，按《中华人民共和国进出境动植物检疫法》的规定，对有关人员给予处罚。

（7）动物到港前或到港时，产地国家或地区突发动物疫情的，根据国家质量检验检疫总局颁布的相关公告执行。

（8）对旅客携带的伴侣动物，不能交验输出国（或地区）官方出具的检疫证书和狂犬病免疫证书或超出规定限量的，做暂时扣留处理。旅客应在口岸检验检疫机构规定的期限内补证，办理退回境外手续，逾期未办理补证或旅客声明自动放弃的，视同无人认领物品，由口岸检验检疫机构进行检疫处理。

对整群动物进行临床诊断观察，若发现有下列症状者，一般认为动物健康状况不良，可根据情况作综合判定。

①精神状态：动物是否有惊恐不安、狂躁不驯表现，这是马流行性脑脊髓炎和狂犬病的特征表现。动物是否有沉郁、嗜睡甚至昏迷表现，这多为发热性疾病和衰竭性疾病的表现。

②被毛状况：被毛是否逆立、无光，是否有局限性脱毛，这时应多注意皮

肤病或外寄生虫病如螨病的可能。

③皮肤的颜色：皮肤苍白为贫血的症状；皮肤黄疸多见于肝病及溶血性疾病，如钩端螺旋体病等；皮肤蓝紫色又称发绀，多见于亚硝酸盐中毒、蓝耳病等。

④皮肤疹疤：反刍兽和猪的皮肤尤其是口腔部及蹄部的皮肤有小水疱性病变，继而溃烂，可提示口蹄疫或传染性水疱病。马的臀部（有时在颈侧、胸侧）的"银元疹"，提示马媾疫的可能。另外猪的体表部位有较大的坏死与溃烂，应提示坏死杆菌病。

⑤眼和结合膜检查：猪大量流泪，可见于流行性感冒；在眼窝下方见有流泪的痕迹，提示传染性萎缩性鼻炎的可能；脓性眼分泌物是化脓性结膜炎的特征，可见于某些热性传染病，尤其应注意猪瘟；结合膜潮红多可能为结膜炎所致；苍白是各型贫血的特征；发绀可提示某些毒物中毒、饲料中毒（如亚硝酸盐中毒）；黄疸多由肝病或引起肝胆损伤的传染病引起；结合膜上有点状或斑点状出血，是出血性素质的特征，在马多见于血斑病、焦虫症，尤其是急性或亚急性马传染性贫血时更为明显。

⑥口、鼻腔检查：口腔大量流涎提示口蹄疫及中毒病（如鸡的有机磷中毒及猪的食盐中毒等），口腔黏膜颜色的变化与眼结合膜相近；动物若有大量鼻液多见于肺坏疽、支气管炎、支气管肺炎、大叶性肺炎的溶解期以及马腺疫、急性开放性鼻疽等；动物频繁性咳嗽多提示有呼吸道疫病。

2. 隔离检疫和实验室检验的检疫处理

根据隔离检疫和实验室检验的结果，对该批动物做综合判定并进行相应的处理。

（1）隔离期间发现死亡、患病动物或者疑似病例，应迅速报告检验检疫机构，并立即采取下列措施：

①将患病动物转移至病畜隔离区进行隔离，由专人负责管理。

②对患病动物停留或可能污染的场地、用具和物品等进行消毒。

③严禁转移和急宰患病动物。

④死亡动物应保持完整，等待检验检疫机构检查。

（2）必要时，对死亡动物进行尸体剖检，分析死亡原因，并做无害化处理；相关过程要留有影像资料。

（3）如发现《中华人民共和国进境动物一、二类传染病、寄生虫病名录》所列的一类传染病、寄生虫病，按规定做全群退回或全群扑杀、销毁处理。

（4）如发现二类传染病或寄生虫病，对患病动物做退回或扑杀、销毁处理，同群其他动物继续隔离观察。

（5）对发现严重动物传染病或者疑似重大动物传染病的，应当立即按照国家质量监督检验检疫总局下发的《进出境重大动物疫情应急处理预案》启动相关应急工作程序，有效控制疫情。

（6）对检出规定检疫项目和名录以外的、对畜牧业有严重危害的其他传染病或寄生虫病的动物，由国家质量监督检验检疫总局根据其危害程度做出检疫处理决定。

（7）对经检疫合格的入境动物由隔离场所在地检验检疫机构在隔离期满之日签发有关单证（即《入境货物检验检疫证明》）予以放行。

任务三 掌握重大动物疫情处理技术

重大动物疫情是指高致病性禽流感、口蹄疫、非洲猪瘟等发病率或者死亡率高的动物疫病突然发生，迅速传播，给养殖业生产造成严重威胁、危害，以及可能对公众身体健康与生命安全造成危害的情形，包括特别重大动物疫情，具有重要经济社会影响和公共卫生意义。

为了及时有效地预防、控制和扑灭突发重大动物疫情，最大限度地减轻突发重大动物疫情对畜牧业及公众健康造成的危害，保持经济持续、稳定、健康发展，保障人民身体健康、安全，依据《重大动物疫情应急条例》，县级以上地方人民政府根据本地区的实际情况，制定本行政区域的重大动物疫情应急预案，报上一级人民政府兽医主管部门备案。县级以上地方人民政府兽医主管部门，应当按照不同动物疫病病种及其流行特点和危害程度，分别制定实施方案。

一、疫情报告

（一）疫情报告的相关概念及意义

1. 疫情报告相关概念
（1）动物疫情 是指动物疫病发生、发展的情况。
（2）疫情报告 是指按照政府规定，兽医和有关人员及时向上级领导机关所做的关于疫病发生、流行情况的报告。
（3）重大动物疫情 是指高致病性禽流感等发病率或者死亡率高的动物疫病突然发生，迅速传播，给养殖业生产安全造成严重威胁、危害，以及可能对公众身体健康与生命安全造成危害的情形，包括特别重大动物疫情。

2. 疫情报告的意义
根据《中华人民共和国动物防疫法》第三十一条规定："从事动物疫情监测、检验检疫、疫病研究与诊疗以及动物饲养、屠宰、经营、隔离、运输等活动的单位和个人，发现动物染疫或者疑似染疫的，应当立即向兽医主管部门、动物卫生监督机构或者动物疫病预防控制机构报告，并采取隔离等控制措施，防止动物疫情扩散。其他单位和个人发现动物染疫或者疑似染疫的，应当及时报告。接到动物疫情报告的单位，应当及时采取必要的控制处理措施，并按照国家规定的程序上报。"

明确动物疫情责任报告主体，有利于督促当事人增强动物疫情报告意识和责任意识，也有利于追究违法行为人的法律责任。

（二）疫情报告责任人

疫情报告须明确疫情报告责任人。这首先是由动物疫情的重要性决定的，动物疫情绝不仅仅是养殖者等从业者自己的事情，还关系到社会公共利益和公众安全，一旦发现，必须报告；其次，是由动物疫情报告的重要性决定的，动物疫情报告制度是动物疫情防控的首要环节，而责任报告人又是动物疫情报告的关键环节，只有首先明确责任报告人，才能尽快发现疫情，从而及时采取科学的、有力的控制措施，将疫情带来的危害降到最低；再次，规定责任报告人使动物疫情报告更具有可操作性，因为这些主体直接接触动物，会在第一时间发现动物的异常情况，与其他人相比，疫情报告责任人最清楚动物的发病情况，只有他们及时报告，才能尽早发现动物疫情。

1. 动物疫情报告责任人

动物疫情报告责任人主要指以下的单位和个人。

（1）从事动物疫情监测、检验检疫、疫病研究与动物饲养、屠宰、经营、隔离、运输等活动的单位和个人，发现动物染疫或者疑似染疫的，应当立即报告。

（2）其他单位和个人发现动物染疫或者疑似染疫的应当及时报告。

2. 明确规定疫情报告责任人的意义

（1）疫情报告必须明确疫情报告责任人，动物疫情不仅仅是养殖从业者自己的事情，还关系到社会公共利益和公众安全，一旦发现，必须报告。

（2）动物疫情报告制度是动物疫情防控的首要环节，而责任报告人又是动物疫情报告的关键环节，只有首先明确责任报告人，才能尽快发现疫情，从而及时采取科学的、有力的控制措施，将疫情带来的危害降低到最低。

（3）规定责任报告人使动物疫情报告更具可操作性，这些主体直接接触动物，会在第一时间发现动物的异常情况，最清楚动物的发病情况。

（三）疫情报告管理

1. 动物疫情责任报告人的报告时机

报告时机是指发现动物染疫或者疑似染疫的时候。染疫是指动物患传染性疾病；疑似染疫是指尚未确诊，但有症状表明动物可能染疫。动物疫情的报告时机十分重要，是控制动物疫情"早"字方针的体现。动物疫情责任报告人发现传播快、死亡率高、生产性能下降明显、常规治疗和防控措施无效等异常情况时，必须立即报告。

2. 疫情报告程序

动物疫情责任报告人发现动物染疫或者疑似染疫时，必须履行动物疫情报告义务，可以向当地兽医主管部门、动物卫生监督机构或者动物疫病预防控制机构等其中一个机构报告，也可向县区兽医主管部门在乡镇或区域的派出机构报告，向官方兽医部门或当地乡镇人民政府聘用的村级动物防疫员报告。接到疫情报告的乡镇或区域派出机构或村级动物防疫员，应立即向当地兽医主管部门、动物卫生监督机构或者动物疫病预防控制机构报告。非上述三个机构的其他单位和个人获取有关动物疫情信息的，应当立即向当地三个兽医机构之一报告，并移送有关资料。不得未经兽医主管部门公布，直接散布动物疫情信息。

动物疫情责任报告人在报告动物疫情的同时，应当立即主动采取隔离、消毒等防控措施，不得转移、出售、抛弃该疫点动物，防止疫情传播蔓延。

当地兽医主管部门、动物卫生监督机构或者动物疫病预防控制机构中的任何单位，接到动物疫情报告后，应当立即派技术人员以及动物卫生监督执法人员赶赴现场，按有关规定及时采取必要的行政级和技术控制处理措施，例如疫点封锁、染疫动物隔离、病死动物暂控、场所及周边环境的消毒等，防止疫情传播蔓延，还要按照农业农村部《动物疫情报告管理办法》规定的程序和内容上报。

3. 疫情报告时限

根据农业农村部制定的《动物疫情报告管理办法》，动物疫情报告实行快报、月报和年报制度。

（1）快报 快报就是在发现某些传染病或紧急疫情时，应以最快的速度向有关部门报告，以便迅速启动应急机制，将疫情控制在最小的范围，最大限度地减少疫病造成的经济损失，保护人畜健康。

县级动物防疫监督机构和国家测报点确认发现发生一类或者疑似一类动物疫病，二类、三类或者其他动物疫病呈暴发性流行、新发现的动物疫情、已经消灭又发生的动物疫病时，应在24h内快报至国务院畜牧兽医行政管理部门。

如果属于重大动物疫情的，应按照国务院《重大动物疫情应急条例》的规定上报。该条例第十七条规定：县（市）动物防疫监督机构接到报告后，应当立即赶赴现场调查核实。初步认为属于重大动物疫情的，应当在2h内将情况逐级报省、自治区、直辖市动物防疫监督机构，并同时报所在地人民政府兽医主管部门；兽医主管部门应当及时通报同级卫生主管部门。省、自治区、直辖市动物防疫监督机构应当在接到报告后 1h 内，向省、自治区、直辖市人民政府兽医主管部门和国务院兽医主管部门所属的动物防疫监督机构报告。省、自治区、直辖市人民政府兽医主管部门应当在接到报告后 1h 内报本级人民政府和国务院兽医主管部门。重大动物疫情发生后，省、自治区、直辖市人民政府和国务院兽医主管部门应当在 4h 内向国务院报告。

认定为疑似重大动物疫情的应立即按要求采集病料样品送省级动物防疫监督机构实验室确诊，省级动物防疫监督机构不能确诊的，送国家参考实验室确诊。确诊结果应立即报农业农村部，并抄送省级兽医行政管理部门。

（2）月报　月报即按月逐级上报本辖区内动物疫病情况，为上级部门掌握分析疫情动态、实施防疫监督与指导提供可靠依据。县级动物防疫监督机构对辖区内当月发生的动物疫情，于下月 5 日前将疫情报告地（市）级动物防疫监督机构，地（市）级动物防疫监督机构每月 10 日前报告省级动物防疫监督机构，省级动物防疫监督机构于每月 15 日前报中国动物疫病预防控制中心，最后由中国动物疫病预防控制中心将汇总分析结果于每月 20 日前报国务院畜牧兽医行政管理部门。

（3）年报　年报实行逐级上报制。县级动物防疫监督机构应在每年 1 月 10 日前将辖区内上一年的动物疫情报告地（市）级动物防疫监督机构，地（市）级动物防疫监督机构应当在当年 1 月 20 日前报省级动物防疫监督机构，省级动物防疫监督机构应当在当年 1 月 30 日前报中国动物疫病预防控制中心，最后由中国动物疫病预防控制中心将汇总分析结果于当年 2 月 10 日前报国务院畜牧兽医行政管理部门。

（四）疫情报告的形式和内容

1. 报告形式

基层疫情报告责任人可以以电话报告、到办公地点报告、找有关人员报告、书面报告等报告形式，到当地兽医主管部门、动物卫生监督机构或者动物疫病预防控制机构报告。以报表形式上报，报表由国家农业农村部畜牧兽医局统一制定。通过动物防疫网络系统进行上报。

2. 报告内容

报告内容主要有以下五个方面：

（1）疫情发生的时间、地点。

（2）染疫、疑似染疫动物的种类和数量，同群动物数量，免疫情况，死亡数量，临床症状，病理变化，诊断情况。

（3）流行病学和疫源追踪情况。

（4）已采取的控制措施。

（5）疫情报告的单位、负责人、报告人及联系方式。

3. 动物防疫监督机构的报告形式与要求

以报表形式上报，动物疫情快报、月报、年报报表由国家畜牧兽医局统一制定。利用动物防疫网络系统进行上传。

疫情报告工作中，要严格执行国家有关疫情报告的规定及本省动物防疫网络化管理办法，认真统计核实有关数据，防止误报、漏报，严禁瞒报、谎报。保证做到及时上报、准确无误。

二、隔离与封锁

（一）隔离

1. 隔离的概念和意义

隔离是指将疫病感染动物、疑似感染动物和病原携带动物，与健康动物在空间上隔开，并采取必要措施切断传染途径，以杜绝疫病的扩散。

隔离病畜和可疑感染的病畜，是防治传染病的重要措施之一。目的就是为了控制传染病，防止动物继续受到传染，以便将疫情控制在最小范围内加以扑灭。

发现疑似一类动物疫病时，首先采取隔离措施，不仅要将疑似患病动物进行隔离，而且也要将其同群的动物进行隔离。然后及时进行诊断，采取控制扑灭措施。隔离场所的废弃物，应进行无害化处理，同时密切注意观察和监测，加强保护措施。

2. 隔离的对象和方法

根据诊断检疫的结果，可将全部受检动物分为患病动物、可疑感染动物和假定健康动物三类，应分别对待。

（1）患病动物　患病动物包括有典型症状或类似症状，或其他特殊检查呈阳性的动物。它们是最危险的传染源，应选择不易散播病原体、消毒处理方便的场所或房舍进行隔离。如患病动物数量较多，可集中隔离在原来的圈舍里。特别注意严格消毒，加强卫生和护理工作，需有专人看管，并及时进行治疗。隔离场所禁止闲杂人畜出入和接近。工作人员出入应遵守消毒制度。隔离区内的用具、饲料、粪便等，未经彻底消毒处理，不得运出，没有治疗价值的动物，由兽医根据国家有关规定进行处理。

（2）可疑感染动物　可疑感染动物指未发现任何症状，但与患病动物及其污染的环境有过明显的接触，如同群、同圈、同槽、同牧，使用共同的水源、用具等的动物。这类动物有可能处在疫病潜伏期，并有排菌（毒）的危险，应在消毒后另选地方将其隔离、看管、限制其活动，详加观察，出现症状的则按患病动物处理。有条件时应立即进行紧急免疫接种或预防性治疗。隔离观察时间的长短，根据该种传染病的潜伏期长短而定，经一段时间不发病者，可取消其限制。

（3）假定健康动物　疫区内除上述两类的其他易感动物都属于此类。应与上述两类严格隔离饲养，加强防疫消毒和相应的保护措施，立即进行紧急免疫接种，必要时可根据实际情况分散喂养或转移至偏僻牧地。

3. 隔离区的管理

（1）隔离场的管理　动物隔离场应有完善的隔离、消毒、检疫、值班等工作制度，管理人员无人兽共患传染病；动物隔离场由市级动物卫生监督机构统一安排使用。凡需使用动物隔离场的单位，提前30d办理预订手续；动物隔离场禁止参观，人员、车辆及物品等未经许可不得进出。严禁非工作人员进入隔离区。工作人员、饲养人员进出隔离区，应更衣、换鞋，经消毒池、消毒通道进出。动物隔离结束后，使用单位应在动物隔离场管理人员指导监督下清洗消毒使用过的隔离舍、场地、用具等。动物隔离场应当保持隔离舍及场内环境清洁卫生，做好灭鼠、防蚊、防蝇、防火、防盗等工作。动物隔离场使用前后，应彻底消毒3次，每次间隔3d，并做好消毒效果的检测；同一隔离舍内，不得同时隔离两批（含）以上的动物；隔离舍2次使用间隔时间至少15d。

（2）外调入动物的处理　使用单位应在动物入场前，派人到动物隔离场，在管理人员指导监督下彻底清洗、消毒隔离舍、场地及有关设备、用具等。动物入场运输所使用的车辆、饲料、排泄物及其他被污染物料等，应在动物运抵隔离场后，在动物隔离场管理人员指导监督下进行清洗、消毒和无害化处理。隔离动物应在管理人员指定分配的隔离舍饲养，未经许可不得擅自调换。发现疑似患病或死亡的动物，应及时报告当地动物卫生监督机构，将患病动物与其他动物进行隔离观察，并对患病动物停留过的地方和污染的用具、物品进行消毒。

（3）驻场人员的管理　使用单位应当选派畜牧兽医专业人员驻场，负责动物隔离期间的饲养管理等相关工作。驻场人员入场前应做健康检查，无人畜共患传染病。驻场人员应在管理人员指导监督下负责隔离动物的饲养管理，定期清扫、清洗、消毒，保持动物、隔离舍内外和周边环境清洁卫生，并协助采样及其他有关检疫、监测工作。驻场人员不得擅自离开动物隔离场，不得任意进出其他隔离舍，未经管理人员批准不得中途换人。

（4）物料的管理　隔离动物所需饲料、牧草、垫料、药物、疫苗及器物等及驻场人员所使用的日常生活用品，不得来自其他饲养场。严禁将肉类、骨、皮、毛等动物产品带入动物隔离场内，未经动物隔离场管理人员同意不得携进（出）任何物品。隔离动物的排泄物、垫料及污水须经无害化处理后方可排出动物隔离场外。

（5）隔离检疫　根据不同疫病的潜伏期，实施一定时间的隔离。隔离期满，经检疫合格的隔离动物登记其畜禽标识，凭动物卫生监督机构签发的检疫证明放行。检疫不合格的动物按照国家有关规定处理。

（6）隔离记录和报告　检疫人员在动物隔离期间做好隔离观察记录，建立完整的隔离观察记录档案。隔离观察记录包括进场时间、畜主姓名、动物种类及数量、畜禽标识编码、持证情况、隔离观察情况、处理、采样检测情况等。动物隔离场应定期将工作情况及统计报表上报当地和省级动物卫生监督机构。

（二）封锁

1. 封锁的意义、对象与原则

（1）封锁的意义　当暴发某些严重传染病时，除严格隔离之外，还应采取划区封锁的措施，以防止疫病向安全区散播和健畜误入疫区而被传染。其目的是保护广大地区畜群的安全和人民的健康，把疫病控制在封锁区之内，从而发动广大群众集中力量就地扑灭。

由于采取封锁措施，封锁区各项活动基本处于与外界隔离的状态，不可避免地要对当地的生产和人民群众的生活产生很大影响，故该措施必须严格控制使用，或者说必须严格依法执行。为此，《中华人民共和国动物防疫法》对封锁措施有严格的限制性规定。

（2）封锁的对象　根据《中华人民共和国动物防疫法》的规定，当确诊为口蹄疫、猪水泡病、猪瘟、非洲猪瘟、牛瘟、牛肺疫、禽流感等一类传染病或当地新发现的畜禽传染病时，进行封锁。这类疫病对人和动物危害严重，需要采取紧急、严厉、强制的预防、控制、扑灭等措施，迅速控制疫情和集中力量就地扑灭，以防止疫病向安全区散播和健康动物误入疫区而被传染，从而保护其他地区动物的安全和人体健康。

《中华人民共和国动物防疫法》第三十一条、第三十三条规定，封锁只适用于以下情况：发生一类动物疫病时；当地新发现的动物疫病呈暴发性流行时；二类、三类动物疫病呈暴发性流行时。除上述情况外，不得随意采取封锁措施。

（3）封锁的原则　根据疫病的流行规律、当时流行情况和具体条件，确定疫点、疫区和受威胁区。执行时应掌握"早、快、严、小"的原则，即早——执行封锁应在流行早期；快——行动果断迅速；严——封锁严密；小——范围不宜过大。

2. 封锁区的划分

为扑灭疫病采取封锁措施而划出的一定区域，称为封锁区。封锁区的划分，应根据该病流行规律、当时流行特点、动物分布、地理环境、居民点以及交通条件等情况确定疫点、疫区和受威胁区。疫点、疫区、受威胁区的范围，由畜牧兽医行政管理部门根据规定和扑灭疫情的实际需要划定，其他任何单位和个人均无此权力。

（1）疫点　患病动物所在的地点划定为疫点。疫点一般是指患病畜禽所在的养殖场（户）或其他有关屠宰、经营单位。具体指经国家指定的检测部门检测确诊发生了一类传染病疫情的养殖场（户）、养殖小区或其他有关的屠宰加工、经营单位。若为农村散养，则应将病畜禽所在的自然村划为疫点。运输的动物则以运载动物的车、船、飞行器等为疫点；在市场发生疫情，则以患病动物所在市场为疫点。

（2）疫区　以疫点为中心的一定范围内的区域划定为疫区。疫区一般是指以疫点为中心，半径 3km 范围内的区域。

疫区的范围比疫点大，一般是指有某种传染病正在流行的地区，其范围除病畜禽所在的畜牧场、自然村外，还包括病畜禽发病前（在该病的最长潜伏期内）后所活动过的地区。疫区划分时注意考虑当地的饲养环境、天然屏障和交通等因素，如河流、山脉等。

（3）受威胁区　疫区外一定范围内的区域划定为受威胁区。受威胁区为疫区周围一定范围内可能会受疫病传染的地区。一般指疫区外延 5km 范围内的区域，如发生高致病性禽流感、猪瘟、新城疫的区域等，但不同的动物疫病病种，其划定受威胁区范围也不相同，如口蹄疫为 10km。

3. 封锁的实施

（1）启动封锁的程序　在发生应当封锁的疫情时，由当地兽医主管部门划定疫点、疫区、受威胁区，并及时报请同级人民政府实行封锁。县级以上人民政府接到本级兽医主管部门对疫区实行封锁的请示后，应在 24h 内立即以政府名义发布封锁令，对疫区实行封锁。发布封锁令的地方人民政府应当启动相应的应急预案，立即组织有关部门和单位采取封锁、隔离、扑杀、销毁、消毒、无害化处理、紧急免疫接种等强制性措施，迅速扑灭疫病，并通报毗邻地区。

（2）封锁区应采取的控制措施

①疫点采取的控制措施：扑杀疫点内所有的患病动物，如：高致病性禽流感为疫点内所有禽只；口蹄疫为疫点内所有病畜及同群易感动物；猪瘟为所有病猪和带毒猪；新城疫为所有病禽和同群禽只。销毁所有病死动物、被扑杀动物及其产品。对动物的排泄物、被污染饲料、垫料、污水等进行无害化处理；

对被污染的物品、交通工具、用具、饲养场所、场地进行彻底消毒。对发病期间及发病前一定时间内（高致病性禽流感为发病前21d；口蹄疫为发病前14d）售出的动物及易感动物进行追踪，并做扑杀和无害化处理。

②疫区采取的控制措施：在疫区周围设置警示标志，在出入疫区的交通路口设置动物检疫消毒检查站，执行监督检查任务，对出入车辆和有关物品进行消毒。对所有易感动物进行紧急强制免疫，建立完整的免疫档案，但发生高致病性禽流感时，疫区内的禽只不得进行免疫，所有家禽必须扑杀，并进行无害化处理。同时销毁相应的禽类产品。其他动物疫病发生后，必要时可对疫区内所有易感动物进行扑杀和无害化处理。关闭畜（禽）及其产品交易市场，禁止活畜（禽）进出疫区及其产品运出疫区。但发生高致病性禽流感时，要关闭疫点及周边13km范围内所有家禽及其产品交易市场。对所有与患病动物、易感动物接触过的物品、交通工具、畜禽舍及用具、场地进行彻底消毒。对排泄物、被污染饲料、垫料及污水进行无害化处理。对易感动物进行疫情监测，及时掌握疫情动态。

③受威胁区采取的控制措施：对所有易感动物进行紧急免疫，免疫密度应为100%，以建立5~10km的免疫带，禁止易感动物进出疫区，并避免饮用从封锁区流过的水，禁止与封锁区进行各种畜禽及产品的贸易，防止疫情扩散。加强疫情监测和免疫效果检测，掌握疫情动态。

4. 解除封锁

《中华人民共和国动物防疫法》第三十三条规定："疫点、疫区、受威胁区的撤销和疫区封锁的解除，按照国务院兽医主管部门规定的标准和程序评估后，由原决定机关决定并宣布。"由于动物疫病的潜伏期各不相同，农业部于2007年发布了《关于印发〈高致病性禽流感防治技术规范〉等14个动物疫病防治技术规范的通知》，对撤销疫点、疫区和受威胁区的条件和解除疫区封锁做出了具体规定。

一般而言，疫区（点）内最后一头患病动物扑杀或痊愈后，经过该病一个最长潜伏期的观察、检测，未再发现患病动物时，经过终末消毒，由上级或当地动物卫生监督机构和动物疫病预防控制机构评估审验合格后，由当地兽医主管部门提出解除封锁的申请，由原发布封锁令的人民政府宣布解除封锁同时通报毗邻地区和有关部门。

疫点、疫区、受威胁区的撤销，由当地兽医主管部门按照农业农村部规定的条件和程序执行。疫区解除封锁后，要继续对该区域进行疫情监测，如高致病性禽流感疫区解除封锁后6个月内未发现新病例，即可宣布该次疫情被扑灭。

三、动物的扑杀和生物安全处理

(一) 动物扑杀

1. 概念

扑杀是扑灭动物疫病常见的一项强制性措施。其基本的做法是将患有疫病动物，有的甚至包括患病动物的同群动物人为致死，并予以销毁，以防止疫病扩散，把损失限制在最小的范围内。决定采取扑杀措施的主体是发布封锁令的地方人民政府。

2. 意义

扑杀病畜和可疑病畜是迅速、彻底地消灭传染源的一种有效手段。对于一些烈性传染病或烈性人畜共患病的染疫动物要立即扑杀，并按有关规定严格处理。在一个国家或地区，新发生某种传染病时，为了迅速消灭疫情，常将最初疫点内的病患与可疑病患病动物全部扑杀。在疫区解除封锁前，或某地区、某国消灭某种传染病时，为了尽快拔除疫点，也可将带该病原的或检疫呈阳性的动物进行扑杀。对某些慢性经过的传染病，如结核杆菌病、布鲁氏菌病、鸡白痢等，应每年定期进行检疫。为了净化这些疾病，必须将每次检出的阳性动物扑杀。

3. 扑杀前的准备

扑杀前准备是顺利完成扑杀工作的保证。当重大动物疫病呈暴发流行时，往往会因准备不周，导致扑杀过程中缺少物资或人力而耽误扑杀工作的进行。完整的扑杀准备工作应该考虑扑杀文件的起草、公布，主要包括应急预案的启动，扑杀令、封锁令等。此外，还要考虑扑杀方法、扑杀地点、扑杀顺序、需要的人力和设施、器具、资金。

4. 人力的要求

扑杀染疫动物应由动物防疫专业技术人员和能熟练扑杀动物的人员进行。他们一方面能够鉴别染疫动物，另一方面还熟练掌握扑杀技术。同时还要清楚扑杀会给有关人员带来的影响。此外，最好还要请当地政府领导帮助个别畜主及其家人解决因扑杀而产生的心理和精神上的问题，同时还要避免出现任何阻挠扑杀行为的行动，如养猪户拒绝，串联社会人员造成社会群体性事件。

5. 扑杀场地的选择

选择扑杀场地遵循因地制宜的原则。重点应考虑以下因素：现场可利用的设施；需要的附属设施和器具；易于接近尸体处理场地，防止运输过程中染疫动物及其产品的污物流出或病菌经空气散播，导致道路及其周围污染；人身安全；畜主可接受程度；财产损失的可能性；避免公众和媒体的注意。特别是在农村散养户发生疫情需要扑杀时，虽然范围广，但是每户平均后数量少，可采取就近原则，由养殖户自己挖坑，专业人员负责鉴定、扑杀并指导无害化处理的方法。

6. 扑杀方法的选择

为了"早、快、严、小"扑灭动物疫情，控制动物疫病的流行和蔓延，促进养殖业发展和保护人们身体健康，采取科学合理、方便快捷、经济实用的扑杀方法，是彻底消灭传染源、切断传播途径最有效的手段。主要有以下几种方法。

（1）钝击法 特点是费时费力，污染性大，不易采用。

（2）放血法 对猪、羊比较适用，但要搞好血液处理工作，防止造成污染。

（3）毒药灌服法 可以杀死病畜又可以杀灭病菌，但适用的药物毒性较大，要固定专人保管。

（4）注射法 保定比较困难，要有专业的人员操作。

（5）电击法 比较经济适用，特别是对保定困难的大动物，但该方法具有危险性，需要操作人员注意自身保护。

（6）轻武器击毙法 具有潜在危险，不适于在现场人多的情况下使用。在实际工作中，根据具体情况具体对待。

（7）扭颈法 扑杀量较小时采用，根据禽只大小，一只手握住头部，另一只手握住体部，朝相反方向扭转拉伸。

（8）窒息法（二氧化碳法） 二氧化碳致死疫禽是世界卫生组织推荐的人道扑杀方法。先将待扑杀禽装入袋中，置入密封车或其他密封容器，通入二氧化碳窒息致死；或将禽装入密封袋中，通入二氧化碳窒息致死。

窒息法具有安全、无二次污染、劳动量小、成本低廉等特点，在禽流感防控工作中是非常有效的方法。

（二）生物安全处理

1. 生物安全处理概念

生物安全处理就是通过用焚毁、掩埋、化制或其他物理、化学、生物学等方法，将病害动物尸体和病害动物产品或附属物进行处理，以彻底消灭其所携带的病原体，达到消除病害因素，保障人畜健康安全的目的。

2. 病害动物尸体和产品运送

（1）工作人员的要求 尸体及产品运送前，工作人员应穿戴工作服、胶鞋、口罩、风镜及手套。

（2）车辆的要求 使用特制的运尸车，装前和卸后均要严格消毒。

（3）动物尸体的要求 装车前应将尸体各天然孔用沾有消毒液的湿纱布、棉花严密填塞，小动物和禽类可用塑料袋盛装，以免流出粪便、分泌物、血液等污染周围环境。

（4）消毒的要求 运送过尸体的用具、车辆应严加消毒，工作人员用过的手套、衣物及胶鞋等也应进行消毒。

3. 销毁

（1）适用对象 销毁适用于以下情况：确认为口蹄疫、猪水泡病、猪瘟、非洲猪瘟、牛瘟、牛传染性胸膜肺炎、牛海绵状脑病、痒病、绵羊梅迪-维斯纳病、蓝耳病、小反刍兽疫、绵羊痘和山羊痘、山羊关节炎脑炎、高致病性禽流感、鸡新城疫、炭疽、鼻疽、狂犬病、羊快疫、羊肠毒血症、肉毒梭菌中毒症、羊猝狙、马传染性贫血血病，猪螺旋体痢疾、猪囊尾蚴、急性猪丹毒、钩端螺旋体病（已黄染肉尸）、布鲁氏菌病、结核病、鸭瘟、兔病毒性出血症、野兔热等染疫动物以及其他严重危害人畜健康的病害动物及其产品，病死、毒死或不明死因动物的尸体；经检验对人畜有毒有害的、需销毁的病害动物和病害动物产品；从动物体割除的病变部分；人工接种病原微生物或进行药物实验的病害动物和病害动物产品；国家规定的其他应该销毁的动物和动物产品。

（2）操作方法 销毁包括焚烧和掩埋。

①焚烧：即将病害动物尸体、病害动物产品投入焚化炉或用其他方式烧毁碳化。焚烧法杀灭病原体较彻底，由于不能利用产品，且成本高，故不常用。但对一些危害人畜健康极为严重的传染病病畜的尸体，仍有必要采取此法。焚烧时，先在地上挖一个"十"字形沟，沟长约 2.6m、宽 0.6m、深 0.5m，在沟的底部放木柴和干草作引火用，于"十"字沟交叉处铺上横木，其上放置畜尸，畜尸四周用木柴围上，然后洒上煤油焚烧，至尸体烧成黑炭为止。也可用单坑或用专门的焚化炉焚烧。

②掩埋：掩埋法是利用土壤的自净作用使畜尸无害化。由于其无害化过程缓慢，某些病原微生物能长期生存，从而污染土壤和地下水，并会造成二次污染。为达到彻底无害化，对于患有炭疽等芽孢杆菌类疫病，以及牛海绵状脑病、绵阳痒病的染疫动物及产品、组织，掩埋前应实施焚烧处理。

掩埋地应远离公共场所、住宅区、动物饲养和屠宰场所、饮用水源地、河流等地区，要求地势高，地下水位低，并要防止山洪的冲刷。掩埋地要求土质干而多孔（沙土最好），以利于尸体加快腐败分解。坑的大小能容纳畜禽侧卧尸体即可，从坑沿到尸体表面高度不得少于 1.5m。

掩埋前，坑底铺 2~5cm 厚的生石灰，将尸体放入，使其侧卧，并将污染的土层、捆尸体的绳索一起抛入坑内，然后再铺 2~5cm 厚的石灰，填土夯实。掩埋后的地表环境应使用有效消毒药喷洒消毒。

4. 无害化处理

无害化处理包括化制和消毒。

（1）化制

①适用对象：化制适用于应销毁的动物疫病以外的其他疫病的染疫动物，以及病变严重、肌肉发生退行性变化的动物的整个尸体和胴体、内脏。化制时，利用干化、湿化机将原料分类，分别投入化制。

②化制操作：化制是利用化制机无害化处理病害动物尸体较好的方法，分干化和湿化两种。干化是将废弃物放入化制机内受干热（热蒸汽不直接接触化制的肉尸，而循环于夹层中）与压力的作用而达到化制的目的。湿化是利用高压饱和蒸汽，直接与畜尸组织接触，当蒸汽遇到畜尸而凝结为水时，放出大量热能，可使油脂溶化和蛋白质凝固，同时借助于高温与高压，将病原体完全杀灭。湿化机就是利用湿化原理将病害动物的尸体或病变部分利用高温杀菌的机器设备。经湿化机化制后的动物尸体可熬成工业用油，同时产生其他残渣。

（2）消毒

①适用对象：消毒适用于销毁的动物疫病以外的其他疫病的染疫动物生皮，原毛以及未经加工的蹄、骨、绒的无害化处理。

②常见方法：

高温处理法：适用于染疫动物蹄、骨和角的处理，将肉尸做高温处理时剔出的骨、蹄、角放入高压锅内蒸煮至骨脱胶或脱脂时为止。

盐酸食盐溶液消毒法：适用于被病原微生物污染或可疑被污染和一般染疫动物的皮毛消毒。用2.5%盐酸溶液和15%食盐水溶液等量混合，将皮张浸泡在此溶液中，并使溶液温度保持在30℃左右，浸泡40h。皮张用10L消毒液，浸泡后捞出沥干，放入2%氢氧化钠溶液中，以中和皮张上的酸，再用水冲洗后晾干。也可按100mL 25%食盐水溶液中加入盐酸1mL配制消毒液，在室温15℃条件下浸泡48h，皮张与消毒液的比为1:4。浸泡后捞出沥干，再放入1%氢氧化钠溶液中浸泡，以中和皮张上的酸，再用水冲洗后晾干。

过氧乙酸消毒法：适用于任何染疫动物的皮毛消毒。将皮毛放入新鲜配制的2%过氧乙酸浸泡30min捞出，用水冲洗后晾干。

碱盐液浸泡消毒法：适用于被病原微生物污染的皮张消毒。将皮毛浸入5%碱盐液（饱和食盐水内加5%氢氧化钠）中，室温（18~25℃）浸泡24h。并随时加以搅拌，然后取出挂起，待碱盐液流净，放入5%盐酸液内浸泡，使皮上的酸碱中和，捞出，用水冲洗后晾干。

煮沸消毒法：适用于染疫动物鬃毛的处理，将鬃毛于沸水中煮沸2~2.5h。

项目五　国内和国外动物检疫意义

任务一　认识国内检疫的意义

动物及动物产品在生产、运输、调运及交易等流通过程中，由于集中时相互间接触机会多，易互相传播疫病；离散时又容易扩散疫病；同时由于环境的改变，动物机体会产生应激性反应，可能促使某些潜在疫病的发生。有关调查表明，70%的动物疫病发生都与动物的移动有关，我国发生的动物重大疫情案例中，有近50%为异地引进动物及其产品带入。动物活体及动物产品的跨区域流动是促使疫情传播的最大因素。因此，做好国内动物及动物产品生产与流通环节的动物检疫工作，可防止患有检疫对象的动物及动物产品进入流通环节，阻止疫病远距离传播，从而保护畜牧业生产健康发展，保证消费者安全，促进经济贸易发展。

一、产地检疫

（一）产地检疫的概念、意义、分类及要求

1. 产地检疫的概念

产地检疫是指动物及其产品在离开饲养、生产场地之前进行的检疫。即动物卫生监督机构派官方兽医到饲养场、养殖小区、饲养户或指定地点的检疫。产地检疫是各项检疫工作的基础，能及时发现染疫动物及其产品，将其控制在原产地，并就地安全处理，控制疫情的扩散，保障养殖业的顺利发展，保护人体健康，维护公共卫生安全。

产地检疫包含有许多不同的情况，如动物饲养场或饲养户等饲养的动物，按照常年检疫计划，在饲养场地进行的就地检疫；动物于出售前在饲养场地进行的就地检疫；动物于准备运输前在饲养场地进行的就地检疫；准备出口动物

在未进入口岸前进行的隔离检疫；准备出售或调运的动物产品在生产场地进行的检疫等。可见，产地检疫是一项基层检疫工作。所以，一般的产地检疫主要由乡镇畜牧兽医站具体负责，出口动物及其产品的产地检疫应由当地县级以上兽医行政管理部门所属动物防疫监督机构负责。

2. 产地检疫的意义

做好产地检疫对贯彻和落实"预防为主"的方针有着极其重要的意义。可有效地促进基层防御工作的开展，如产地检疫首先查验免疫证明，可以督促畜主主动做好防疫；由于产地检疫时间充分，可参考的内容较多，可利用多种检验手段，做出客观的判断。做好了产地检疫可以防止疫病进入流通领域，从而可以克服流通领域里要求短时间做出准确检疫的困难，减轻贸易、运输检疫的压力，减少贸易损失。可见，产地检疫是直接控制动物疫病的有力措施，是做好整个动物检疫的基础，因此应重视产地检疫，要把产地检疫作为整个检疫工作的重点。

3. 产地检疫的分类

根据检疫环节的不同分为以下三类。

（1）产地售前检疫　对畜禽养殖场或个人、动物产品生产加工单位或个人准备出售的畜禽、动物产品在出售前进行的检疫。

（2）产地常规检疫（即计划性检疫）　对正在饲养过程的畜禽按常年检疫计划进行的检疫。

（3）产地隔离检疫　对准备出口的畜禽未进入口岸前在产地隔离进行的检疫。国内异地调运种用畜禽，运前在原种畜禽场隔离进行的检疫和产地引种饲养调回动物后进行的隔离观察亦属产地隔离检疫。

4. 产地检疫的要求

（1）检疫人员应到场入户或到指定地点进行现场检疫。

（2）定期对本地区动物特别是种用动物、奶牛进行疫病检查，新引进的动物严格检疫。

（3）发生动物疫情时，应及早上报疫情并采取有效措施，不得隐瞒或随意处置。

（二）动物产地检疫的实施程序

动物产地检疫程序是指动物卫生监督机构在实施产地检疫过程中应当遵循的工作步骤的相关规定，包括申报受理、查验资料及畜禽标识、临床健康检查、实验室检测、检疫结果处理5个方面。

1. 申报受理

国家实行动物检疫申报制度，要求动物饲养户和经营者在出售或调运动物前向动物防疫监督机构报检。动物卫生监督机构应设置合理的动物检疫申报点，在接到检疫申报后，根据当地相关动物疫情情况，决定是否予以受理。

（1）出售、运输动物产品和供屠宰、继续饲养的动物，应当提前 3d 申报检疫。

（2）出售、运输乳用动物、种用动物以及参加展演、演出和比赛的动物，应当提前 15d 申报检疫。

（3）向无规定动物疫病区输入相关易感动物、易感动物产品的，货主除按规定向输出地动物卫生监督机构申报检疫外，还应当在起运 3d 前向输入地省级动物卫生监督机构申报检疫。

（4）合法捕获野生动物的，应当在捕获后 3d 内向捕获地县级动物卫生监督机构申报检疫。

（5）屠宰动物的，应当提前 6h 向所在地动物卫生监督机构申报检疫；急宰动物的，可随时申报。

（6）申报检疫的，应当提交检疫申报单；跨省、自治区、直辖市调运乳用动物、种用动物及其精液、胚胎、种蛋的，还应当同时提交输入地省、自治区、直辖市动物卫生监督机构批准的《跨省引进乳用种用动物检疫审批表》；申报检疫采取申报点填报、传真、电话等方式申报。采用电话申报的，需在现场补填检疫申报单。

（7）动物卫生监督机构受理检疫申报后，应当派出官方兽医到现场或指定地点实施检疫；不予受理的应当说明理由。

2. 查验资料及畜禽标识

动物卫生监督机构应查验饲养场、养殖小区、散养户《动物防疫条件合格证》、养殖档案或防疫档案，了解生产、免疫、监测、诊疗、消毒、无害化处理等情况，确认饲养场、养殖小区、散养户 6 个月内未发生相关动物疫病，确认动物已按国家规定进行强制免疫，并在有效保护期内，确认所佩戴畜禽标识与相关档案记录相符。饲养场、养殖小区的动物防疫档案分别由饲养场和养殖小区负责填写和保管，基层动物防疫机构负责监管。农村散养户的动物防疫档案由基层动物防疫机构负责填写和统一保管。

3. 临床健康检查

临床健康检查是动物产地检疫的主要项目，包括群体检查和个体检查。群体检查主要以感官检查为主，通过观察动物静态、动态和饮食状态是否正常，判断其健康与否。对个别疑似患病动物进行标记或隔离，以便进一步进行详细的个体检查。个体检查主要是指对个体逐一进行详细检查，包括问诊、视诊、触诊、叩诊、听诊和检测体温等。

4. 实验室检测

对怀疑患有规定疫病及临床检查发现其他异常情况的动物，应按相应疫病防治技术规范进行实验室检测。实验室检测须由省级动物卫生监督机构指定的、具有资质的实验室承担，并出具检测报告。

5. 检疫结果处理

（1）检疫结果的判定 产地检疫的出证主要是指经过产地检疫后对合格的动物、动物产品出具《动物产地检疫合格证明》和《动物、动物产品检疫合格证明》。检疫结果是动物产地检疫的出证条件。判定标准如下：

①来自非疫区或未发生相关动物疫情的饲养场、养殖小区、养殖户。

②按照国家规定进行了强制免疫，并在有效保护期内。

③临床检查健康。

④农业农村部规定需要进行实验室疫病检测的，检测结果合格。

⑤养殖档案相关记录和畜禽标识符合规定。

（2）检疫结果的处理

①检疫合格动物的处理：出售或者运输的动物经所在地县级动物卫生监督机构的官方兽医检疫合格，并取得《动物检疫合格证明》后，方可离开产地。合法捕获的野生动物，经检疫符合来自非封锁区、临床检查健康、农业农村部规定需要进行实验室疫病检测的，检测结果符合要求，并由官方兽医出具《动物检疫合格证明》后，方可饲养、经营和运输。省内进行交易的动物，出具《动物检疫合格证明（动物 B）》；跨省境的动物，出具《动物检疫合格证明（动物 A）》。检疫证明存根应由所在县级动物防疫监督机构保存，并做好建档工作。官方兽医必须在检疫证明、检疫标志上签字或盖章并对检疫结论负责。

《动物检疫管理办法》规定，《动物检疫合格证明》的有效期：省内为当天有效；跨省境的最长不得超过 5d。

②检疫不合格动物的处理：经检疫不合格的动物，由官方兽医出具《检疫处理通知单》，并监督货主按照农业农村部规定的技术规范处理。

（三）动物产品的检验

1. 繁育用产品检疫

出售、运输的种用动物精液、卵、胚胎、种蛋，经检疫符合下列条件，由官方兽医出具《动物检疫合格证明（动物 A）》或《动物检疫合格证明（动物 B）》。

（1）来自非封锁区，或者未发生相关动物疫情的种用动物饲养场。

（2）供体动物按照国家规定进行强制免疫，并在有效期内。

（3）供体动物符合动物健康标准。

（4）农业农村部规定需要进行实验室检疫检测的，检测结果符合要求。

（5）供体动物的养殖档案相关记录和畜禽标识符合农业农村部规定。

不符合上述规定，经检疫不合格的动物、动物产品，由动物卫生监督机构出具《检疫处理通知单》，并监督货主按照农业农村部规定的技术规范处理。

2. 其他动物产品的检疫

来自非疫区，或者未发生相关动物疫情的饲养场（户）；按有关规定消毒合格；农业农村部规定需要进行实验室疫病检测的，检测结果符合要求的其他动物产品，由动物卫生监督机构出具《动物检疫合格证明（动物 A）》或《动物检疫合格证明（动物 B）》。

经检疫不合格的动物产品，由官方兽医出具《检疫处理通知单》，并监督货主按照农业部规定的技术规范处理。

《动物检疫管理办法》规定动物产品检疫证明的有效期：省内为当日有效，跨省境的最长不得超过 7 天。

（四）跨省调运乳用、种用动物产地检疫

乳用、种用动物的健康状况会影响其产生后代的健康，如果种用动物染疫，会使其后代染疫或长期携带病原，成为新的传染源，造成疫病远距离跨地区的传播和扩散。因此乳用、种用动物产地检疫工作事关重要，决不能忽视。

2010 年 7 月 27 日，农业部颁布实施了农医发〔2010〕33 号《跨省调运乳用种用动物产地检疫规程》、农医发〔2010〕33 号《跨省调运种禽产地检疫规程》，规定了跨省调运乳用种用动物、种禽产地检疫的程序有：申报受理、查验资料及畜禽标识、临床检查、实验室检测、检疫结果处理等。

1. 申报受理

（1）省内出售、运输乳用动物、种用动物及其精液、胚胎、种蛋的，应当提前 15d 申报检疫。

（2）跨省、自治区、直辖市调运乳用动物、种用动物及其精液、胚胎、种蛋的，应当提前 15d 申报检疫，同时提交输入地省、自治区、直辖市动物卫生监督机构批准的《跨省引进乳用种用动物检疫审批表》。

（3）动物卫生监督机构接到检疫申报后，确认《跨省引进乳用种用动物检疫审批表》有效，并根据当地相关动物疫情情况，决定是否予以受理。受理的，应当及时派出官方兽医到场实施检疫；不予受理的，应当说明理由。

2. 查验资料及畜禽标识

（1）查验饲养场的《种畜禽生产经营许可证》和《动物防疫条件合格证》。

（2）查验受检动物的养殖档案、畜禽标识及相关信息。

（3）调运精液和胚胎的，还应查验其采集、存贮、销售等记录，确认对应供体及其健康状况。

3. 临床健康检查

按照动物产地检疫规程要求开展临床检查外，还需检查规定的乳用种用动物疫病。

4. 实验室检测

对怀疑患有规定疫病及临床检查发现其他异常情况的，应按相应疫病防治技术规范进行实验室检测。实验室检测须由省级动物卫生监督机构指定的、具有资质的实验室承担，并出具检测报告。

5. 检疫结果的判定

符合下列条件的，其检疫结果判定为合格。

（1）来自非封锁区或未发生相关动物疫情的饲养场、养殖小区、养殖户。

（2）按照国家规定进行了强制免疫，并在有效保护期内。

（3）临床检查健康。

（4）农业农村部规定需要进行实验室疫病检测的，检测结果合格。

（5）养殖档案相关记录和畜禽标识符合规定；精液和胚胎采集、销售、移植记录完整；种蛋的采集、消毒等记录完整。

（6）种用、乳用动物必须符合相应动物健康标准；种用、乳用反刍动物精液、胚胎、种蛋的，其供体动物须符合相应动物健康标准。

6. 检疫处理

对乳用、种用动物实施产地检疫合格的，由官方兽医出具《动物检疫合格证明（动物 A）》。实施产地检疫时，如发现无有效的《种畜禽生产经营许可证》和《动物防疫条件合格证》或无有效实验室检测报告的，检疫程序终止。其他处理同动物产地检疫。

跨省、自治区、直辖市引进的乳用、种用动物到达输入地后，应当在所在地动物卫生监督下，在隔离场或饲养场（养殖小区）内的隔离舍进行隔离观察；大中型动物隔离期为 45d，小型动物隔离期为 30d。经隔离观察合格的方可混群饲养；不合格的，按照有关规定进行处理。隔离观察合格后需继续在省内运输的，货主应当申请更换动物检疫合格证明。动物卫生监督机构办理更换动物检疫合格证明不得收费。跨省引进乳用、种用动物应当在《跨省引进乳用种用动物检疫审批表》有效期内运输。逾期引进的，货主应当重新办理审批手续。

（五）水产苗种产地检疫

出售或者运输水生动物的亲本、稚体、幼体、受精卵、发眼卵及其他遗传育种材料等。货主应当提前 20d 向所在地县级动物卫生监督机构申报检疫；经检疫合格，并获得《动物检疫合格证明》后，方可离开产地。检疫不合格的，动物卫生监督机构应当监督货主按照农业农村部规定的技术规范处理。水产苗种达目的地后，货主或承运人应当在 24h 内按照有关规定报告，并接受当地动物卫生监督机构的监督检查。

水产苗种经检疫符合下列条件的，由卫生监督机构出具动物检疫合格证明；该苗种生产场近期未发生相关水生动物疫情；临床健康检查合格；农业农村部规定需要经水生动物疫病诊断实验室检验的，检验结果符合要求。

养殖、出售或者运输合法捕获野生水产苗种的，货主应当在捕获野生水产苗种后 2d 内向所在地县级动物卫生监督机构申报检疫。在合法捕获的野生水产苗种实施检疫前，货主应当将其隔离在与其他养殖场所有物理隔离设施，具有独立的进排水和废水无害化处理设施以及专用渔具，并具有农业农村部规定的其他防疫条件的临时检疫场地。经检疫合格，并取得《动物检疫合格证明》后，方可投放养殖场所、出售或运输。

（六）动物卫生监督证章的种类及使用

1. 动物卫生监督证章标志的种类

为进一步规范动物检疫合格证明等动物卫生监督证章标志使用和管理，根据《中华人民共和国动物防疫法》《动物检疫管理办法》有关规定，农业部于 2010 年 11 月发布了《关于印发动物检疫合格证明等样式及填写应用规范的通知》，制定了动物检疫合格证明、检疫处理通知单、动物检疫申报书、动物检疫标志等样式以及动物卫生监督证章标志填写的应用规范。

（1）《动物检疫合格证明（动物 A）》（图 5-1）适用于跨省境出售或者运输动物。

（2）《动物检疫合格证明（动物 B）》（图 5-2）适用于省内出售或者运输动物。

（3）《动物检疫合格证明（产品 A）》（图 5-3）适用于跨省境出售或运输动物产品。

（4）《动物检疫合格证明（产品 B）》（图 5-4）适用于省内出售或运输动物产品。

（5）《动物屠宰检疫申报单》适用于动物、动物产品的产地检疫、屠宰检疫申报（图 5-5）。

（6）《检疫处理通知单》适用于产地检疫、屠宰检疫发现不合格动物和动物产品的处理。

动物检疫合格证明 (动物A)

编号：

货　主		联系电话	
动物种类		数量及单位	
启运地点	省　　市（州）　　县（市、区）　乡（镇）　村 （养殖场、交易市场）		
到达地点	省　　市（州）　　县（市、区）　乡（镇） 村（养殖场、屠宰场、交易市场）		
用　途		承运人		联系电话	
运载方式	□公路 □铁路 □水路 □航空		运载工具 牌号	
运载工具消毒情况	装运前经　　　　　　消毒		

本批动物经检疫合格，应于＿＿＿＿日内到达有效。

官方兽医签字：＿＿＿＿＿＿

签发日期：　　年　月　日

（动物卫生监督所检疫专用章）

牲畜 耳标号	
动物卫生 监督检查 站签章	
备　注	

第
一
联

共
二
联

注：1. 本证书一式两联，第一联由动物卫生监督所存档，第二联随货同行。
2. 将省调运到达目的地后，货主或承运人应在24小时内向输入地动物卫生监督机构报告。
3. 牲畜耳标号只需填写后3位，可另附纸填写，需注明本检疫证明编号，同时加盖动物卫生监督机构检疫专用章。
4. 动物卫生监督所联系电话。

图5-1　动物检疫合格证明（动物A）示例

动物检疫合格证明 (动物B)

编号：

货　主		联系电话		
动物种类		数量及单位		用　途	
启运地点	市（州）　　县（市、区）　乡（镇）　　　　　村 （养殖场、交易市场）			
到达地点	市（州）　　县（市、区）　乡（镇）　　　村 （养殖场、屠宰场、交易市场）			
牲畜 耳标号				

第
一
联

共
二
联

本批动物经检疫合格，应于当日内到达有效。

官方兽医签字：＿＿＿＿＿＿

签发日期：　　年　月　日

（动物卫生监督所检疫专用章）

注：1. 本证书一式两联，第一联由动物卫生监督所存档，第二联随货同行。
2. 本证书限省内使用。
3. 牲畜耳标号只需填写后3位，可另附纸填写，并注明本检疫证明编号，同时加盖动物卫生监督所检疫专用章。

图5-2　动物检疫合格证明（动物B）示例

动 物 检 疫 合 格 证 明 (产品A)

编号：

货主		联系电话	
产品名称		数量及单位	
生产单位名称地址			
目的地	省　　市（州）　　　县（市、区）		
承运人		联系电话	
运载方式	□公路　□铁路　□水路　□航空		
运载工具牌号		装运前经＿＿＿＿＿＿＿消毒	

本批动物产品经检疫合格，应于＿＿＿＿日内到达有效。

官方兽医签字：＿＿＿＿＿＿

签发日期：　　年　月　日

（动物卫生监督所检疫专用章）

动物卫生监督 检查站签章	
备注	

第一联　共二联

注：1. 本证书一式两联，第一联由动物卫生监督所留存，第二联随货同行。
　　2. 动物卫生监督所联系电话：

图 5-3　动物检疫合格证明（产品 A）　示例

动 物 检 疫 合 格 证 明 (产品B)

编号：

货　主		产品名称	
数量及单位		产　地	
生产单位名称地址			
目的地			
检疫标志号			
备　注			

第一联　共二联

本批动物产品经检疫合格，应于当日到达有效。

官方兽医签字：＿＿＿＿＿

签发日期：　　年　月　日

（动物卫生监督所检疫专用章）

注：1. 本证书一式两联，第一联由动物卫生监督所留存，第二联随货同行。
　　2. 本证书限省内使用。

图 5-4　动物检疫合格证明（产品 B）　示例

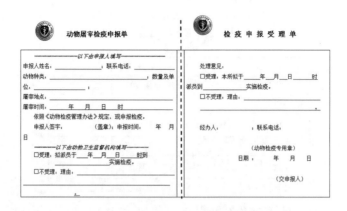

图 5-5　动物屠宰检疫申报单示例

2. 填写和使用基本要求

（1）动物卫生监督证章标志的出具机构及人员必须是依法享有出证职权者，并经签字盖章方为有效。

（2）严格按适用范围出具动物卫生证章标志，混用无效。

（3）动物卫生监督证章标志涂改无效。

（4）动物卫生监督证章标志所列项目要逐一填写，内容简明准确，字迹清晰。

（5）不得将动物卫生监督证章标志填写不规范的责任转嫁给合法持证人。

（6）动物卫生监督证章标志用蓝色或黑色钢笔、签字笔或打印填写。

3.《动物检疫合格证明》《检疫申报单》的填写规范

（1）**货主**　货主为个人的，填写个人姓名；货主为单位的，填写单位名称。联系电话，填写移动电话，无移动电话的，填写固定电话。

（2）**动物种类**　填写动物的名称，如猪、牛、羊、马、骡、驴、鸭、鸡、鹅、兔等。

（3）**数量及单位**　数量和单位连写，不留空格。数量及单位以汉字填写，如叁头、肆只、陆匹、壹佰羽等。

（4）**起运地点**　饲养场（养殖小区）、交易市场的动物填写生产地的省、市、县名和饲养场（养殖小区）、交易市场名称；散养动物填写生产地的省、市、县、乡、村名。

（5）**到达地点**　填写到达地的省、市、县名，以及饲养场（养殖小区）、屠宰场、交易市场或乡镇、村名。

（6）**用途**　视情况填写，如饲养、屠宰、种用、乳用、役用、宠用、试验、参展、演出、比赛等。

（7）**承运人**　填写动物承运者的名称或姓名；公路运输的，填写车辆行驶证上法定车主名称或名字。

（8）联系电话　填写承运人的移动电话或固定电话。

（9）运载方式　根据不同的运载方式，在相应的"□"内画"√"。

（10）运载工具牌号　填写车辆牌照号及船舶、飞机的编号。

（11）运载工具消毒情况　写明消毒药名称。

（12）到达时效　视运抵到达地点所需时间填写，最长不得超过 5d，用汉字填写。

（13）牲畜耳标号　由货主在申报检疫时提供，官方兽医实施现场检疫时进行核查。牲畜耳标号只需填写顺序号的后 3 位，可另附纸填写，并注明本检疫证明编号，同时加盖动物卫生监督所检疫专用章。

（14）动物卫生监督检查站签章　由途经的每个动物卫生监督检查站签章，并签署日期。

（15）签发日期　用简写汉字填写。如二〇二〇年三月十六日。

（16）备注　有需要说明的其他情况可在此栏填写。

4. 检疫处理通知单项目填写规范

（1）编号　连号+6 位数字顺序号，以县为单位自行编制。

（2）检疫处理通知单　应载明货主的姓名或单位；载明动物和动物产品种类、名称、数量，数量应大写。

（3）引用国家有关法律法规应当具体到条、款、项。

（4）写明无害化处理方法。

二、屠宰检疫

屠宰检疫是指在动物屠宰加工过程中所进行的检疫。屠宰检疫包括宰前检疫和宰后检疫。

（一）宰前检疫

1. 宰前检疫的概念和意义

（1）宰前检疫的概念　宰前检疫是指对宰前畜禽进行的检疫，是屠宰检疫的重要组成部分，是畜禽生前的最后一次检疫。

（2）宰前检疫的意义　宰前检疫可对及时发现的病畜禽实行病健隔离，病健分宰，减少肉品污染，提高肉品卫生质量，防止疫病扩散。尤其对临诊症状明显而宰后却难以发现的疫病如狂犬病、李氏杆菌病、猪传染性乙型脑炎、口蹄疫、羊痘和中毒病等有重要意义。同时，通过宰前验证，促进动物产地检疫，防止无证收购，无证宰杀。因此，应认真仔细地做好宰前检疫。

2. 宰前检疫的程序和内容

宰前检疫分为三个步骤，即预检、住检、送检。

（1）预检　是防止疫病混入的重要环节，主要操作如下。

①验讫证件，了解疫情：检疫人员首先向押运人员索取《动物产地检疫合格证明》或《出县境动物检疫合格证明》，了解产地有无疫情和途中病、死情况，并亲临车、船，仔细观察畜群，核对屠畜的种类和数量。

②视检屠畜，病健分群：经初步检查和调查了解，认为合格的畜群允许卸下，并赶入预检圈。此时，检疫人员要认真观察每头屠畜的外貌、运动姿势、精神状况等，如发现异常，立即涂刷一定标记并赶入隔离圈。在此强调一下，凡赶入预检圈的屠畜必须按产地、批次分圈饲养，不可混杂。

③逐头测温，剔出病畜：进入预检圈的屠畜，要给足饮水，待休息 4h 后，再进行详细的临诊检查，逐头测温。确认健康的赶入饲养圈。病畜或疑似病畜则赶入隔离圈。

④个别诊断，按章处理：被隔离的病畜或可疑病畜，经适当休息后，进行详细的临诊检查，必要时辅以实验室检查，确诊后，按有关规定处理。

（2）住检　到饲养圈饲养 2d 以上，在住场饲养期间，检疫人员应经常深入畜群查圈查食，发现病畜或可疑畜应及时挑出。

（3）送检　在送宰前进行一次详细的外貌检查和体温测量，应最大限度地检出病畜。送检认为合格的家畜，签发《宰前检疫合格证》，送候宰圈等候屠宰。

3. 宰前检疫后处理

（1）准宰　有检疫合格证且有动物检疫证，并佩戴有农业农村部规定的畜禽标识；证物相符；临诊检查健康，可进入屠宰场准予屠宰。

（2）禁宰　发现有口蹄疫、猪瘟、高致病性猪蓝耳病、炭疽、牛传染性胸膜肺炎、牛海绵脑病、痒病、小反刍兽疫、绵羊痘和山羊痘、高致病性禽流感、新城疫等动物，禁止屠宰，采取不放血方法扑杀后销毁尸体，同群其他动物按照有关规定处理。

（3）缓宰　发现有猪丹毒、猪肺疫、猪Ⅱ型链球菌病、猪支原体肺炎、猪副嗜血杆菌病、猪副伤寒、布氏杆菌病、牛结核病、牛传染性鼻气管炎、鸭瘟、小鹅瘟、禽痘、马立克病、禽结核病等疫病症状的，按国家有关规定处理，同群隔离观察，确认无异常的，准予屠宰；隔离期间出现异常的，按有关规定处理。

（4）急宰　确认无碍于肉食安全且濒临死亡的动物，视情况进行急宰，目的是为了防止传染或免于自然死亡而强制进行紧急宰杀。

（二）宰后检疫

宰后检疫是指动物在放血解体的情况下，直接检查肉尸、内脏，对肉尸、内脏所呈现的病理变化和异常现象进行综合判断，得出检验结论。宰后检验包括对传染性疾病和寄生虫以外的疾病的检查，对有害腺体摘除情况的检查，对屠宰加工质量的检查，对注水和注入其他物质的检查，对有害物质的检查以及检查是否有种公、母畜或晚阉畜肉。

1. 宰后检疫的概念及意义

（1）宰后检疫的概念 宰后检疫是指在屠宰解体的状态下，通过感官检查和剖检，必要时辅以细菌学、血清学、病理学和理化学等实验室检查，剔除宰前检疫漏检的病畜（禽）的肉品及副产品，并依照有关规定对这些肉品及副产品进行无害化处理或予以销毁。

（2）宰后检疫意义

①因动物宰后肉尸、内脏充分暴露，能直观、快捷、准确地发现肉尸和内脏的病理变化，对临诊症状不明显或处于潜伏期、在宰前难发现的疫病如猪慢性咽炭疽、猪旋毛虫、猪囊尾蚴等较容易检出，弥补了宰前检疫的不足，从而防止疫病的传播和人畜共患病的发生。

②宰后检疫可及时发现非传染性畜禽胴体和内脏的某些病变，如黄疸肉及黄脂肉、脓毒症、腐败、肿瘤、变质、水肿、局部化脓，异色、异味等有碍肉品卫生的情况，以便及时剔除，保证肉品卫生安全。

2. 宰后检疫的基本方法和要求

（1）宰后检疫的基本方法 主要通过感官检验（视检、剖检、触诊和嗅诊）对胴体和脏器的病变进行综合判断和处理，必要时辅以细菌学、血清学、病理组织学等实验室检验。

（2）宰后检疫的要求 为了迅速准确地做好在高速运转的屠宰加工流水线上的检验工作，必须遵守一定的程序和方法，做到：检疫刀数到位、检疫术式到位、综合评定到位、生物安全处理到位。这就要求在检疫过程中，为了保证肉品的卫生质量和商品外观，剖检只能在一定部位切开，且切口大小深浅适度，不允许随意乱划和拉锯式切割。

3. 宰后检疫程序和操作要点

动物宰后检疫的一般程序是头部检疫、内脏检疫、肉尸检疫3个基本环节。猪宰后检疫程序包括皮肤检疫、头部检疫、内脏检疫、胴体检疫、寄生虫检验等5个环节。家禽、家兔一般只进行内脏和肉尸2个环节的检疫。

（1）皮肤检疫 带皮猪在烫毛后开膛之前详细视检皮肤变化，特别是皮肤较薄的地方，必要时触检。检查皮肤完整性和颜色，注意有无充血、出血、瘀血、疹块、水疱、溃疡等病变。

（2）头部检疫 以检查咽炭疽和囊尾蚴为主，同时观察头、鼻、眼、唇、龈、咽喉、扁桃体等有无病变。

①咽炭疽、结核、猪瘟和猪肺疫的检疫：主要剖检两侧颌下淋巴结及其周

围组织。猪放血致死后，烫毛剥皮之前，检验者左手持钩，钩住切口左壁的中间部分，向左牵拉切口使其扩张。右手持刀将切口向深部纵切一刀，深达喉头软骨。再以喉头为中心，朝向下颌骨的内侧，左右各作一弧形切口，便可在下颌骨内沿、颌下腺下方，找出呈卵圆形或扁椭圆形的左右颌下淋巴结，并进行剖检，观察有无病理变化及其周围组织有无胶样浸润。

②囊尾蚴检疫：主要检两侧咬肌。猪浸烫刮毛或剥皮后，平行紧贴下颌骨角切开左右咬肌 2/3 以上，观察咬肌有无灰白色米粒大的、半透明的囊尾蚴包囊和其他病变。

③头部其他检查：观察耳、鼻、眼、唇、齿龈、咽喉、扁桃体等，以判断有无猪瘟、口蹄疫、传染性萎缩性鼻炎等可疑变化。

（3）内脏检疫　内脏检疫有离体和非离体两种情况。非离体检验，按脏器在畜体内的自然位置，由后向前依次检查；离体检验，按脏器摘出的顺序放在检验台上进行检查。若某内脏外表异常，则将其分割出来，重点检查。

取出内脏前，要先观察胸腔、腹腔有无积液、粘连、纤维素性渗出物。

①胃、肠、脾检查（白下水检查）：先视检脾脏，观察其形态、大小、颜色，重点看脾脏边缘有无楔状的出血性梗死区，触检其弹性、硬度，必要时剖开观察脾髓。然后剖检肠系膜淋巴结，对肠系膜淋巴结做长度不少于 20cm 的弧形切口，检查有无肠炭疽、猪瘟、猪丹毒、弓形虫病等疫病。最后视检胃肠浆膜、肠系膜，看其有无充血、出血、结节、溃疡及寄生虫等。

②肺、心、肝检查（红下水检查）：视检肺脏外表、色泽、大小，触检弹性，必要时剖开支气管淋巴结，检查肺呛水、结核、肺丝虫、猪肺疫及各种肺炎病变；视检心包和心外膜，剖开左室，视检心肌、心内膜及血液凝固状态，注意二尖瓣有无菜花样赘生物，检查猪丹毒、猪囊尾蚴及恶性口蹄疫时的"虎斑心"；视检肝脏外表、色泽、大小，触检被膜和实质的弹性，剖检肝门淋巴结、肝实质和胆囊，检查有无寄生虫、肝脓肿、肝硬化以及肝脂肪变性、淤血等。

（4）肉尸检疫

①外表检疫：观察皮肤、皮下组织、肌肉、脂肪、胸膜、腹膜、关节等有无异常，判断放血程度，推断被检动物的生前健康状况。视检脂肪和肌肉色泽，检出黄疸肉、黄膘肉、红膘肉、消瘦肉以及白肌肉等。

②淋巴结检疫：主要剖检腹股沟浅淋巴结，位于最后一个乳头上方（肉尸倒挂时）3~6cm 的皮下脂肪内。剖检时，检验者用钩钩住最后乳头稍上方的皮下组织向外侧牵拉，右手持刀从脂肪组织层正中切开，即可发现被切开的腹股沟浅淋巴结。腹股沟深淋巴结位于髂深动脉起始部的后方，与髂内、髂外淋巴结相邻。必要时剖检腹股沟深淋巴结、髂下淋巴结及髂内淋巴结。通过观察淋巴结的病理变化，判定动物疫病的性质。

③腰肌的检疫：沿荐椎与腰椎结合部两侧肌纤维方向切开 10cm 左右切口，检查有无猪囊尾蚴。

④肾脏的检疫：检查时，应先剥离肾包膜，用钩钩住肾盂部，用刀背将肾包膜向外挑开，观察肾的色泽、形状、大小，注意有无出血、化脓等病变。必要时切开肾脏，检查皮质、髓质、肾盂等。肾脏对猪瘟、猪丹毒、猪副伤寒、钩端螺旋体病等疫病的检出有重要价值。

（5）旋毛虫的检疫　旋毛虫检查取左右膈脚各 30g 左右，与胴体编号一致，撕去肌膜，感官检查后镜检。如发现旋毛虫虫体或包囊，应根据编号进一步检查同一头猪的胴体、头部及心脏。

（6）复检　复检是指对肉尸的再次检查。主要强调对"三腺"的摘除情况进行检查和畜禽标识的回收。"三腺"指甲状腺、肾上腺和病变淋巴结。甲状腺、肾上腺是内分泌器官，淋巴结是免疫器官，所以"三腺"中含有内分泌激素和病微生物，人们一旦误食，会引起食物中毒。

4. 宰后检疫结果处理

（1）合格肉尸　符合下列条件的判定为检疫合格。

①无规定的传染病和寄生虫病。

②符合农业部规定的相关屠宰检疫规程要求。

③需要进行实验室检测的，检测结果符合要求经检疫合格的。

检疫合格的由动物卫生监督机构在肉尸上加盖通用的长方形滚动肉检验讫印章，内脏等动物产品包装上加封检疫合格标志，然后出具动物产品检疫合格证明。

（2）不合格的肉尸　检出病害的，根据疫病的性质，肉尸、内脏病害程度以及肉尸整体状态，填写《无害化处理通知单》给屠宰场业主，并监督其按照《病害动物和病害动物产品生物安全处理规程》的要求进行生物安全处理。

5. 动物宰后检疫结果登记

对每天所检出的疫病种类进行统计分析，登记项目包括官方兽医应监督指导屠宰场（厂、点）方做好待宰、急宰、生物安全处理等环节各项记录；官方兽医应做好入场监督查验，检疫申报、宰前检查、同步检疫等环节记录。

检疫记录应保存 12 个月以上。这不仅具有很大的科研价值，而且对当地动物疫病的流行病学研究和采取防治对策有十分重要的意义。

6. 动物检疫标志使用技术

（1）检疫滚筒印章　用在带皮肉上的标志。沿用农业部 1997 年规定的滚筒验讫章规格样式。

①主要内容：滚筒验讫印章的内容主要有省份、检疫编号、"肉检验讫"字样、检疫时间等四部分内容。

②使用方法：滚筒验讫印章共有两种类型，一种是常规滚筒验讫印章，主要适用于带皮胴体；另一种是针刺式滚筒验讫印章，适用于剥皮胴体；使用前，先将滚筒验讫印章的验讫时间调整到当天日期，再蘸取食用蓝，最后沿胴体脊柱两侧由后上肢背侧至前上肢背侧处均匀滚印，以字迹清晰可辨为合格。

（2）检疫粘贴标志的种类及规格

①用在动物产品包装箱上的大标签：外圆规格为长 64mm、高 44mm 漏白边的椭圆形，内圆规格为长 60mm，高 40mm 的椭圆形，外周边缘蓝色线宽 2mm，白边 2mm，标签字体黑色，边缘靛蓝色。上沿文字为"动物产品检疫合格"，字体为黑体，字号为 19 号，"检疫合格"字中有微缩"JYHG"大写字母，中间插入动物卫生监督标志图案；其下沿为喷码各省简写字开头后加 10 位数字的流水号码，字体为黑体四号；喷码下沿印制各省动物卫生监督所监制，字体为黑体，四号为 9 号，背景为把"××省动物卫生监督所"放入多层团花中制作的防伪版纹。

②用在动物产品包装袋上的小标签：外圆规格为长 43mm，高 27mm 漏白边的椭圆形，内圆规格为长 41mm，高 25mm 的椭圆形，外周边缘蓝色线宽 1mm，白边 1mm，标签字体黑色，边缘靛蓝色。上沿文字为"动物产品检疫合格"，字体为黑体，字号为 12 号，"检疫合格"字中有微缩的"JYHG"大写字母，中间插入动物卫生监督标志图案；下沿为喷码各省简写字开头后加 6 位行政区域代码，字体为黑体小五号；喷码下沿印制各省动物卫生监督所监制，字体为黑体，字号为 8 号，背景为把"××省动物卫生监督所"放入多层团花中制作的防伪版纹。

三、运输检疫

（一）运输检疫的概念、意义

1. 运输检疫的概念

运输检疫是指出县境的动物、动物产品在运输过程中进行的检疫。可分为：铁路运输检疫、公路运输检疫、航空运输检疫、水路运输检疫及赶运等。运输检疫的目的是防止动物疫病远距离跨地区传播，减少途病、途亡。

2. 运输检疫的意义

运输检疫的查证验物工作可促进产地检疫的开展，也可防止因运输造成疫病的发生和传播，由于运输过程中，动物相对集中，相互接触感染疾病的机会增多。同时，由饲养地转变为运输，动物的生活条件突然改变，一些应激因素造成抗病能力减弱，极易暴发疫病。特别是随着现代化交通运输业的发展，疫病传播速度加快，能把疫病传播到很远的地方。因此，做好运输检疫工作对防止动物疫病远距离传播，促使开展产地检疫，都有着很重要的意义。

（二）运输检疫的程序、组织和方法

1. 运输检疫的程序

种用动物运输检疫程序一般包括运前检疫、运输时的检疫、到达目的地后的检疫3个环节。

2. 运输检疫的组织和方法

（1）起运前检疫的组织　按照运输检疫要求，凡托运的动物到车站、码头后，应先休息2~3h，然后进行检疫。全部检疫过程应自到达时起至装车时为止，争取在6h内完成。进行检疫时，先验讫押运员携带的检疫证明。凡检疫证明在3d内填发者，车站、码头动检人员只进行抽查或复查，不必详细检查。若没有检疫证明，或畜禽数目、日期与检疫证明不符又未注明原因，或畜禽来自疫区，或到站后发现有可疑传染病病畜、死畜时，车站码头动检人员必须彻底查清，实施补检。确认安全后出具检疫证明，方可准予启运。

车站码头检疫因时间限制，所以必须以简单迅速的方法进行。检查牛体温可采用分组测温法，每头牛测温尽可能在10min。猪、羊的检疫最好利用窄廊，窄廊一般长13m、高0.65m、宽0.35~0.42m，两端设有活门，中间留有适当的空隙，以便检查和测温。检查中发现病畜，按规定处理。

（2）运输途中或过境检疫的组织　检查点最好设在预定供水的车站、码头。检疫时除查验有关检疫证明文件外，还应深入车、船仔细检查畜群。若发现有传染病时，按规定要求处理。必要时要求装载动物的车船到指定地点接受监督检查处理，安全后方准运行。车船运行中发现病畜、死畜、可疑病畜时，立即隔离到车船的一角，进行救治及消毒，并报告车、船负责人，以便与车站、码头畜禽防检机构联系，及时卸下病、死家畜，在当地防检人员指导下妥善处理。

（3）运到目的地检疫的组织　动物运到卸载地时，动检人员应对动物重新予以检查。首先验讫有关检疫证明文件，再深入车、船仔细地观察畜群健康情况，查对畜禽数目。发现病畜或畜禽数目不符，禁止卸载。待查清原因后，先卸载健畜，再卸病畜或死畜。在未判明疾病性质或死畜死亡原因之前，应将与病畜或尸体接触过的家畜，进行隔离检疫。有时尽管押运人员报告死畜是踩压致死，但也不可疏忽大意，因为途中被踩死的家畜，往往是由于患了某些急性传染病的家畜。

运输检疫一定会遇到很多困难，因此组织运输检疫时，应根据具体情况，与运输等有关部门做好协调工作。

（三）运输检疫注意事项

1. 防止违法运输

动物防疫监督机构与铁路等运输部门应密切配合，制定制度，向托运人、承运人，特别是一些常年托运动物、动物产品的托运人宣传动物防疫法，并采取联合检查行动，严防疫区动物、动物产品和私屠乱宰的动物产品运输；加大检疫执法力度，严防贩运动物尸体。

2. 赶运动物注意事项

由于赶运的动物易与沿途动物直接接触，造成疫病传播。因此首先要选好赶运路线，避开疫区、公路，尽量避免与当地动物接触。途中病、死动物不能随意丢弃。当发现动物有异常时，及时与沿途动物防疫监督机构取得联系，进行妥善处理。

3. 合理运输

动物、动物产品运输不同于其他物资，活的畜禽易掉膘死亡，肉类易腐败变质，禽蛋易碎。因此，运输时要结合实际，选择合理的运载工具和运输路线，采用科学的装载方法和管理方法，减少途病途亡，方便运输检疫，使整个运输过程符合卫生防疫要求。

（四）运输检疫的处理

对待有合法有效检疫证明，动物佩戴有农业农村部规定的畜禽标识或动物产品附有检疫标志；证物相符，动物或动物产品无异常的，予以放行。

经检疫合格的动物、动物产品应当在规定时间内到达目的地。经检疫合格的动物在运输途中发生疫情，应按有关规定报告并处置。

发现动物、动物产品异常的，隔离（封存）留验；检查发现免疫标识、检疫标志、检疫证明等不全或不符合要求的，要依法补签或重检；对涂改、伪造、转让检疫合格证明的，依照动物防疫法有关规定予以处理、处罚。

四、市场检疫监督

（一）市场检疫监督的概念及意义

1. 市场检疫监督的概念

市场检疫监督是指进入市场的动物、动物产品在交易过程中进行的检疫。市场检疫监督的目的是发现依法应当检疫而未经检疫或检疫不合格的动物、动物产品，发现患病畜禽和病害肉尸及其染疫动物产品。保护人体健康，促进贸易，防止疫病扩散。

2. 市场检疫监督的意义

市场检疫的主要意义在于保护人、畜，促进贸易。市场是动物及其产品集散的地方，动物集中时，接触机会多，来源复杂，容易相互传染疫病。而动物及其产品分散到各个地方，容易造成动物传染病的扩散传播。做好市场检疫可以防止患有检疫对象的动物上市交易，确保动物产品无害，起到保护畜禽生产发展，保证消费者安全，促进经济贸易，促进产地检疫的作用。同时，市场采购检疫的好坏，可以直接影响中转、运输和屠宰动物的发病率、死亡率和经济效益。所以，必须做好市场检疫，管理好市场检疫工作。同时，应当知道集贸市场检疫是产地检疫的延伸和补充，应努力做好产地检疫，把市场检疫变为监督管理，才是做好检疫工作的方向。

(二) 市场检疫监督的分类

市场检疫监督包含以下几种不同的情况。

1. 农贸集市市场检疫监督

在集镇市场上对出售的动物、动物产品进行的检疫称为农贸集市检疫。农村集市多为定期的，如隔日一集、三日一集等。活畜交易主要在农村集市。

2. 城市农贸市场检疫监督

城市农副产品市场各经营摊点经营的动物、动物产品进行的检疫。

3. 边境集贸市场检疫监督

我国边民与邻国边民在我国边境正式开放的口岸市场交易的动物、动物产品进行的检疫。目前，我国许多边境省区正式开放的口岸市场，动物、动物产品交易量逐年增多，畜禽疫病也会传入我国，必须重视和加强边境集贸市场检疫监督，防止动物疫病的传入和传出。

除此，据上市交易的动物、动物产品种类不同，有宠物市场检疫监督、牲畜交易市场检疫监督。牲畜交易市场检疫监督是指在省、市和县区较大的牲畜交易市场或地方传统的牲畜交易大会上对交易的动物进行检疫，还有专一性经营的肉类市场检疫监督、皮毛市场检疫监督等。

(三) 市场检疫监督的要求

1. 要有检疫证明

进入交易市场出售的畜禽产品，畜主或货主必须持有检疫证明、预防注射证明，接受市场管理人员和检疫人员的验证检查，无证不准进入市场。家畜出售前，必须经当地农业部门的畜禽防检机构或其委托的单位，按规定的检疫对象进行检疫，并出具检疫证明。凡无证或过期或证物不符者，由动物检疫人员补检、补注、重检，并补发证明后才可进行交易。凡出售的肉，出售者必须凭有效期内的检疫合格证和胴体加盖的合格验讫印章上市，凡无证、无章者不得出售。

2. **市场上禁止出售下列动物、动物产品**

（1）封锁疫点、疫区内与所发生动物疫病有关的动物、动物产品。

（2）疫点、疫区内易感染的动物。

（3）染疫的动物、动物产品。

（4）病死、毒死或死因不明的动物及其产品。

（5）依法应当检疫而未经检疫或检疫不合格的动物、动物产品。

（6）腐败变质、霉变、生虫或污秽不洁、混有异物和其他感官性状不良的肉类及其他动物产品。

3. **在指定地点进行交易**

凡进行交易的动物、动物产品应在有关单位指定的地点进行交易，尤其是农村集市上活畜的交易。交易前后要进行场地的清扫、消毒，保持清洁卫生。对粪便、垫草、污物要采取堆积发酵等方法进行处理，防止疫源扩散。

4. **建立检疫检验报告制度**

任何市场检疫监督，都要建立检疫检验报告制度，按期向辖区内动物防疫监督机构报告检疫情况。

5. **检疫人员要坚守岗位**

市场检疫监督，对检疫员除着装整洁等基本要求外，检疫人员必须坚守岗位、秉公执法，不得漏检。

（四）市场检疫监督的程序和方法

1. **市场检疫监督的程序**

市场检疫监督的一般程序是验证查物。

（1）合格的→准予交易。

（2）不合格的→检疫→处理。

2. **市场检疫监督的方法**

（1）验证　向畜主、货主索验检疫证明及有关证件。核实交易的动物、动物产品是否经过检疫，检疫证明是否处在有效期内。县境内交易的动物、动物产品查《动物产地检疫合格证明》《动物产品检疫合格证明》；有运载工具的查《动物及动物产品运载工具消毒证明》；出县境交易的动物、动物产品查《出县境动物检疫合格证明》《出县境动物产品检疫合格证明》及运载工具消毒证明，胴体还需查验讫印章。

对长年在集贸市场经营肉类的固定摊点，经营者首先应具备4个证，即《动物检疫合格证明》《食品卫生合格证》《营业执照》以及本人的《健康检查合格证》，经营的肉类必须有检疫证明。

（2）查物　即检查动物、动物产品的种类、数量，检查肉尸上的检验刀痕，检查动物的自然表现。核实证物是否相符。

（3）结果　通过查证验物，对持有有效期内的检疫证明及胴体上加盖验讫印章，且动物、动物产品符合检疫要求的，准许畜主、货主在市场交易。对没有检疫证明、证物不符、证明过期或验讫标志不清或动物、动物产品不符合检疫要求的，责令其停止经营，没收违法所得，对未售出的动物、动物产品依法进行补检和重检。

3. 补检和重检

（1）检疫方法　市场检疫的方法，力求快速准确，以感官观察为主，活畜禽结合疫情调查和测体温；鲜肉类视检结合剖检，必要时进行实验室检验。

（2）检疫内容

①活畜禽的检疫：向畜主询问产地疫情，确定动物是否来自非疫区。了解免疫情况、观察畜禽全身状态，确定动物是否健康，是否患有检疫对象。

②动物产品的检疫：动物产品因种类不同各有侧重。对于鲜肉类重点检查病、死畜禽肉，尤其注意一类检疫对象的查出，检查肉的新鲜度、检查三腺（指甲状腺、肾上腺、病变淋巴结）摘除情况。

（五）市场检疫监督发现问题的处理

（1）对补检和重检合格的动物、动物产品准许交易。

（2）对补检和重检后不合格的动物、动物产品进行隔离、封存，再根据具体情况，由货主在动物检疫员指导下进行消毒和无害化处理。

（3）在整个检疫过程中，发现经营禁止经营的动物、动物产品的，要立即采取措施，收回已售出的动物、动物产品，对未出售的动物、动物产品予以销毁，并根据情节对畜、货主采取其他处理办法。

任务二　掌握进出境检疫规定

一、进境检疫

（一）进境检疫的概念

进境检疫是指对动物、动物产品和其他检疫物在进入国境过程中进行的动物检疫。

（二）进境检疫的意义

进境检疫对防止国外动物疫病传入我国有着极其重要的意义。只有经检疫未发现国家规定应检疫的疫病，方准进入我国国境。

（三）进境检疫的要求

1. 审批报检

输入动物、动物产品及其他检疫物时，必须先由货主或其代理人向国家检验检疫机关提出申请，办理检疫审批手续。国家检验检疫机构根据对申请材料的审核及输出国家的动物疫情、我国的有关检疫规定等情况，发给相关的《检疫许可证》。当动物、动物产品和其他检疫物进境前或进境时，货主或其代理人应持输出国家或地区的检疫证书、贸易合同、检疫许可证等单证，向进境口岸出入境检验检疫机关报检，并如实填写报检单。输入大、中饲养动物、种畜禽及其精液、胚胎的，应当在进境前30d报检；输入其他动物时，应当在进境前15d报检；输入动物产品的，应当在进境前3~7d报检。

2. 现场检疫

输入的动物、动物产品和其他检疫物抵达入境口岸时，动物检疫人员必须登机（或登轮、登车）进行现场检疫。检疫人员登上运输工具后，在接卸货物前先检查运输记录、审核动物检疫证书、核对货证是否相符。

（1）动物检疫　检查有无疫病的临床症状。发现疑似感染疫病或者已死亡的动物时，应做好现场检疫记录，隔离有疫病临诊症状的动物，对死亡动物、铺垫材料、剩余饲料和排泄物等做无害化处理。疑似一类疫病时，应立即封锁现场并采取紧急预防、控制措施，通知货主或其代理人停止卸运，并以最快速度上报疫情。

（2）动物产品检疫　检查有无腐败变质现象，容器、包装是否完好。符合要求的，允许卸离运输工具。发现散包、容器破裂的，由货主或其代理人负责整理完好，方可卸离运输工具。需要实施实验室检疫的，按照规定采取样品。

（3）其他检疫物检疫　检查包装是否完好及是否被病虫害污染。发现破损或者被病虫害污染时，做无害化处理。

（4）隔离检疫　输入马、牛、羊、猪等种用或饲养动物，必须在国家质量监督检验检疫总局设立在北京、天津、上海、广州的进境动物隔离场进行隔离检疫；输入其他动物，必须在国家质量监督检验检疫总局批准的进境动物隔离场进行隔离检疫。隔离检疫期间，口岸动物检疫人员对进境动物进行详细的临床检查，并做好记录；对进境动物、动物遗传物质按有关规定采样，并根据我国与输出国签订的双边检疫议定书或我国的相关规定进行实验室检验。大中动物的隔离期为 45d，小动物隔离期为 30d；需延期隔离检疫的必须由国家质量监督检验检疫总局批准。

所有装载动物工具、铺垫材料、废弃物均必须消毒或做无害化处理后进出隔离场。

（5）检疫后处理　进境动物经现场检疫、隔离检疫和实验室检疫合格的，由口岸出入境检验检疫机构出具《检疫放行通知单》，准予入境。对判定不合格者，由口岸出入境检验检疫机构签发《检疫处理通知单》，通知货主或其代理人在口岸出入境检验检疫机关的监督下，做除害化处理；需要对外索赔的，由口岸出入境检验检疫机关出具检疫证书。

进境动物产品现场检疫符合要求的，允许其卸离运载工具运往口岸检验检疫机构注册的生产、加工储存企业封存；现场检疫时发现进境动物产品货证不符的，则根据具体情况按无检疫审批单和无检疫证书处理；现场检疫时发现有腐败变质的动物产品，或包装严重破损的产品，口岸检验检疫机构根据情况做退回或销毁处理。

（6）注意事项　通过贸易、科技合作、交换、赠送等方式输入动物、动物产品和其他检疫物的，应当在合同或协议中明确我国法定的检疫要求，严防检疫对象输入我国。

严防动物病原、害虫及其他有害生物，有疫情国家的动物、相关产品、尸体等进境。因科研等特殊需要时，必须提出申请，经国家出入境检验检疫局机关批准方可输入。

进境检疫发现检疫对象时，应保留样品、病理标本等有关材料，出具检疫证明，作为对索赔的依据和证件。

二、出境检疫

1. 出境检疫的概念

出境动物检疫是指对输出到其他国家和地区的种用、肉用和演艺用等饲养或野生的活动物出境前实施的检疫。出境动物产品检疫是指对输出到其他国家和地区的、来源于动物未经加工或虽经加工但仍然有可能传播疫病的动物产品、从国外来料或进料加工后再出口的动物产品实施的检疫。出境检疫还包括出境动物疫苗、血清、诊断液等其他检疫物的检疫。

2. 出境检疫的意义

出境检疫对维护我国的国际信誉，促进对外经济贸易，有着重要的意义。动物、动物产品和其他检疫物经检疫合格或除害处理合格者，才准予处出境。

3. 出境检疫的要求

（1）报检　货主或者其代理人在动物、动物产品或其他检疫物出境前，必须按规定向口岸出入境检验检疫机关报检。

出境动物报检：货主或其代理人应在动物出境前 60d 向出境口岸检验检疫机关报检，并提交与该动物有关的资料。实行检疫监管的输出动物生产企业必须出示《动物检疫许可证》；输出国家规定保护动物时应有濒危物种进出口管理办公室出具的许可证；输出非供屠宰用的畜禽应有农牧部门品种审批单；输出实验动物应有中国生物工程开发中心的审批单；输出观赏鱼类必须有养殖场供货证明、养殖场或中转包装场注册登记证和委托书。出境动物先经产地隔离检疫合格，货主持产地检疫证明、贸易合同或者协议，向离境口岸出入境检验检疫机关办理报检手续，审查合格方准进入口岸隔离检疫。若输入国无具体检疫要求，不需在离境口岸进行隔离检疫的，应在实施检疫前 15d 报检。

出境动物产品报检：货主或其代理人应在出境前 10d 报检；需做熏蒸消毒处理的，应在出境前 15d 报检。

报检时，货主或其代理人必须填写"中华人民共和国出入境检验检疫　××货物报检单"，随同提交的单据文件有：贸易合同和有关协议书、信用证、装箱单、生产企业检验检疫报告或当地动检部门出具的检疫证明、报关单、特殊单证等。

（2）检疫　口岸检验检疫机关接受报检后，根据需要可对动物或动物产品进行产地检疫、隔离检疫和实验室检疫，在此基础上进行现场检疫。

产地检疫主要是针对输出动物产地、动物产品的原产地进行检疫，确认出境动物的健康状况、出境动物产品的生产、加工等兽医卫生条件是否满足输入国的要求。

隔离检疫是应输入方的要求，出境动物在隔离场进行隔离检疫，包括隔离场的确定和监管、隔离动物的采样、临诊检查、专项检查、免疫接种和实验室检验，以保证出境的动物及动物产品符合检验检疫标准和输入国的要求。

在产地检疫、隔离检疫、实验室检疫均合格的情况下，检验检疫人员将进行出境前的现场检疫。包括现场清理、运输工具及运输场地的消毒、各种单证的查验。对出境动物装运前必须再进行临诊检查。

（3）出证　经隔离检疫、现场检疫等合格的并符合输入国兽医当局及我国国家质量监督检验检疫总局的有关规定和要求时，由口岸检验检疫机构出具《动物健康证书》《兽医卫生证书》。证书中不能有涂改之处和空项，必要时可随附检验结果报告单。

（4）离境　出境动物、动物产品抵达离境口岸前，货主或其代理人应当向离境口岸检验检疫机构申报，并提交有关单证。原运输工具装运出境的，离境口岸检验检疫机构验证放行；改变运输工具的，换证放行。不具备有效检疫证书、证明或货证不符的，由口岸检验检疫机构视情况实施检疫处理。

　　经检疫合格的出境动物、动物产品应当在口岸检验检疫机构或其授权人员的监督下装运，并在口岸检验检疫机构规定的期限内装运出境。货主或其代理人凭口岸检验检疫机构签发的出口证书或者在报关单上加盖的印章报海关验放。动物、动物产品经检疫不合格不准出境。

　　（5）注意事项

　　①禁止出境受保护动物资源：良种动物、濒危动物、珍稀动物等受保护资源禁止出境。

　　②保留出境动物血样：出境动物检疫的血样，必须保留 3 个月，以备查验。

　　③注意必要的重检：经检疫合格的动物、动物产品或其他检疫物，发现有更改输入国家或者地区、更改后的输入国家或地区又有不同检疫要求的；改换包装或后来拼装的；超过检疫规定有效期等情况的，货主或其代理人应当重新报检。

项目六　重大动物疫病检疫

任务一　了解传染病检疫

一、主要人畜共患性传染病检疫

(一) 口蹄疫

口蹄疫 (FMD) 是由口蹄疫病毒引起的一种急性、热性、高度接触性传染病。该病可快速和远距离传播，易感动物多达 70 余种，主要包括猪、牛、羊等主要畜种及其他家养和野生偶蹄动物。鉴于口蹄疫可造成巨大的经济损失和社会影响，我国政府将口蹄疫列为 17 个一类动物传染病之首。

1. 临诊检疫要点

(1) 流行特点　本病传播迅速，流行猛烈，常呈流行性发生。其发病率很高，病死率一般不超过 5%。主要侵害牛、羊、猪及野生偶蹄兽，人也可感染。一般冬、春季较易发生大流行，夏季减缓或平息。有的国家和地区以春秋两季为主。猪口蹄疫以秋末、冬春常发，春季为流行盛期，夏季发生较少。

(2) 临床症状　不同动物发病后的临床症状基本相似，体温升高至 40~41℃，食欲不振或不食，精神沉郁。牛呆立流涎，猪卧地不起，羊跛行；唇部、舌面、齿龈、鼻镜、蹄踵、蹄叉、乳房等部位出现水疱 (图 6-1)；发病后期，水疱破溃 (图 6-2)、结痂，严重者蹄壳脱落；恢复期可见瘢痕、新生蹄甲。

(3) 病理变化　患病动物的口腔、蹄部、乳房、咽喉、气管、支气管和前胃黏膜发生水疱、圆形烂斑和溃疡，上面覆有黑棕色的痂块。真胃和大小肠黏膜可见出血性炎症。典型病变可见心包膜有弥漫性及点状出血，心肌切面有灰白色或淡黄色的斑点或条纹，似老虎身上的条纹，称为"虎斑心"。心脏松软似煮过的肉。

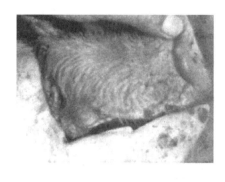

图 6-1　鼻镜边缘水疱

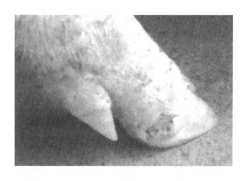

图 6-2　蹄部水疱破溃

2. 实验检疫方法

可取水疱皮或水疱液或血液等病料进行实验检疫。

（1）小鼠接种试验　将病料用青霉素、链霉素处理后分别接种于成年小鼠。2 日龄小鼠和 7~9 日龄小鼠。如 2 日龄小鼠和 7~9 日龄小鼠都发病死亡，可诊断为口蹄疫；如仅 2 日龄小鼠发病死亡则为猪水疱病。

（2）血清保护试验　通常采用乳鼠作血清保护试验。可用已知血清鉴定未知病毒，也可用已知病毒鉴定未知血清。

（3）血清中和试验　可用于鉴定康复猪的抗体和病毒。采用乳鼠中和试验或细胞中和试验均可。此外，也可应用对流免疫电泳、反向间接血凝抑制试验、补体结合试验检测病毒或抗体，从而做出诊断。

（4）抗酸性（pH 5.0）试验　依据口蹄疫病毒对 pH 5.0 敏感，而猪水泡病病毒能抗 pH 5.0 的特性，可以鉴别这两种病毒。

另外根据实验室条件可选用酶联免疫吸附试验、免疫色谱快速诊断试纸条、基因芯片技术、单克隆抗体技术等先进检测技术进行诊断。

3. 检疫后处理

（1）尽快确诊，并及时上报兽医和监督机关，建立疫情报告制度和报告网络，按国家有关法规，对口蹄疫进行防治。

（2）及时扑杀病畜和同群畜，在兽医人员的严格监督下，对病畜扑杀和进行尸体无害化处理。

（3）严格封锁疫点、疫区，消灭疫源，杜绝疫病向外散播。场内应定期进行全面消毒。

（4）疫区内最后 1 头病畜扑杀后，经一个潜伏期的观察，再未发现新病畜时，经彻底消毒，报有关单位批准，才能解除封锁。

(二) 巴氏杆菌病

巴氏杆菌病主要是由多杀性巴氏杆菌所引起的，发生于各种家畜、家禽、野生动物和人类的一种传染病的总称。动物急性病例以败血症和炎性出血过程为主要特征，人的病例罕见，且多呈伤口感染。

1. 临诊检疫要点

（1）流行特点　多种动物均可感染，猪、兔、鸡、鸭发病较多，且发病受外界诱因影响较大。本病的发生一般无明显的季节性，但以冷热交替、气候剧变、闷热、潮湿、多雨的时期发生较多。体温失调，抵抗力降低，是本病主要的发病诱因之一。另外，长途运输或频繁迁移、过度疲劳、饲料突变、营养缺乏、寄生虫等也常常诱发此病。因某些疾病的存在造成机体抵抗力降低，易继发本病。本病多呈地方性流行或散发，同种动物能相互传染，不同种动物之间也偶见相互传染。

（2）临床症状

①猪肺疫：潜伏期 1~5d，临诊上一般分为最急性型、急性型和慢性型。

最急性型俗称"锁喉风"，突然发病，迅速死亡；病程稍长、病状明显的可表现体温升高（41~42℃），食欲废绝，全身衰弱，呼吸困难，心跳加快；颈下咽喉部发热、红肿、坚硬，严重者向上延及耳根、向后可达胸前，病死率达100%。

急性型是本病主要和常见的病型，除具有败血症的一般症状外，还表现出急性胸膜肺炎，体温升高（40~41℃），初发生痉挛性干咳，呼吸困难，鼻流黏稠液；后变为湿咳，咳时感痛，触诊胸部有剧烈的疼痛；病势发展后，呼吸更感困难，张口吐舌，作犬坐姿势，可视黏膜蓝紫，常有黏脓性结膜炎；初便秘，后腹泻；末期心脏衰弱，心跳加快，皮肤出现淤血和小出血点；病猪消瘦无力，卧地不起，多因窒息而死；病程 5~8d，不死的转为慢性。

慢性型表现慢性胃肠炎和慢性肺炎，病猪呼吸困难、持续性咳嗽、鼻流脓性分泌物、食欲缺乏、下痢，逐渐消瘦，衰竭死亡。

②禽霍乱：临床上分为最急性型、急性型和慢性型三型。

最急性型：见于流行初期，多发生于肥壮、高产鸡，表现为突然发病，迅速死亡。

急性型：此型最常见，表现为高热（43~44℃），口渴，昏睡，羽毛松乱，翅膀下垂。常有剧烈腹泻，排灰黄色甚至污绿色、带血样稀便。呼吸困难，口鼻分泌物增多，鸡冠、肉髯发紫。病程 1~3d。

慢性型：见于流行后期，以肺、呼吸道或胃肠道的慢性炎症为特点。可见鸡冠、肉髯发紫、肿胀（图 6-3）。有的发生慢性关节炎，表现为关节肿大、疼痛、跛行。

③鸭巴氏杆菌病：俗称"摇头瘟"，多呈急性型，但 50 日龄以内雏鸭以多发性关节炎为主，表现为一侧或两侧跗、腕以及肩关节发热肿胀，致使跛行、翅膀下垂。

④牛出血性败血症：可分为败血症、水肿型和肺炎型，但大多表现为混合型。病牛精神沉郁，反应迟钝，喜卧；鼻镜干燥，流浆液性、黏液性鼻液，后期呈脓性；眼结膜潮红，流

图 6-3　禽霍乱肉髯肿胀

泪；体温 41~42℃，呼吸、脉搏加快，肌肉震颤，食欲减退甚至废绝，反刍停止。病牛表现腹痛，下痢，粪便初为粥状，后呈液状，其中混有黏液、黏膜及血液，恶臭；有时咳嗽或呻吟；部分病牛颈部、咽喉部、胸前的皮下组织出现炎性水肿。当体温下降时即迅速死亡，病程一般不超过 36h。

⑤兔出血性败血症：潜伏期 2~9d，高热、腹泻、肺炎、中耳炎、鼻炎。

（3）病理变化

①猪肺疫：全身黏膜、浆膜和皮下组织大量出血，咽喉周边组织出血性浆液浸润；全身淋巴结出血，切开呈红色；肺有不同程度的病变区，并伴有水肿和气肿；胸膜有纤维素性附着物，严重时与肺发生粘连。

②禽霍乱：肝脏肿大，质脆，表面可见针尖大至粟粒大弥漫性的灰白色或黄白色坏死点（图 6-4），脾脏肿大，可见小的坏死点。小肠浆膜和黏膜有明显的出血点或出血斑，十二指肠尤为严重，肠黏膜表面常覆盖有黄色纤维素性渗出物。

③牛出血性败血症：内脏器官充血或出血。黏膜、浆膜以及肺、舌、皮下组织和肌肉均有出血点；脾脏无变化或有出血点；肝胃实质变性；淋巴结水肿，切面多汁，呈暗红色；腹腔内有大量的渗出液；整个肺有不同肝变期的变化，切面呈绿色、黑红色、灰白色或灰黄色，呈大理石样；肿胀部皮下结缔组织呈现胶样浸润，切开有浅黄色或深黄色透明液体流出，夹杂血液。

图 6-4　肝脏出现坏死点

④兔出血性败血症：病理变化

可见各实质脏器，如心、肝、脾以及淋巴结充血、出血；喉头、气管、肠道黏膜有出血点。胸腔积液，有时有纤维素性渗出物；心脏肥大、心包积液；肺充血、出血，甚至发生肝变，严重者胸腔蓄积纤维素性脓液或肺部化脓。

2. 实验检疫方法

（1）细菌学检查　取病死动物肝脏触片，瑞氏染色，镜检，即发现大量两极着色的小杆菌。无菌操作取病料接种于鲜血琼脂平板上，37℃培养24h，长出湿润、圆形、灰白色、露珠状的小菌落。取分离培养物涂片，革兰染色，镜检，该菌为革兰阴性小杆菌。取分离培养物或病料混悬液0.5mL，接种于小白鼠皮下，一般在24~48h内死亡，及时解剖病死小白鼠，取肝脏触片，染色镜检，可检出巴氏杆菌。

（2）血清学检查　玻片凝集反应：用每毫升含10亿~60亿菌体的抗原，加上被检动物的血清，在5~7min内发生凝集的为阳性。

（3）生化反应试验　多杀性巴氏杆菌在48h内可分解葡萄糖、果糖、蔗糖和甘露糖，产酸不产气。甲基红（MR）试验和VP试验均为阴性。接触酶和氧化酶试验均为阳性。不液化明胶。

3. 检疫后处理

确诊为巴氏杆菌病时，病畜禽不得调运，采取隔离治疗措施，发病畜禽群实行封锁；假定健康畜禽，可用疫苗作紧急预防接种；病死畜禽深埋或焚烧。圈舍可用2%热碱溶液或10%~20%石灰乳消毒。

（三）布氏杆菌病

布氏杆菌病是由布氏杆菌引起的人兽共患传染病。在家畜中，牛、羊、猪最常发生，且可传染给人和其他家畜。其特征是生殖器官和胎膜发炎，引起流产、不育和各种组织的局部病灶。本病广泛分布于世界各地，我国目前在人、畜间仍有发生，给畜牧业和人类的健康带来严重危害。

1. 临诊检疫要点

（1）流行特点　本病的易感动物范围很广，如羊、牛、猪、水牛、野牛、牦牛、羚羊、鹿、骆驼、野猪、马、犬、猫、狐、狼、野兔、猴、鸡、鸭以及一些啮齿类动物等，但主要是羊、牛、猪。动物的易感性是随性成熟年龄而增高的，在易感性上并无显著性别差别。

（2）临床症状　孕畜发生流产，流产可发生于怀孕的任何时候，但通常以怀孕后期多见，牛流产多发生于怀孕的第5~7个月，羊多在怀孕的第4个月左右发生流产，猪多发生于怀孕的第4~12周。牛还可见胎衣滞留、子宫炎及卵巢囊肿。此外，还可见乳腺炎、关节炎和滑液囊炎。公畜可见睾丸炎、附睾炎（图6-5、图6-6）。

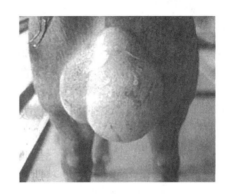

图6-5　羊阴囊肿胀　　　　　　　　　图6-6　猪一侧睾丸肿大

（3）病理变化　胎衣呈黄色胶冻样浸润，有些部位覆有纤维蛋白絮片和脓液，有的增厚，有出血点。公牛生殖器官精囊内可能有出血点和坏死灶，睾丸和附睾可能有炎性坏死灶和化脓灶。胎儿皮下及肌肉间结缔组织出血性浆液性浸润，黏膜和浆膜有出血斑点，胸腔和腹腔有微红色液体。

2. 实验检疫方法

（1）细菌学检查　用流产胎儿胃内容物或阴道分泌物等材料制成菲薄的涂片，干燥、火焰固定后，用孔雀绿与沙黄芽孢染色液染色，布氏杆菌被染成淡红色的小球杆菌，其他细菌或细胞为绿色或蓝色。

（2）生化特性检验　一般可分解葡萄糖、木糖和其他糖类，产生少量的酸。不分解甘露糖。VP 和 MP 试验均为阴性。

（3）血清学检查　常用凝集试验有试管凝集试验和平板凝集试验。被检血清 50% 以上凝集的最高稀释度为凝集价。大家畜凝集价在 1∶100 以上为阴性，1∶50 为可疑；小家畜凝集价在 1∶50 则为阳性，1∶25 为可疑。此外荧光抗体染色法、间接红细胞凝集反应、酶标 SPA 染色、凝胶电泳等均可用于布氏杆菌病的诊断。

（4）变态反应　用于猪、羊的布氏杆菌病。注射部位明显水肿，凭肉眼观察出来的，为阳性反应；肿胀不明显，通过触诊与对侧对比方能察觉者，为可疑反应；注射部位无反应或仅有一个小的硬结者，为阴性反应。

3. 检疫后处理

病畜和阳性畜全部扑杀。对病畜和阳性畜污染的场所、用具、物品严格进行消毒。饲养场的金属设施、设备可采取火焰、熏蒸等方式消毒；养畜场的圈舍、场地、车辆等，可选用 2% 烧碱等有效消毒剂消毒；饲养场的饲料、垫料等，可采取深埋发酵处理或焚烧处理；粪便消毒采取堆积密封发酵方式。皮毛消毒用环氧乙烷、福尔马林熏蒸等。对疫区和受威胁区内所有的易感动物进行紧急免疫接种。

（四）沙门菌病

沙门菌病又名副伤寒，是各种动物由沙门菌属细菌引起的疾病总称。临诊上多表现为败血症和肠炎，也可使怀孕母畜发生流产。

1. 临诊检疫要点

（1）流行特点 各种年龄的动物均可感染，但幼年者较成年者易感。3 周龄以内的雏鸡、1~4 月龄的仔猪、出生 30~40d 以后的犊牛、断乳龄或断乳不久的羊、6 月龄以内的幼驹最易感。本病一年四季均可发生。但猪在多雨潮湿季节发病较多，成年牛多于夏季放牧时发生，马多发生于春（2~3 月份）秋（9~11 月份）两季，育成期羔羊常于夏季和早秋发病，怀孕母羊则主要在晚冬、早春季节发生流产。家禽多见于育雏季节。环境污秽、潮湿，棚舍拥挤，粪便堆积，通风不良，温度过低或过高，饲料和饮水供应不良；长途运输中气候恶劣、疲劳和饥饿、寄生虫和病毒感染；分娩、手术；母畜缺乳；新引进家畜未实行隔离检疫等因素可诱发本病。本病一般呈散发性或地方流行性。

（2）临床症状

①猪副伤寒：急性病例呈现败血症。可见体温突然升高（41~42℃），精神不振，不食。后期间有下痢，呼吸困难，耳根、胸前和腹下皮肤有紫红色斑点。亚急性和慢性病例表现为肠炎，主要表现为消瘦、下痢、排恶臭稀粪，粪内混有组织碎片或纤维素性渗出物。病情 2~3 周或更长，最后极度消瘦、衰竭而死。

②禽沙门菌病：以鸡白痢常见。2 周龄内雏鸡多呈急性败血症型；20~45 日龄鸡呈亚急性型；成年鸡多为慢性或隐性感染。

雏禽：一般呈急性经过，发病高峰在 7~10 日龄，病程短的 1d，一般为 4~7d。以腹泻、排稀薄白色糊糊状粪便为特征，肛门周围的绒毛被粪便污染，干结后封住肛门，影响排便。有的发生失明或关节炎、跛行，病雏多因呼吸困难及心力衰竭而死。蛋内感染者，表现为死胚或弱胚，不能出壳或出壳后 1~2d 死亡，一般无特殊临床症状。4 周龄以上鸡一般较少死亡，以白痢症状为主，呼吸症状较少。

青年鸡（育成鸡）：发病在 50~120 日龄，多见于 50~80 日龄鸡。以拉稀、排黄色、黄白色或绿色稀粪为特征，病程较长。

成年鸡：呈慢性或隐性经过，常无明显症状。但母鸡表现产蛋量下降。禽副伤寒以孵出两周内的幼禽发病较多。特别是 6~10 日龄幼雏，表现为嗜睡、呆立、头翅下垂、羽毛松乱、畏寒和水性下痢，死亡迅速。

（3）病理变化　猪急性型主要表现为败血症变化。脾常肿大，色暗带蓝，坚实似橡皮，切面蓝红色，脾髓质不软化。肠系膜淋巴结索状肿大。其他淋巴结也有不同程度的增大，软而红，大理石状。肝、肾也有不同程度的肿大，充血和出血。成年牛的病理变化主要呈急性出血性肠炎。犊牛急性病例在心壁、腹膜以及腺胃、小肠和膀胱黏膜有小点状出血。脾充血肿胀。肠系膜淋巴结水肿，有时出血。病程较长的病例，肝脏色泽变淡，胆汁常变稠而混浊。肺常有肺炎区。肝、脾和肾有时发现坏死灶。关节损害时，腱鞘和关节腔含有胶样液体。

雏鸡白痢，在心肌、肺、肝、盲肠、大肠及肌胃肌肉中有坏死灶或结节，胆囊肿大。输尿管充满尿酸盐而扩张。盲肠中有干酪样物堵塞肠腔，有时还混有血液，常有腹膜炎。有出血性肺炎，稍大的病雏，肺有灰黄色结节和灰色肝变。育成阶段的鸡，突出的变化是肝肿大，可达正常的2~3倍，暗红色至深紫色，有的略带土黄色，表面可见散在或弥漫性的小红点或黄白色大小不一的坏死灶，质地极脆，易破裂，常见有内出血变化，腹腔内积有大量血水，肝表面有较大的凝血块。成年母鸡，最常见的病理变化为卵子变形、变色，呈囊状，有腹膜炎。

死于禽伤寒的雏鸡（鸭）病理变化与鸡白痢相似。成年鸡，最急性者眼观病理变化轻微或不明显，急性者常见肝、脾、肾充血肿大，亚急性和慢性病例，特征病理变化是肝肿大呈青铜色，肝和心肌有灰白色粟粒大坏死灶，卵子及腹腔病理变化与鸡白痢相同。禽副伤寒呈出血性肠炎变化，肺、肾出血，心包炎及心包粘连，心、肺、肝、脾有类似鸡白痢的结节。

2. 实验检疫方法

（1）细菌学检查　无菌采集肝、脾、肺、心、胆囊、肾、卵巢、睾丸等病料。镜检或分离培养鉴定细菌，发现沙门菌可确诊。沙门菌为革兰阴性、圆形或卵圆形、边缘整齐的无色半透明的光滑菌落，无芽孢。

（2）血清学检查　在大群鸡中检疫最常用的方法是全血平板凝集试验。鸡白痢全血平板凝集抗原与被检鸡全血在2min内出现明显颗粒凝集或块状凝集者为阳性反应。

3. 检疫后处理

成年鸡群检疫发现阳性鸡应立即淘汰，胴体及无病变内脏高温处理后利用。有病变的内脏销毁处理，病雏销毁处理，病雏尸体深埋或焚烧。对鸡群进行药物预防和反复检疫。对病死畜禽污染的圈舍可用2%~4%烧碱溶液或2%~5%漂白粉溶液消毒。

（五）狂犬病

狂犬病是由狂犬病病毒引起的一种人兽共患传染病，也称"恐水症"，俗称"疯狗病"。临诊特征是神经兴奋和意识障碍，继而局部或全身麻痹而死亡。

1. 临诊检疫要点

（1）流行特点　各种畜禽和人对本病都有易感性，尤以犬科和猫科动物敏感。流行连锁明显，病死率高达100%。

（2）临床症状　狂犬病的潜伏期变动很大，各种动物也不尽相同，一般为2~8周，最短为8d，长者可达数月或一年以上。各种动物的临诊表现都相似，一般可分为两类，即狂暴型和麻痹型。先出现沉郁、意识混乱、异食，后高度兴奋、狂暴，有攻击性行为。最后呈现局部或全身麻痹、吞咽困难、下颌下垂、流涎、尾下垂。

2. 实验检疫方法

（1）内基小体（狂犬病毒包含体）检查　取新鲜未固定的脑等神经组织制成压印标本或制作病理组织切片，用Seller染色，内基小体呈鲜红色，其中见有嗜碱性小颗粒。内基小体最易在海马回、大脑皮层锥体细胞和小脑浦肯野细胞胞质内检出，也见于丘脑、脑桥、脊髓、感觉神经节。

（2）荧光抗体试验（AF）　我国将荧光抗体试验作为检查狂犬病的首选方法。取可疑脑组织或唾液腺制成触片，荧光抗体染色，荧光显微镜下观察，胞质内出现黄绿色颗粒者为阳性。

（3）琼脂扩散试验　被检血清孔与抗原孔之间形成沉淀线并向阳性血清孔出现的沉淀线弯曲判定为阳性。

3. 检疫后处理

被狂犬病或疑似狂犬病患畜咬伤的家畜，在咬伤后未超过8d且未发现狂犬病症状者，准予屠宰；其肉尸、内脏应经高温处理后出场。超过8d者不准屠宰。对粪便、垫料污染物等进行焚毁；栏舍、用具、污染场所必须进行彻底消毒。怀疑为患病动物隔离观察14d，怀疑为感染动物观察期至少为3个月，怀疑患病动物及其产品不可利用。

（六）伪狂犬病

伪狂犬病是由伪狂犬病病毒引起的多种家畜和野生动物的一种急性、热性传染病。其特征为发热、奇痒和脑脊髓炎，成年猪常有流产和死胎而无奇痒。

1. 临诊检疫要点

（1）流行特点　家畜中猪、牛、羊、犬、猫、兔及某些野生动物都可感染，其中猪、牛最易感，而发病最多的是哺乳仔猪。除猪以外，其他动物患病后死亡率极高。此病无明显季节性，但以冬、春季多见，并呈散发或地方性流行。本病可经消化道、呼吸道、损伤的皮肤以及生殖道传播感染。

（2）临床症状　潜伏期3~6d。猪因感染年龄不同，其临诊特征也有所区别。新生猪常突然发病，倦怠，体温高达41℃以上，发抖，运动不协调，震颤、痉挛，共济失调，发展至角弓反张（图6-7）、癫痫，有的病猪后躯麻痹、转圈或做游泳状动作，有的呕吐、腹泻，常发生大批死亡。断乳猪和架子猪症状较轻，发热，精神不振，间或咳嗽、呕吐，有明显的神经症状，兴奋不安，乱跑乱碰，有前冲后退和转圈运动，呼吸困难（图6-8），一般呈良性经过。怀孕母猪可发生流产及产死胎、弱胎和木乃伊胎。弱胎常于仔猪出生后2~3d死亡。成年猪一般呈隐性感染。

图6-7　病猪角弓反张　　　　　　图6-8　上部病猪转圈运动，下部病猪后躯麻痹

牛、羊主要表现为发热、奇痒及脑脊髓炎的症状。身体某部位皮肤剧痒，使动物无休止地舐舔患部，常用前肢或用硬物摩擦发痒部位，有时啃咬痒部并发出凄惨叫声或撕脱痒部被毛。延髓受侵害时，表现咽麻痹、流涎、呼吸急迫、心律不齐和痉挛、吼叫，多在48h内死亡。绵羊病程短，多于1d内死亡；山羊病程较长，为2~3d。

（3）病理变化　猪常有不同程度的卡他性胃肠炎，临床上呈现严重神经症状的病猪，死后常见明显的脑膜充血及脑脊髓液增加，鼻咽部充血，扁桃体、咽喉部及其淋巴结有坏死病灶，肝、脾等实质脏器可见有1~2mm的灰白色坏死灶，心包液增加，肺可见水肿和出血点，这些都是本病特有的变化。组织学检查有非化脓性脑膜脑炎及神经节炎变化。

牛、羊患部皮肤撕裂，皮下水肿，肺常充血、水肿，心外膜出血，心包积液。组织学病变主要是中枢神经系统呈弥漫性非化脓性脑膜脑脊髓炎及神经节炎，有明显的血管套及弥散性局部胶质细胞反应，同时伴有广泛的神经节细胞及胶质细胞坏死。

2. 实验检疫方法

(1) 荧光抗体试验 取扁桃体、淋巴结病料，用伪狂犬荧光抗体进行细胞染色。在被检病料中出现特异的荧光时，即证明该病毒存在。

(2) 细胞中和试验 用已知标准病毒抗原检验待检血清中的抗体。由于感染本病的其他动物均难以幸存，所以本血清抗体检查主要适用于猪。方法是：将被检猪血清稀释 2 倍，56℃ 30min 灭活，加入等量的标准伪狂犬病毒培养液，混合，37℃水浴 1h。以此血清混合液接种细胞培养管（3 支），37℃培养 7d，逐日观察，以出现细胞病变为判定指标。实验结果呈现完全中和的血清判为阳性。

(3) 动物接种试验 取动物病患部位水肿液和病毒侵入部的神经干、脊髓以及脑组织，以兔为例，接种于家兔腹侧皮下，接种后 36～48h，注射部位可出现剧痒，并见家兔自行咬啃，直至脱毛、破皮出血，继而四肢麻痹，很快死亡。

3. 检疫后处理

检出伪狂犬病时，应立即隔离病患畜禽，被污染的用具、圈舍和环境，用 2%烧碱溶液或 10%石灰乳消毒；疫区的假定健康动物必须注射疫苗；开展灭鼠工作。

(七) 钩端螺旋体病

钩端螺旋体病是由钩端螺旋体引起的一种人兽共患病和自然疫源性传染病。临诊表现形式多样，主要有发热、黄疸、血红蛋白尿、出血性素质、流产、皮肤和黏膜坏死、水肿等。

1. 临诊检疫要点

(1) 流行特点 钩端螺旋体的动物宿主非常广泛，几乎所有温血动物都可感染，其中啮齿目的鼠类是最重要的储存宿主。本病发生于各年龄的家畜，但以幼畜发病较多。本病通过直接或间接方式传播，有明显的流行季节，每年以 7～10 月份为流行的高峰期，其他月份常仅为个别散发。

(2) 临床症状 潜伏期 2～20d。病猪体温升高，厌食，皮肤干燥，1～2d 内全身皮肤和黏膜泛黄，尿浓茶样或呈血尿。有的在上下颌、头部、颈部甚至全身水肿，指压凹陷，怀孕母猪流产的胎儿有死胎、木乃伊胎，也有的产弱仔，常于产后不久死亡。

犊牛发病后，发热达 41.5℃，溶血性贫血，尿血，食欲下降，心跳和呼吸加快。成年牛急性感染时，高热，稽留不退。食欲、反刍停止，喂乳停止，乳房松软，乳汁呈红色或暗黄色或橙黄色，怀孕母牛流产。

犬精神沉郁、后躯肌肉僵硬和疼痛、不愿起立走动、呼吸困难、可视黏膜出现不同程度的黄染或出血。病犬口腔黏膜可见有不规则的出血斑和黄染；眼部可见有结膜炎症状。

（3）病理变化　主要是黄疸、出血以及肝、肾不同程度的损害。慢性型或轻型病例则以肾的变化较为突出。

2. 实验检疫方法

（1）微生物学检查　采取肝、肾、脾、脑等组织。病料采集后应立即处理，并进行暗视野直接镜检或用荧光抗体法检查，病理组织中的菌体应用吉姆萨染色或镀银染色后检查。钩端螺旋体纤细，螺旋盘绕规则紧密，菌端弯曲成钩状。

（2）血清学检查　凝集溶解试验：钩端螺旋体可与相应的抗体产生凝集溶解反应。抗体浓度高时发生溶菌现象（在暗视野检查时见不到菌体），抗体浓度低时发生凝集现象（菌体凝集成一朵朵菊花样）。另外，还可用补体结合试验、酶联免疫吸附（ELISA）试验、炭凝集试验、间接血凝试验、间接荧光抗体法。

（3）动物接种　试验取经过处理的血液、尿液、病理组织悬液、脑脊髓液等腹腔接种于幼龄豚鼠、仓鼠或仔兔，3~5d后如有体温升高、食欲减退、迟钝和黄疸症状即发病；剖检病变为广泛性黄疸和出血，肺部出血明显；取肝、肾制片镜检，可检出钩端螺旋体。

3. 检疫后处理

确诊为钩端螺旋体病时，病畜隔离治疗。注意环境卫生，做好灭鼠、排水工作。不许将病畜或可疑病畜运入养殖场。彻底清除病畜舍的粪便及污物，用10%~20%生石灰水或2%苛性钠严格消毒。对于饲槽、水桶及其他日常用具，用热草木灰水处理，将粪便堆积起来，进行生物热消毒。在常发病地区，应该有计划地进行多价浓缩菌苗注射。

（八）流行性乙型脑炎

流行性乙型脑炎是由流行性乙型脑炎病毒引起的一种蚊媒性人兽共患传染病。但除人、马和猪外，其他动物多为隐性感染。动物感染发病症状表现为发病急、高热、流产、死胎，病死率较高，脑组织病理变化明显。

1. 临诊检疫要点

（1）流行特点　本病为自然疫源性传染病，多种动物和人感染后都可成为本病的传染源。本病主要通过带病毒的蚊虫叮咬而传播。蚊子感染乙脑病毒后可终身带毒，并且可经卵传给后代；越冬的蚊子次年成为新的传播媒介和传染源。该病在我国大部分地区都可发生，带有明显的季节性，主要在蚊虫猖獗的夏秋季节流行。90%的病例发生于潮湿多雨、蚊虫滋生月份（7~9月），一般

5~6 月开始出现，12 月至次年 4 月几乎无病例报告。

（2）临床症状

①猪：自然感染潜伏期为 2~4d，发病突然，体温升高达 40~41℃，稽留数日。精神沉郁，食欲缺乏，喜卧嗜睡，粪便干燥，尿呈深黄色。妊娠母猪发生流产，多为死胎。公猪发生睾丸炎，多为一侧睾丸急性肿大。仔猪可发生神经症状，口吐白沫、转圈、乱冲撞，倒地不起而死亡，有的后关节肿胀而跛行。

②马：自然感染潜伏期为 4~15d，其中幼驹对该病非常易感。慢性病表现为发热，食欲缺乏，数日后可自愈；急性重症表现为精神沉郁，反应迟钝，走路不稳或后肢麻痹无法站立，也有兴奋狂暴、乱冲撞者。

③牛：自然发病少，主要是隐性感染。发病后表现发热、食欲缺乏、磨牙、转圈、四肢强直和昏睡。急重症者 1~2d、慢性者 10d 左右可能死亡。

④羊：主要是隐性感染。发病后表现为发热和神经症状：肢体出现麻痹，牙关紧咬，嘴唇麻痹，流涎，四肢伸曲困难，走路不稳或后肢麻痹无法站立，经 5d 左右可能死亡。

（3）病理变化　猪肉眼病理变化主要在脑、脊髓、睾丸和子宫。脑脊髓液增量，脑膜和脑实质充血、出血、水肿，肺水肿，肝、肾浊肿，心内、外膜出血，胃肠有急性卡他性炎症。脑组织学检查见非化脓性脑炎变化。

2. 实验检疫方法

（1）病毒分离与鉴定　在本病流行初期，采取濒死期脑组织或发热期血液，立即进行鸡胚卵黄囊接种或 1~5 日龄乳鼠脑内接种，可分离到病毒。分离获得病毒后，可用标准毒株和标准免疫血清进行交叉补体结合试验、交叉中和试验、交叉血凝抑制试验、酶联免疫吸附试验、小鼠交叉保护试验等鉴定病毒。

（2）血清学诊断　血凝抑制试验、中和试验和补体结合试验是本病常用的诊断方法。此外还有荧光抗体法、酶联免疫吸附试验、反向间接血凝试验、免疫黏附血凝试验和免疫酶组化染色法等。

3. 检疫后处理

马属动物和猪使用仓鼠肾细胞弱毒活疫苗。对猪舍、马栅、羊圈等地方，应定期进行喷药灭蚊，重点管理好没有经过夏秋季节的幼龄动物和从非疫区引进的动物。经常保持圈舍干燥，粪便堆积发酵。

（九）附红细胞体病

附红细胞体病是附红细胞体寄生于动物血液，游离在血浆中或附着在红细胞表面所引起的一种传染病。临床上以贫血、黄疸和发热为特征。

1. 临诊检疫要点

（1）流行特点　绵羊、山羊、牛、猪、犬、猫和人等均可成为附红细胞体寄生的宿主。各年龄、性别的动物均可感染，但以幼龄动物和体弱动物发病较多。本病多发生于夏秋或雨水较多的季节，此期正是各种吸血昆虫活动的高峰时期。世界各地均有本病的发生，多呈散发和地方性流行。

（2）临床症状　由于动物种类不同，潜伏期也不同，介于 2~45d。发病后的主要临床症状是发热、食欲缺乏、精神委顿、黏膜黄染、贫血、背腰及四肢末梢淤血、淋巴结肿大等，还可出现心悸及呼吸加快、腹泻、生殖力下降、毛质下降等情况。

（3）病理变化　为贫血和黄疸。皮肤及黏膜苍白，血液稀薄，全身性黄疸。肝脏肿大变性，呈黄棕色；胆囊肿大，内充满大量的明胶样胆汁；肾肿大，混浊，贫血严重；肺肿大，瘀血，水肿；脾脏肿大变软；心肌苍白松软。

2. 实验检疫方法

（1）病原学检查

①血液压片镜检：从猪耳静脉采血 1 滴，加等量生理盐水混匀后，加盖玻片，在 400~600 倍显微镜下检查，可见附着在红细胞表面或游离于血浆中的附红细胞体呈球形、逗点形、杆状或颗粒状。

②血液涂片染色镜检：取血液涂片，进行吉姆萨染色，在油镜下观察，可见紫红色或粉红色的呈不规则环形或点状的附红细胞体。

（2）血清学检查

①补体结合试验：病猪于出现临诊症状后 1~7d 呈阳性反应，于 2~3 周后即行阴转。本试验诊断急性病猪效果好，但不能检出耐过猪。

②间接血凝试验：滴度大于 1∶40 为阳性，此法灵敏性较高，能检出阳转阴后的耐过猪。

③荧光抗体试验：本法最早被用于诊断牛的附红体病，抗体于接种后第 4d 出现，随着寄生率上升，在第 28 天达到高峰。

3. 检疫后的处理

肉尸和内脏有明显病变者（尸体表面出血性浸润，整个体表变成红色，胸腹腔积液严重，脂肪及黏膜黄染严重，血液涂片红细胞表面虫体在 20 个以上），其肉尸、内脏和血液作工业用或销毁。轻微病变的肉尸及内脏高温处理后出场，血液作工业用或销毁，猪皮消毒后出场。

二、家畜主要传染病检疫

（一）猪瘟

猪瘟是由猪瘟病毒引起的猪的高度传染性和致死性的传染病。其特征为高热稽留，小血管变性而引起的广泛出血、梗死和坏死。

1. 临诊检疫要点

（1）流行特点　仅限于猪发病，不同品种、年龄、性别的猪均能感染，发病率和病死率都高。无季节性。急性暴发时，最先发病 1~2 头，呈最急性型，1~3 周内达发病流行高峰，且多为急性型，以后出现亚急性型，至流行后期少数呈慢性型。病程较长者常有其他细菌继发感染。免疫母猪所产仔猪 1 月龄以内很少发病。

（2）典型猪瘟

①最急性型：见突然高热稽留，皮肤黏膜发绀。浆膜、黏膜、内脏有少量出血点。5d 内死亡。

②急性型：体温 40.5℃ 左右，稽留热，沉郁嗜睡，好钻草窝压擦，弓腰、腿软，行动缓慢，易退槽，喜饮污水，间有呕吐。先便秘后腹泻，粪便恶臭，内有纤维素性白色黏液和血丝。患有黏液脓性结膜炎，眼睑黏封。鼻、唇、耳、下颌、四肢、腹下、外阴等处的皮肤有点状出血，指压不褪色。淋巴结大理石样出血，尤以边缘出血严重。肾色淡，有出血斑，同麻雀蛋样。脾尤其边缘有出血点。公猪积尿混浊异臭。1~3 周死亡。

③亚急性型：与急性型相似，但病情缓和。病程 3~4 周。

④慢性型：多见消瘦贫血，衰弱无力，行动蹒跚，体温时高时低，食欲时好时坏，便秘腹泻交替。皮肤有紫斑或坏死、干痂。坏死性肠炎，回肠和结肠有同心圆、轮层状的纽扣状溃疡。病程 1 个月以上。

（3）非典型猪瘟

①神经型：见阵发性神经症状，嗜睡磨牙，全身痉挛，转圈后退，侧卧游泳状，感觉过敏，触动时尖叫。

②温和型：病情缓和，稍有发热，病程较长，成年猪能康复，发病率和病死率较典型猪瘟低。

③颤抖型：发生于新生仔猪，症状如霹雳舞样，病程不长，先后死亡。

2. 检疫方法

（1）依据流行病学、临床症状和特征变化可初步做出诊断。

（2）病毒学检查　猪体交互免疫试验或兔体交互免疫试验具有可靠的确定检疫意义，但所需时间稍长。鸡新城疫病毒强化试验，病料为无菌浸出液，接种于猪睾丸细胞培养，4d 后加入新城疫强毒，再培养 4d，若细胞出现病变则为猪瘟。此法也可加入抗猪瘟血清进行中和试验。

（3）血清学检查　补体结合反应试验、琼脂双向扩散试验已被荧光抗体试验和间接标记免疫吸附试验所取代。这些免疫标记技术能获得可靠的确定检疫结论。

3. 检疫后处理

发现猪瘟时，应尽快确诊上报疫情，立即隔离病猪，严格消毒场圈，禁止向非疫区运生猪及其产品。对无利用价值的病猪应尽快扑杀、深埋，其他猪群立即进行免疫处理。

（二）猪繁殖与呼吸综合征

猪繁殖与呼吸综合征（PRRS）是由病毒引起的猪的一种繁殖障碍和呼吸道的传染病。其特征为厌食、发热、怀孕后期发生流产、产死胎和木乃伊胎；幼龄仔猪发生呼吸道症状。在英国称为"蓝耳病"，母猪临床上会有这种症状。

1. 临诊检疫要点

（1）流行特点　仅发生于猪。各种年龄、性别、品种、体质的猪均能感染，而以妊娠和 1 月龄以内的仔猪最易感，并表现出典型的临床症状。肥育猪症状较轻。本病发病无明显的季节性。流行过程慢，一般为 3~4 周，长的可达6~12 周。饲养管理不当、天气寒冷等因素是诱发本病的主要原因。

（2）临床症状　潜伏期一般为14d，种母猪主要表现为呼吸困难，发情期延长或不孕；怀孕母猪发生早产，流产，产死胎、木乃伊胎和弱仔等现象（图6-9）。2~3 周后母猪开始康复，再次配种时受精率可降低 50%，发情推迟。

仔猪以 2~28 日龄感染后症状明显，死亡率高达 80%，大多数出生仔猪表现呼吸困难，肌肉震颤，后

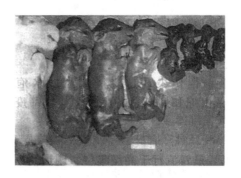

图 6-9　死胎与木乃伊胎

肢麻痹，共济失调。少数病例耳部发紫，皮下出现一过性血斑。

公猪精液质量下降、数量减少、活力低。感染本病的猪有时表现为耳部、外阴、尾、鼻、腹部发绀，其皮肤出现青紫色斑块，故又称为蓝耳病。

育成猪可见双眼肿胀、结膜炎和腹泻，并出现间质性肺炎。

2. 检疫方法

（1）病毒分离与鉴定　将病猪的肺、死胎的肠和腹腔积液、胎儿血清、母

猪血液、鼻拭子和粪便等进行病毒分离。病料经处理后，再经 0.45μm 滤膜，取滤液接种猪肺泡巨噬细胞培养，培养 5d 后，用免疫过氧化物酶法染色，检查肺泡巨噬细胞中猪繁殖与呼吸综合征病毒（PRRSV）抗原。或将上述处理好的病料接种 CL-2621 或 Marc-145 细胞培养，37℃培养 7d 观察致细胞病变效应（CPE），并用特异血清制备间接荧光抗体，检测猪繁殖与呼吸综合征病毒抗原，也可以在 CL-2621 或 Marc-145 细胞培养中，进行中和试验鉴定病毒。

（2）应用间接 ELISA 法检测抗体　其敏感性和特异性都较好，法国将此法作为监测和诊断的常规方法。RT-PCR 法能直接检测出细胞培养中和精液中的猪繁殖与呼吸综合征病毒。

（3）荷兰提出的简易诊断方法　母猪 80%以上发生流产，20%以上发生产死胎，25%以上仔猪死亡。三项指标中有两项符合就可以确诊为本病。

3. 检疫后处理

发现繁殖与呼吸综合征的病猪，防治处理的最根本办法是：第一，消除病猪、带毒猪和彻底消毒，切断传播途径，猪舍注意通风；第二，清除感染的断乳猪，保持保育室无猪繁殖与呼吸综合征病猪；第三，应加强进口猪的检疫和本病监测，以防本病扩散。

（三）猪传染性萎缩性鼻炎

猪传染性萎缩性鼻炎（AR）是由支气管败血波氏杆菌引起的猪的一种慢性呼吸道传染病。其特征为鼻炎、鼻甲骨萎缩、头面部变形。

1. 临诊检疫要点

（1）流行特点　多种动物可感染，但发病仅见于猪。各年龄段的猪都易感，发病的差异性较大，一般多在哺乳期感染，年龄较大时发病，发病率随年龄的增长而下降。不同品种猪的易感性有差异，如长白猪特别易感，国内地方猪种较少发病。多为散发性，猪群中传播缓慢，全群感染常需相当长的时间。饲养管理好坏直接影响本病的发生和流行。其他微生物参与致病时，病情复杂并加重。

（2）临床症状　猪萎缩性鼻炎早期出现乳猪波氏杆菌肺炎（剧烈咳嗽，呼吸困难，常使全窝乳猪发病死亡）症状，多见于 6~8 周龄的仔猪，打喷嚏，鼻塞，呼吸困难，个别鼻出血，有摇头、拱地、搔抓或摩擦鼻部等不安表现。眼内眦下的皮肤上，形成半月形湿润区，常黏结成黑色泪痕。鼻甲骨萎缩期，鼻和面部变形，鼻腔小，鼻短缩，鼻后皮肤皱褶，鼻歪向一侧，眼内距缩小。

（3）病理变化　肺气肿和水肿，肺的尖叶、心叶和膈叶背侧呈现炎症斑。患猪传染性萎缩性鼻炎的病猪其鼻甲骨卷曲萎缩，鼻中隔弯曲。常在两侧第一二对前臼齿间的连线上，将鼻腔横断锯开，或者沿鼻梁正中线锯开，再剪断下鼻甲骨的侧连接，观察鼻甲骨的形状变化。这是比较可靠的确定检疫的方法之一。

2. 检疫方法

（1）X 射线检查　可用于早期诊断。

（2）细菌学检查　用灭菌鼻拭子探进鼻腔 1/2 深处取病料，接种于葡萄糖血清麦康凯琼脂培养 48h，菌落大小约为 2mm，圆形，灰褐色，半透明，隆起，光滑，有特殊的腐败气味。也可用此菌能凝集绵羊红细胞的特性鉴定。

（3）血清学检查　凝集试验对确定本病有一定的价值。病料培养分离菌的悬浮液，分为两份，一份于 100℃ 30min 水浴破坏 K 抗原；另一份加 0.4% 福尔马林灭活，保留 K 抗原，分别与标准抗 O 血清和抗 K 血清，做玻片凝集试验或试管凝集试验，若都凝集而呈现阳性反应，可确定为支气管波氏杆菌 I 相菌。另外，也可以用已知的"O、K"抗原诊断液，与被检猪血清做玻片凝集试验（或试管凝集试验），确定该被检猪是否感染。猪感染支气管波氏杆菌后 2~4 周可呈现阳性反应，凝集价在 1:10 以上时可持续 4 个月。

3. 检疫后处理

检疫中发现猪患传染性萎缩性鼻炎时，应隔离饲养，同群猪不能调运。凡与病猪接触的猪应观察 6 个月，无可疑症状，方可认为健康。对污染的环境彻底消毒。

（四）猪圆环病毒病

猪圆环病是由猪圆环病毒（PCV）引起的猪的一种新的传染病。现已知猪圆环病毒有两个血清型，即 PCV1 和 PCV2。PCV1 为非致病性圆环病毒。PCV2 为致病性圆环病毒，它是断乳仔猪多系统衰竭综合征的主要病原。主要感染 8~13 周龄猪，其特征为体质下降、消瘦、腹泻、呼吸困难。

1. 临诊检疫要点

（1）流行特点　主要发生在断乳后仔猪，哺乳猪很少发病并且发育良好。一般本病集中于断乳后 2~3 周和 5~8 周龄的仔猪。

（2）临床症状　同窝或不同窝仔猪有呼吸道症状，腹泻，发育迟缓，体重减轻。有时出现皮肤苍白，有 20% 的病例出现贫血，具有诊断意义。

一般临床症状可能与继发感染有关，或者完全是由继发感染所引起。在通风不良、过分拥挤、空气污浊、混养以及感染其他病原等情况时，病情明显加重，一般病死率为 10%~30%。

（3）病理变化　剖检淋巴结肿大，脾肿大，肺膨大、间质变宽、表面散在大小不等的褐色突变区。肝脏有以肝细胞的单细胞坏死为特征的肝炎；肾脏有轻度至重度的多灶性间质性肾炎；心脏有多灶性心肌炎。

2. 检疫方法

（1）病理学检查　此法在病猪死后极有诊断价值。当发现病死猪全身淋巴结肿大，肺退化不全或形成固化、致密病灶时，应怀疑是猪圆环病毒病。可见淋巴组织内淋巴细胞减少，单核巨噬细胞类细胞浸润及形成多核巨细胞。若在这些细胞中发现嗜碱性或两性染色的细胞质内包含体，则基本可以确诊。

（2）血清学检查　是生前诊断猪圆环病毒病最有效的一种方法。诊断本病的方法有间接免疫荧光试验（IFA）、酶联免疫吸附测定法（ELISA）、聚合酶链式反应（PCR）等。

IFA 主要用于检测细胞培养物中的猪圆环病毒抗原；ELISA 主要用于检测血清中的病毒抗体，其检出率为 99.58%，而 IFA 的检出率仅为 97.14%，所以该方法可用于 PCV2 抗体的大规模监测。PCR 是一种快速、简便、特异的诊断方法。采用 PCV2 特异的或群特异的引物在病猪的组织、鼻腔分泌物和粪便中进行基因扩增，根据扩增产物的限制酶切图谱和碱基序列确认猪圆环病毒感染，并可对 PCV1 和 PCV2 定型。

3. 检疫后处理

一旦发现可疑病猪及时隔离，并加强消毒。切断传染途径，杜绝疫情传播。

（五）猪丹毒

猪丹毒是猪的一种急性、热性传染病，由猪丹毒杆菌引起。其特征是急性病例为败血症变化，亚急性为皮肤疹块型，慢性多发生关节炎、心内膜炎。

1. 临诊检疫要点

（1）流行特点　主要发生于 3~12 月龄的猪，尤其是生长（架子）猪最易感。其他动物和人也可感染，但很少发病。常呈散发性或地方流行性，个别情况下也呈暴发流行。一年四季都可发生，但炎热多雨的夏季发病较多。土壤污染有重要的传播意义。

（2）临床症状

①急性型（败血型）：个别病猪不显现任何症状而突然死亡。多数猪病情稍缓，体温在 42℃ 以上，稽留热，眼结膜充血、眼亮有神，粪干便秘。耳、颈、背部等处皮肤出现充血、瘀血的红斑，指压褪色。病猪常于 3~4d 死亡，死亡率高。

②亚急性型（疹块型）：体温升高，皮肤上有圆形、方形疹块，稍凸出于皮肤表面，呈红色或紫色，中间色浅，边缘色深，指压褪色并有硬感（图 6-10），病程 1~2 周。

③慢性型：常见有多发性关节炎和慢性心内膜炎，也可见慢性坏死性皮

炎。病程 1 月至数月。

（3）病理变化　急性败血型猪丹毒，全身淋巴结肿大，切面多汁，有出血点。肾常发生急性出血性肾小球肾炎的变化，体积增大，呈弥漫性暗红色，纵切面皮质部有小红点。脾肿大柔软，呈桃红色，脾髓易刮下。变色的肝充血，由红棕色转为特殊的鲜红色。胃和十二指肠弥漫性严重出血。亚急性型皮肤上有菱形、方形、圆形的疹块或形成淡褐色的痂。慢性型见菜花样心内膜炎，穿山甲样皮肤坏死，关节纤维素性炎症。

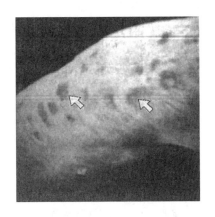

图 6-10　猪丹毒皮肤疹块（见箭头处）

2. 检疫方法

（1）细菌学检查

①取高热期的猪耳静脉血液、皮肤疹块边缘部血液或渗出液，慢性病例关节滑囊液作为病料，涂片染色镜检，可见革兰阳性纤细的小杆菌。

②分离培养：取上述病料，分离培养，在血液琼脂上可见生长出针尖大透明露滴状的细小菌落，有的菌株可形成狭窄的绿色溶血环，明胶穿刺呈试管刷状生长。

③动物接种：取被检病料加生理盐水按（1:10）~（1:5）做成乳剂，接种鸽子，用量为 0.5~1mL，于 2~5d 因败血症死亡。

（2）血清学检查

①平板凝集试验：取猪丹毒抗原 2 滴，分别滴于载玻片上，其中一滴抗原加被检血液或血清一滴，另一滴加正常血液或阴性血清一滴作对照，混匀后，2min 内凝集为阳性，2min 以后凝集为阴性。但应注意接种过猪丹毒疫苗的猪也呈阳性。

②荧光抗体试验：用荧光素标记猪丹毒免疫球蛋白，制成荧光抗体，与病料抹片中的猪丹毒杆菌丝发生特异性结合，在荧光显微镜下观察，可见菌体呈亮绿色。本法可用作猪丹毒的快速确定检疫。

③血清培养凝集试验：在装有灭菌 30% 蛋白胨肉汤试管中，按（1:40）~（1:80）加入猪丹毒高免血清，再加入 0.05% 叠氮钠及 0.0005% 结晶紫即成猪丹毒血清诊断液。试验时将诊断液装入小管，取被检猪耳静脉血 1 滴或组织病料少许，接种培养 4~24h。若管底出现凝集颗粒或团聚者，即为阳性反应。此法是用已知猪丹毒血清检测病料中的抗原，是急性猪丹毒的一种简便易行的确

定检疫方法。

④琼脂扩散试验。用 pH 7.4 磷酸盐缓冲溶液制备 1.2%的琼脂平板，采用双扩散法，孔径 6.5mm，孔距 3mm，分别将已知抗原与被检血清加在各自的孔中，置室温中 8~24h 观察结果。抗原与抗体孔之间出现沉淀线为阴性。

3. 检疫后处理

（1）病猪应立即进行消毒、无害化处理，病死猪尸体应深埋或化制。

（2）同时未发病的猪应进行药物预防，隔离观察 2~4 周，表现正常时方可认为健康。

（3）急宰病猪的血液和病变组织应化制处理。

（六）猪痢疾

本病曾称为血痢、黏液出血性下痢或弧菌性痢疾，现称为猪痢疾。猪痢疾是由致病性猪痢疾蛇形螺旋体引起的一种肠道传染病。其特征为大肠黏膜发生卡他性出血性炎症，有的发展为纤维素坏死性炎症，临床表现为黏液性或黏液出血性下痢。

1. 临诊检疫要点

（1）流行特点　仅发生于猪，不分品种、性别，任何年龄段均可发生，以断乳仔猪发病率高，一般认为发病率约为 75%，病死率为 5%~25%。成年的公、母猪和哺乳仔猪次之。多散发，流行过程缓慢，持续时间长，经数月后才能扩散到全群。部分康复的猪在短时间内可复发。多种应激因素可促进本病发生。新疫区多呈急性经过，老疫区多呈慢性经过。

（2）临床症状　潜伏期为 3d 至 2 个月以上。最急性型，仅几小时就突然死亡。急性型体温升高，厌食，卧地不动，随即出现下痢，粪臭，呈黄灰色，其中含有大量黏液、血液、脓汁或坏死组织，口渴，眼球下陷。慢性型反复下痢，消瘦贫血，呈恶病质。

（3）病理变化　大肠，尤其是回盲口处的肠壁充血、水肿，黏膜肿胀，覆有带黏液、血液的纤维素性渗出物，坏死的黏液表层形成假膜，似麸皮或干酪样，假膜下有浅表的糜烂面。

2. 检疫方法

（1）细菌学检查　分为直接镜检法和病原体分离鉴定法。直接镜检法为取急性病猪粪便黏膜抹片，或染色检查，或暗视野检查，可以见到革兰染色阴性，多有 4~6 个疏螺弯曲、两端锐尖、形状如蛇样的螺旋体。如每个视野中可见到 3~5 个以上，可作为确定检疫的参考标准。必须注意本法对急性型后期病猪、慢性型病猪、阴性感染以及用药后的病猪检出率很低。

（2）微量凝集试验　其方法是在 96 孔微量滴定板上进行，每孔滴入

0.05mL PBS 作为稀释液。每排第一孔加入被检血清 0.05mL，然后将血清按 1:4、1:8、……、1:4096 稀释（至第 11 孔），最后一孔不加血清作对照。每孔加入抗原 0.05mL，在微量振荡器上混匀约 1min，覆上黑色塑料盖（板）后置 38℃ 水浴内作用 18~24h，后可见到呈膜状覆盖孔底，边缘卷曲，或可看到孔底中央呈一圆形白点，大小与对照孔相似，但边缘不光滑，周围有少量颗粒状沉着物为阳性反应。凝集试验的检出率与分离培养相同，因此有一定的确定检疫价值。

此外荧光抗体试验、酶联免疫吸附试验、间接红细胞凝集试验等也可用于本病的诊断。

3. 检疫后处理

检疫中发现猪痢疾时，严禁调运。发病猪群最好全群淘汰并彻底消毒。也可采用隔离、消毒、药物防治等综合措施进行控制，重新建健康猪群。

（七）牛海绵状脑病

牛海绵状脑病（BSE）又称疯牛病。它是由感染性蛋白因子引起的牛的一种慢性、消耗性、致死性中枢神经系统病变的疾病。临床上主要表现潜伏期长，病情逐渐加重。牛表现出攻击性行为，其特征为神经功能紊乱而导致兴奋、运动失调、应激性增强或下降，直至死亡。牛海绵状脑病是成年牛的一种致命性神经性疾病。

1. 临诊检疫要点

（1）流行特点 各种牛均易感。发生牛海绵状脑病的主要原因是饲喂被污染的反刍动物蛋白的肉骨粉，饲喂的越多越易发病。其潜伏期可以长达 3~8 年，其中 3~5 岁牛易发，奶牛比肉牛易感。

（2）临床症状 精神状态异常、运动障碍。精神状态异常表现为兴奋、恐惧、暴怒和神经质，对触摸及声音过度敏感，伴有听觉、触觉减退或敏感。有的共济失调、颤抖、摇摆、反复摔倒。体重、泌乳锐减。病程短的 2 周，长的达到 1 年，一般在 1~6 个月死亡。病牛几乎全部死亡或被扑杀。剖检无肉眼可见病变。

2. 检疫方法

（1）初检 根据流行病学和临床表现做出初检。

（2）病理学检查 采病变多发部位如延髓、脑桥、中脑、丘脑等供组织病理学检查，组织切片染色镜检。脑干灰、白质呈对称性海绵状变性水肿，神经纤维网中有一定数量的不连续的卵形或球形空洞；神经细胞原和神经纤维网中形成海绵状空泡即可确诊。

（3）PrP 免疫印迹和免疫细胞化学检查方法特异性强、灵敏度高，已成为目前牛海绵状脑病的主要检测手段。

3. 检疫后处理

（1）发现疑似病例后，省级动物防疫监督机构应立即将采集的病料送国家牛海绵状脑病参考实验室（中国动物疫病预防控制中心）进行确诊。

（2）防治本病主要是扑杀病牛、阳性牛及其后代，畜禽及其相关物品用5%漂白粉、烧碱消毒。

（3）目前我国尚无本病，为了防止牛海绵状脑病流入我国，禁止从有疯牛病发生的国家和地区进口牛及其产品，以及被污染的饲料和骨、肉粉。这是预防本病传播的有效措施。

（八）牛病毒性腹泻

牛病毒性腹泻又称为牛病毒性腹泻—黏膜病。它是由牛病毒性腹泻病毒（黏膜病病毒）引起的牛的一种传染病。本病的主要特征是消化道黏膜糜烂、坏死、胃肠炎和腹泻。

1. 临诊检疫要点

（1）流行特点 幼龄牛易感性高，冬季和早春多见。分布广，多呈隐性感染。

（2）临床症状 急性型主要表现为突然发病，体温升高至40~42℃；眼鼻有浆液性分泌物，可能有鼻镜及口腔黏膜表面糜烂、舌面上皮坏死、流涎增多等口腔损害的症状；腹泻，病初似水样，呈灰色；后呈糊状、浅灰色、恶臭，有大量黏液和气泡。口、鼻、会阴部等处的黏膜充血、糜烂并有烂斑。发热、委顿、废食、流涎、鼻漏、呼吸急促。慢性的很少见明显的发热，主要表现鼻镜上出现糜烂；球节皮肤处红肿，出现蹄叶炎、跛行。母牛在妊娠期感染本病，常引起流产或产出有先天性缺陷的犊牛。

（3）病理变化 食管黏膜糜烂，其大小不等、形状不同，呈直线排列；肠系膜淋巴结肿大、充血，切面多汁，整个消化道黏膜有卡他性炎症、充血、水肿、糜烂并有烂斑。

2. 检疫方法

（1）病原检查 无菌采集抗凝血、鼻液、脾、淋巴结等病料，送检，细胞培养后进行病毒鉴定，也可进行病毒荧光抗体检查。

（2）血清学检查 无菌采血，分离血清，送检。通过琼脂扩散试验、中和试验、荧光抗体试验、补体结合反应试验等均可确检。

3. 检疫后处理

对病牛、阳性牛立即隔离扑杀，整个胴体及副产品做无害化处理，彻底消毒；同群其他动物在隔离场或检疫机构指定的地点隔离观察。

（九）牛传染性胸膜肺炎

牛传染性胸膜肺炎是由丝状支原体引起的牛的呼吸道传染病。它的主要特征是浆液性纤维素性胸膜肺炎。

1. 临诊检疫要点

（1）流行特点　主要感染牛。各种品种、不同年龄的牛均有较高易感性。新发病牛群常呈急性暴发，以后转为地方性流行，老疫区多呈散发。

（2）临床症状　急性型表现有高温稽留，呼吸困难，鼻翼扩张，发出"吭"声，腹式呼吸，立而不卧，干咳带痛，叩诊肺部有水平浊音或实音，听诊时有啰音或摩擦音。可视黏膜发绀，胸前和肉垂水肿。腹泻和便秘交替发生，病牛迅速消瘦，呼吸更加困难，流鼻涕或口流白沫，痛苦呻吟，濒死前体温下降，常因窒息而死。整个病程 15~30d。

（3）病理变化　主要是浆液性纤维素性胸膜肺炎。胸腔有多量含絮状纤维素性积液，胸膜粗糙、增厚，肺表面污秽无光泽，常有红、黄、灰色等不同阶段的肝变，肺间质增宽，淋巴管扩张，呈灰白色，肺表面和切面常有奇特的色彩图案，犹如多色的大理石。末期，肺组织坏死，干酪化或脓性液化，形成脓腔、空洞或瘢痕。肺门和纵隔淋巴结肿大，出血。有的胸膜和肺粘连。

2. 检疫方法

（1）初检　根据流行病学、临床症状和病理变化做出初检。

（2）病原检查　生前无菌穿刺法采取胸腔积液，死后无菌采取肺组织、胸腔积液或淋巴结等病料，直接涂布于含适量青霉素和醋酸铊的牛或马血清琼脂，封严平皿防止水分蒸发，置 37℃培养观察 4~10d，若见菲薄透明、露滴状、中央有乳头状突起的圆形小菌落，即可进行显微镜检查，鉴定。疑为本菌的培养物涂片要自然干燥或温箱内干燥，不宜火焰固定。革兰染色菌体呈阴性，但着色不佳；用吉姆萨染色或瑞氏染色较好。在显微镜下见多形菌体，即可确检。

（3）血清学检查　常用补体结合反应试验法，但此法有 1%~2% 的非特异反应，特别是注苗后 2~3 个月内呈阳性或疑似反应，应引起注意。玻片凝集试验结合琼脂扩散试验可检出自然感染牛。荧光抗体试验可检出鼻腔分泌物中的丝状支原体。

3. 检疫后处理

不从疫区调牛；在进境牛检疫时发现阳性的，牛群做全部退回或扑杀销毁处理。

（十）牛瘟

牛瘟又称烂肠瘟、胆胀瘟，是由牛瘟病毒引起的牛的急性、热性、败血性传染病。其特征为高热，黏膜（尤其是消化道黏膜）发炎、出血、糜烂和坏死。

1. 临诊检疫要点

（1）流行特点　主要侵害牛。也可感染其他反刍动物。新疫区呈暴发流行，发病率和病死率很高。老疫区呈地方流行性，主要危害无免疫力的犊牛。

（2）临床症状　主要表现高热，食欲减退，流涎，口腔黏膜潮红，有浅黄或微白色粟粒样斑点或小结节，呈弥漫性糜烂，边缘不整齐，后成溃疡，上有伪膜，红色糜烂面恶臭。鼻黏膜、眼结膜红肿、出血，分泌物干结成褐色。阴道黏膜发炎，有伪膜、糜烂。先便秘后腹泻，排出稀糊状污灰色或褐棕色具恶臭的粪便，便中带血和脱落的黏膜。眼、鼻黏膜潮红或溃烂，流出浆液性至脓性分泌物。

（3）病理变化　全身所有黏膜，特别是消化道黏膜有明显充血，或条状出血、坏死、糜烂的伪膜。心、肝、肾实质变性。淋巴结出血、肿大，胆囊肿大2~3倍，充满胆汁，胆囊黏膜树枝状充血或出血，形成溃疡。

2. 检疫方法

（1）初检　根据流行病学、症状和病理变化，可以做出初检。

（2）病原检查　采取病牛血液、分泌物、淋巴结、脾等，低温保存送检。经处理过的病料细胞培养，显微镜下观察特征性细胞病变，如有折射性、细胞变圆、细胞皱缩、胞质拉长（星状细胞）或巨细胞形成即可确检。

（3）血清学检查　采取病牛双份血清送检，做补体结合试验、荧光抗体试验、中和试验、间接血凝试验、琼脂扩散试验等，均能确检。

3. 检疫后处理

当前，我国无牛瘟。牛瘟属严加防范的疫病之一。一旦发现病牛，立即向上级主管部门上报疫情，并按疫点、疫区要求采取相应措施处理，就地扑灭。确诊为牛瘟的病畜或整个胴体及其副产品，均做销毁处理。

（十一）牛结核病

结核杆菌病是由结核分枝杆菌引起的一种人畜共患慢性传染病，以渐进性消瘦，在多种组织器官形成结核结节性肉芽肿和干酪性、钙化结节病变为特征。该菌可感染多种动物，尤以奶牛最易感，其次是黄牛、水牛、猪和家禽；其主要侵害肺、乳房、肠和淋巴结等。

1. 临诊检疫要点

（1）流行特点　牛及其他动物和人均有易感性。新疫区多呈地方性流行，老疫区多呈散发性、隐性感染或慢性病程。

（2）临床症状

①肺结核：病牛呈现原因不明的全身进行性消瘦和贫血，病初干咳，后逐渐变为湿咳。长期不愈的咳嗽伴肺部异常，体表淋巴结肿大，顽固性腹泻和慢性乳腺炎。

②乳房结核：乳房表面出现大小不等、凹凸不平的硬结，泌乳量减少，乳液稀薄或呈深黄浓厚絮片状凝乳，最后停乳。

③肠结核：多发生于空肠和回肠，呈消化不良，表现为顽固性腹泻，粪便混有黏液或脓液，迅速消瘦。

④淋巴结核：常见下颌、咽、颈、腹股沟、股前等处的淋巴结形成无热无痛性肿块。采食减少，呼吸困难，消瘦。

（3）病理变化

①肺结核：肺内有粟粒至豌豆大、灰白色、半透明的坚实小结节，结节中央可见干酪样坏死或钙化灶或有肺空洞。

②淋巴结核：淋巴结肿大，切面有呈放射状或条纹状排列的干酪样物，或有多量颗粒状钙化或化脓的小结节。

③胸膜或腹膜结核：在胸膜或腹膜有多量密集的灰白色半透明和不透明而坚实的灰白色结节。形似珍珠，圆滑闪光的"珍珠样"结核结节，通称为"珍珠串"或"珍珠病"。

④乳房结核：乳房可见大小不等的病灶内含豆腐渣状的干酪样物质。

2. 检疫方法

（1）初检　根据流行病学、临床症状和剖检变化可做出初检。

（2）采取痰或结核病灶黏液或豆腐渣样干酪样物质直接涂片，制片后抗酸染色，用高倍镜检查，可见结核杆菌呈红色，其他菌及背景为蓝色，即可确诊。

（3）变态反应诊断　目前主要采用牛型提纯结核菌素（PPD）按操作要求和程序进行皮内注射和点眼反应的方法。应用变态反应法可检出牛群中95%～98%的结核病牛。

（4）鉴别检疫　在剖检变化检验中，各器官组织的结核病变应注意与放线菌病、寄生虫结节、伪结核病以及真菌性肉芽肿相区别。

3. 检疫后处理

（1）发现全身性结核病病牛应立即采取不放血式扑杀，尸体化制或销毁；淘汰阳性牛，屠宰后内脏、头、骨、蹄等下脚料化制或销毁，肉高温处理，所用物品高温消毒。

（2）可疑牛在隔离的基础上经两次以上检疫仍为可疑者按阳性对待而淘汰，保留健康牛，加强检疫和饲养管理。

（3）宰后检疫 发现全身性结核或局部结核的，其胴体及内脏一律做销毁处理。

（十二）蓝舌病

蓝舌病是由蓝舌病病毒引起反刍动物的一种虫媒性的病毒性传染病。该病主要发生于绵羊。其特征是感染动物发热、消瘦，舌色青紫而蓝，口、鼻和肠道黏膜溃疡以及跛行。

1. 临诊检疫要点

（1）流行特点 各种绵羊不分性别和年龄均有易感性，但以 1 岁左右的绵羊最易感，羔羊有一定的抵抗力，牛和山羊易感性低，感染后多呈隐性经过。主要由库蚊和伊蚊传播，多发生在湿热的夏季和早秋，特别是在池塘河流多、低洼沼泽等地区放牧的绵羊较易发生和流行。牛和山羊感染后多呈隐性经过。但牛是绵羊发生蓝舌病的重要传染源。

（2）临床症状 病初体温升高到 40.5~41.5℃，稽留 2~3d 后，表现出厌食，精神委顿，流涎；嘴唇、眼睑、耳水肿，水肿可延伸到颈部和腋下。口、鼻和口腔黏膜充血、出血或有浅表性糜烂。舌体充血肿胀，有点状出血，严重的病例舌呈蓝色、发绀，然后形成溃疡，表现出蓝舌病的特征症状。

随着病程的发展，口腔、鼻、胃肠道黏膜水肿、出现溃疡，导致吞咽困难、呼吸受阻、腹泻、血便。有的蹄冠充血、发炎，致跛行。

（3）病理变化 消化道、呼吸道黏膜炎症，尤其是口腔、瘤胃、真胃的黏膜出血、水肿、溃疡、坏死、腐脱明显。瘤胃暗红。心、肌肉、蹄部出血。皮肤潮红，常见斑状疹块区。

2. 检疫方法

（1）初检 根据流行病学、临床症状和病理变化可做出初检。

（2）病原检查 无菌采发热期抗凝血液 5mL 或死羊的淋巴结、脾等病料，低温保存，立即送检。做易感动物接种试验、11 日龄鸡胚培养、单层细胞培养分离鉴定病毒均可确检。

（3）血清学检查 可无菌采集发热期的病羊血液、血清或新鲜死羊的淋巴结、脾等病料作检样，经琼脂扩散试验、中和试验、荧光抗体试验、酶联免疫吸附试验等确检。

（4）取 1 岁左右免疫绵羊和来自于非疫区的健康同龄羊，同时在耳根部皮下接种检样，观察结果，健康羊发病可确诊。

（5）注意与口蹄疫、羊痘、牛病毒性腹泻病等鉴别。

3. 检疫后处理

检出阳性动物，应按一类疫病处理。立即上报疫情，封锁疫区，停止调运，并扑杀、销毁全部感染动物。受威胁区的易感动物进行紧急预防接种。

三、家禽主要传染病检疫

（一）鸡新城疫

鸡新城疫（ND）又称亚洲鸡瘟、伪鸡瘟，是由新城疫病毒（NDV）引起的一种急性、高度接触性传染病；常呈败血症经过；主要侵害鸡和火鸡，其他禽类和野禽也可感染，人也可感染，不同品种、年龄和性别的鸡均可发生，无明显季节性，但以冬春两季较多。其特征是呼吸困难，下痢，神经症状及产蛋下降。主要病变为黏膜和浆膜出血，腺胃黏膜和乳头出血及盲肠扁桃体出血、溃疡等，具有诊断意义。鸡新城疫发病急、致死率高，对养鸡业发展构成了严重的威胁，因此我国将其列为一类疫病，它是目前危害我国养鸡业的重要传染病之一。

1. 临诊检疫要点

（1）流行特点　自然条件下，主要发生于鸡、鸽和火鸡，但鹌鹑、鸵鸟、孔雀、观赏鸟等也常有发病报道。各种年龄的鸡都可感染发病，以幼雏和中雏易感性最高。一年四季均可发生，但以冬春两季多发。水禽（鸭、鹅）对本病有抵抗力，但也有感染发病的报道。传播快，呈流行性，4~5d 内能波及全群。发病率和死亡率高达 90% 以上，甚至造成全群覆灭。

（2）临床症状　潜伏期一般为 3~5d。根据病毒毒力的强弱和病程的长短，分为最急性型、急性型和亚急性或慢性型三种类型。

①最急性型：多见于雏鸡及流行初期，突然发病，病鸡常无任何症状而迅速死亡。

②急性型：精神委顿，体温升高达 43~44℃，食欲减退或废食，离群呆立，缩颈闭眼，羽毛松乱。鸡冠、肉髯呈暗红色或暗紫色。呼吸困难，伸颈，张口呼吸，甩头，咽部发出"咕咕"声或"咯咯"声（夜间较明显），有时打喷嚏，倒提病鸡可从口腔内流出大量淡白色液体。嗉囊内充满液体或气体。下痢，粪便呈黄白色、黄绿色甚至绿色，有时带血。蛋鸡产蛋减少或停止。病鸡一般在 1~2d 或 3~5d 内死亡。

③亚急性或慢性型：多由急性型转来，病鸡初期症状同急性型，表现为明显的呼吸症状，病程稍长的则出现神经症状，共济失调，跛行，一腿或两腿瘫痪，两翅下垂，转圈，后退，头向后仰或向一侧扭曲。病程 10d 左右，少数病

鸡可自愈。成年鸡发病多为非典型表现，仅有呼吸道和神经症状，产蛋率和蛋品质下降，或有下痢症状。

（3）病理变化　主要表现为败血症，全身黏膜和浆膜出血，淋巴系统肿胀、出血和坏死，以呼吸道和消化道最为严重。口腔和咽喉黏膜充血，附有黏液。嗉囊充满酸臭液体和气体。腺胃乳头肿胀，挤压后有豆腐渣样坏死物流出，乳头有散在的出血点；腺胃与肌胃交界处有出血或溃疡，肌胃角质膜下有条纹状或点状出血或溃疡。小肠前段出血明显，尤其是十二指肠黏膜和浆膜出血，或肠黏膜有纤维性坏死并形成假膜，假膜下出现红色粗糙溃疡。盲肠扁桃体（淋巴滤泡）肿大、出血和坏死。盲肠和直肠皱褶处有点状或条纹状出血，有的可见黄色纤维素性坏死点。喉头和气管黏膜充血、出血，气管内积有黏液，周围组织水肿。心冠脂肪和腹部脂肪、心耳外膜有针尖状出血点。产蛋母鸡卵泡和输卵管显著充血，易出现卵黄性腹膜炎。肾脏多充血及水肿，输卵管内积有大量尿酸盐。脑膜充血、出血。

（4）组织学变化　成年鸡新城疫以消化道出血和坏死为特征，而雏鸡新城疫除肺脏、胰脏、脾和脑等组织出现与成年鸡新城疫类似的变化外，主要是以胸腺、法氏囊等免疫器官的淋巴细胞、巨噬细胞和网状细胞发生坏死为特征。两者存在显著差异。

成年鸡肠道呈卡他性、出血性肠炎变化，肠壁淋巴小结增生，有的充血、出血、坏死。腺胃黏膜坏死、出血，黏膜和肌层水肿，成纤维细胞和淋巴细胞增生、积聚。支气管黏膜内成纤维细胞增生，个别成纤维细胞的胞质内有病毒包含体。脾脏网状细胞、淋巴细胞弥散性坏死。肌肉纤维肿胀，肌间散在多量的红细胞。肝细胞呈颗粒变性和脂肪变性，血管和胆管周围有淋巴细胞和异染性白细胞浸润，血管壁肿胀、坏死。肺组织呈浆液性、出血性肺炎变化。肾脏的肾小管上皮变性，间质充血，淋巴细胞浸润。脑组织呈非化脓性脑炎变化。

雏鸡骨髓有多发性坏死灶，坏死灶内原有组织破坏，呈蜂窝状结构，空泡内含有核碎屑和红染颗粒状物质。法氏囊滤泡内淋巴细胞、网状细胞呈现核浓缩、核碎裂，甚至核溶解消失，留有蜂窝状结构。胸腺皮质深层和髓质淋巴细胞、脾脏、盲肠扁桃体淋巴组织坏死，呈现蜂窝状空泡。肺脏的肺小叶间血管和肺泡壁扩张，充满红细胞。肝脏的肝细胞变性，部分肝细胞坏死，伴有淋巴细胞和巨噬细胞浸润。肾实质小血管充血，肾小管上皮细胞变性。心肌呈颗粒变性，胰脏局灶性细胞坏死，脑组织淋巴细胞和巨噬细胞浸润，胃肠道未见明显改变。

2. 实验室检疫

（1）病毒分离与鉴定　无菌操作采取病死鸡的心、肝、脾、脑、肺、肾等组织，活禽用气管拭子和泄殖腔拭子。将病料用微量匀浆器研成乳剂，按1∶5

加入灭菌生理盐水制成悬浮液，离心后取上清液。每毫升上清液加入青霉素、链霉素各 1000~2000IU，置 37℃温箱中作用 1h 或置冰箱中作用 4~8h。取上清液 0.1~0.2mL 接种 9~10 日龄 SPF 鸡胚尿囊腔，在 37℃温箱中继续孵化，并每天检查鸡胚一次，取 24h 后死亡鸡胚，收获尿囊液和羊水，做红细胞凝集试验（HA），如果具有血凝特性，必须与已知的抗新城疫病毒血清进行红细胞凝集抑制试验（HI），如果所分离的病毒能被这种特异性抗体所抑制，则证明所分离的病毒为新城疫病毒。所分离的新城疫病毒为强毒株、中毒株还是弱毒株，还需进行毒力测定，主要依据鸡胚平均死亡时间（MDT）、1 日龄雏鸡脑内接种致病指数（ICPI）和 6 周龄鸡静脉注射致病指数（IVPI）来判定。以 MDT 确定病毒的致病力强弱，40~70h 死亡为强毒，140h 以上为弱毒。

（2）血清学诊断　采集急性期（10d 内）及康复期双份血清，进行血凝抑制试验，证明抗体滴度增高或离散度大即可确诊。此外，全血平板凝集试验、血清中和试验（SN）、空斑中和试验（PN）、琼脂扩散试验（AGPT）、荧光抗体技术等均可用于本病的检测。用于新城疫抗体检测的方法尚有酶联免疫吸附试验、单向辐射扩散和溶血试验、补体结合试验（CF）等。另外，核酸探针、聚合酶链式反应等分子生物学技术也已用于新城疫病毒的检测和研究中。

3. 检疫后处理

（1）确诊为新城疫后应及时报告当地政府，采取隔离、封锁等预防措施，同时禁止转场或出售。对病死鸡、可疑鸡只全部销毁，被污染的羽毛、垫草、粪便也应深埋或烧毁，立即对场地、笼舍及场舍环境等处紧急彻底消毒，以防止疫情扩散。

（2）假定健康鸡全群隔离饲养，并进行紧急免疫接种，如在接种观察期出现可疑鸡只，也应进行无害化处理。观察 21d 后，对临诊健康、免疫滴度达到 25 以上的鸡只，经体表消毒后按健康鸡只对待。

（3）发生过新城疫的鸡场在半年之内，其中的鸡只不准出售、外运。

（二）禽流感病毒感染

禽流感病毒感染（AI）简称禽流感（或欧洲鸡瘟、真性鸡瘟），是由 A 型流感病毒（AIV）引起的家禽和野禽的一种烈性传染病。鸡、火鸡、珍珠鸡、家鸭、孔雀等均可感染，但以鸡和火鸡最易感。禽流感病毒感染后可以表现为轻度的呼吸道和消化道症状，死亡率较低；或表现为较严重的全身性、出血性、败血性症状，死亡率较高。这种症状上的差异，主要是由禽流感病毒的毒力所决定。

根据禽流感病毒致病性和毒力的不同，可以将禽流感分为高致病性禽流感、低致病性禽流感和无致病性禽流感。禽流感病毒有不同的亚型，由 H5 和

H7 亚型毒株（以 H5N1 和 H7N7 为代表）所引起的疾病称为高致病性禽流感（HPAI）。最近国内、外由 H5N1 亚型引起的禽流感即为高致病性禽流感，其发病率和死亡率都很高，危害巨大。1997 年以来国内、外已有许多人感染禽流行性感冒病毒发病，甚至死亡的报道。由此可以看出，禽流感对公共卫生带来很大的影响。

1. 临诊检疫要点

（1）流行特点　许多禽类都可感染，现已证实禽流感病毒广泛分布于世界范围内的许多家禽（包括火鸡、鸡、珍珠鸡、石鸡、鹌鹑、鹧鸪、鸵鸟、雉鸡、鹅和鸭等）和野禽（包括燕鸥、天鹅、鹭、鹭、海鸠、海鹦和鸥等）。其中，以火鸡和鸡最为易感，发病率和死亡率都很高；鸭和鹅等水禽的易感性较低，但可带毒或隐性感染，有时也会造成大批死亡。各种品种、不同日龄的鸡和火鸡都可感染发病死亡，而对于水禽如雏鸭、雏鹅其死亡率较高。尚未发现高致病性禽流感的发生与家禽性别有关。一年四季均可发生，但在冬春两季多发，因为禽流行性感冒病毒在低温条件下抵抗力较强。高致病性禽流感发病急、传播快，其致死率可达 100%。

（2）临床症状　潜伏期 3~5d。禽流感的症状极为复杂，因感染禽类的品种、年龄、性别、并发感染程度、病毒毒力和环境因素等而有所不同，主要表现为呼吸道、消化道、生殖系统或神经系统的异常。根据其临床表现可分为两大类，即高致病性禽流感和低致病性禽流感。高致病力病毒感染时，临诊主要表现为体温升高，食欲废绝，精神极度沉郁，呆立，闭目昏睡，对外界刺激无任何反应。脚鳞部出血，鸡冠、肉髯发绀、坏死，头颈部皮下水肿。有的眼睑肿胀，角膜失去光泽、发暗，结膜充血，流泪。咽喉部黏膜充血，个别有点状出血。产蛋量大幅度下降或停产，高度呼吸困难，不断吞咽、甩头、口流黏液，叫声沙哑，头颈部上下点动或扭曲、颤抖；下痢，拉黄白色、黄绿色或绿色稀粪；后期两腿瘫痪，伏卧于地。

低致病力病毒感染时，临床症状比较复杂，其严重程度随感染毒株的毒力、家禽品种、年龄、性别、饲养管理状况等情况不同有很大的差异，可表现为不同程度的呼吸道、生殖道症状以及产蛋下降或隐性感染等。

（3）病理变化　高致病性禽流感表现为皮下、浆膜、黏膜、肌肉及各内脏器官广泛性出血，尤其是腺胃黏膜可呈点状或片状出血，腺胃与食管交界处、腺胃与肌胃交界处有出血带和溃疡。喉头、气管有不同程度的出血，管腔内有大量黏液或干酪样分泌物。卵巢和卵泡充血、出血、萎缩、破裂，有的可见卵黄性腹膜炎，输卵管内有多量黏液或干酪样物。整个肠道特别是小肠，从浆膜层即可看到肠壁有大量黄豆至蚕豆大出血斑或坏死灶。盲肠扁桃体肿大、出血、坏死。胰脏明显出血或有黄色坏死灶。头颈部皮下水肿。肾肿大，有尿酸盐沉积。法氏囊肿大，内有少量黏液，有时有出血。肝、脾出血，时有肿大。腿部可见充血、出血；脚趾肿胀，伴有瘀斑性变色。心冠和腹部脂肪出血。鸡冠、肉髯极度肿胀并伴有眶周水肿。水禽在心内膜还可见灰白色条状坏死。急性死亡病例有时未见明显病变。

低致病性禽流感主要表现为呼吸道及生殖道内有较多的黏液或干酪样物，输卵管和子宫质地柔软易碎。有的病例可见呼吸道、消化道黏膜出血。

（4）组织学变化　特征性病理组织学变化为水肿、充血、出血和"血管套"（血管周围淋巴细胞聚积）的形成，病变主要表现在心肌、肺、脑、脾等，肝和肾病变程度较轻。肝、脾及肾有实质性的变化和坏死；脑的病变包括坏死灶、血管周围淋巴细胞管套、神经胶质灶、血管增生和神经源性变化；胰腺和心肌组织局灶性坏死。

2. 实验室检疫

（1）病毒分离与鉴定　取病、死鸡气管拭子、肠内容物或泄殖腔拭子、口鼻拭子，也可取肺、脾、脑、肝等病料，经含抗生素的 PBS 处理后，离心取上清液 0.1~0.2mL 经尿囊腔接种 10~12 日龄 SPF 鸡胚。必须注意：有些毒株（H5 型）增殖速度很快，可使鸡胚在 36~48h 内死亡。37℃孵育 2~3d，可见鸡胚死亡，死胚的皮肤和肌肉充血、出血，而有些毒株（如 H9 型）则增殖很慢，接种鸡胚长期不死。孵育完毕，将活胚移至 4℃条件下过夜或-20℃冷却 30~50min，以防收获时鸡胚出血。收获得到的尿囊液分别滴 3~4 滴于大孔塑料板的不同孔中，加等量的 1% 红细胞，摇匀后静置于 4℃下，30min 后观察结果。如出现血凝，则可进一步测定血凝滴度并鉴定。如血凝滴度低，收获得到的尿囊液量又少，需进行传代获得足够量的病毒再作鉴定。

（2）血清学诊断　目前常用的禽流感病毒检测技术有琼脂扩散试验、血凝抑制试验、免疫荧光技术、ELISA、电镜技术、RT-PCR 技术和荧光 RT-PCR 技术及核酸探针技术等。特别是禽流感病毒的 RT-PCR 和荧光 RT-PCR 检测技术在禽流感病毒的检测和分型鉴定上具有传统检测方法无法比拟的优势，可以在数小时内对禽流感病毒进行准确分型，而且避免了交叉污染，大大提高了检测的敏感性。

3. 检疫后处理

（1）一旦发生高致病性禽流感，按规定及程序及时上报疫情，疫点及其周围一定范围（3km）内所有禽类要全部扑杀，对所有病死禽、被扑杀禽及其禽类产品（包括禽肉、蛋、精液、羽、绒、内脏、骨、血等）按照《重大动物疫情应急条例》执行；对于禽类排泄物和被污染或可能被污染的垫料、饲料等物品均需进行无害化处理。

（2）对疫点、疫区实行严格隔离、封锁，对疫点内禽舍、场地以及所有运载工具、饮水用具等必须进行严格彻底消毒。对未出现疫情的受威胁的一定范围（疫区顺延5km半径范围）内的易感禽类100%实行强制性免疫，建立禽流感免疫带。特别要杜绝所有易感动物和可疑污染物流出、流入隔离封锁区，防止疫情蔓延扩散。

（3）做好直接接触人员的防护工作，以防止对人的感染。

（4）疫点内所有禽类及其产品按规定处理后，在动物防疫监督机构的监督指导下，对有关场所和物品进行彻底消毒。最后一只禽只扑杀21d后，经检疫部门审验合格后，由当地畜牧兽医行政管理部门向原发布封锁令的同级人民政府申请发布解除封锁令。疫区解除封锁后，要继续对该区域进行疫情监测，6个月后如未发现新的病例，即可宣布该次疫情被扑灭。

（三）鸡马立克病

鸡马立克病（MD）是由疱疹病毒科的马立克病病毒（MDV）引起的鸡的一种传染性肿瘤性疾病，主要危害淋巴系统和神经系统，以引起外周神经、性腺、虹膜、各种内脏器官、肌肉和皮肤的单个或多个组织器官形成肿瘤为特征。病鸡表现为消瘦、肢体麻痹，并常有急性死亡。其传染性强、死亡率高，是鸡的主要传染病之一。常造成免疫抑制或免疫失败。我国将其列为二类动物疫病。

1. 临诊检疫要点

（1）流行特点　鸡是主要的自然宿主，火鸡、野鸡、雉鸡、鹌鹑等也可感染，有高度接触性。鸡的易感性随着年龄的增长而降低，2周龄以内雏鸡最易感，母鸡比公鸡易感，最早发病日龄是3周，6周龄以上的鸡发病可出现临床症状，但主要侵害2~5月龄的鸡，发病率为5%~60%，且可因鸡的品系、年龄、病毒毒力及对外界其他应激因素的适应能力等因素的影响而不同，病鸡多衰竭致死，死亡率在25%~30%，最高可达60%。

（2）临床症状　根据被侵害病变部位和临床表现可分为神经型、眼型、皮肤型和内脏型四种。

①神经型：又称麻痹型。主要是由于淋巴样细胞增生侵害和破坏坐骨神经、翼神经、颈部迷走神经和视神经等外周神经所致，引起这些神经支配的一些器官和组织，如腿、翼、颈、眼的一侧性不全麻痹，翅膀下垂，嗉囊扩大，劈叉姿势等。

②眼型：视力减退或消失。虹膜失去正常色素，呈同心环状或斑点状。瞳孔边缘不整，严重阶段瞳孔只剩下一个针尖大小的孔。

③皮肤型：皮肤上的毛囊被增殖性或肿瘤性淋巴细胞浸润，患部毛囊周围的皮肤凸起、粗糙，呈颗粒状如黄豆大小。当肌肉被浸润时，形成灰白色肿瘤

结节状隆起，大多数在胸肌和腿肌出现。

④内脏型：主要侵害肝、脾、肾、肺、腺胃、卵巢、心脏等内脏器官，并形成淋巴样细胞增生性肿瘤。常表现极度沉郁，有时不表现任何症状而突然死亡。有的病鸡表现厌食、消瘦和昏迷，最后衰竭而死。

上述各型在同一鸡群中经常同时存在。本病的病程一般为数周至数月。因感染的毒株、易感鸡品种（系）和日龄不同，死亡率为 2%~70%。

（3）病理变化

①神经型：常在翅神经丛、坐骨神经丛、腰荐神经和颈部迷走神经等处发生病变，病变神经可比正常神经粗 2~3 倍，横纹消失，呈灰白色或淡黄色。有时可见神经淋巴瘤。

②眼型：基本同临床症状，即虹膜失去正常色素，呈同心环状或斑点状。瞳孔边缘不整，严重阶段瞳孔只剩下一个针尖大小的孔。

③皮肤型：常见毛囊肿大、大小不等，融合在一起，形成淡白色结节，甚至可使淡褐色的痂皮中央形成凹陷，在拔除羽毛后的尸体上尤为明显。

④内脏型：在肝、脾、胰、睾丸、卵巢、肾、肺、腺胃和心脏等脏器出现广泛的结节性或弥漫性肿瘤。腔上囊通常表现萎缩。肌肉病变以胸肌最常见，有大小不等的灰白色细纹结节状肿瘤，肌纤维失去光泽，呈灰白色或明显的橙黄色。

（4）组织学变化　采集病鸡肿胀的外周神经和内脏肿瘤组织样品，按常规方法制备石蜡切片、苏木素—伊红（HE）染色。通过普通光学显微镜进行病理组织学观察判定。根据病变组织中浸润细胞的种类及形态学，外周神经病理组织学变化可分为 A、B、C 三个型。在同只鸡的不同神经可能会出现不同的病变型。A 型病变以淋巴母细胞，大、中、小淋巴细胞及巨噬细胞的增生浸润为主；B 型病变表现为神经水肿，神经纤维被水肿液分离，水肿液中以小淋巴细胞、浆细胞和施万细胞增生为主；C 型病变为轻微的水肿和轻度小淋巴细胞增生。

内脏和其他组织的肿瘤与 A 型神经病变相似，通常以大小各异的淋巴细胞增生为主。

2. 实验室检疫

（1）病毒分离与鉴定　取病死鸡的肿瘤组织、血淋巴细胞或单核淋巴细胞制成悬液，取 0.2mL 接种物经腹腔注射 1 日龄遗传上敏感的鸡品系（如美国的 7 系或康奈尔 S 系），接种后 18~21d，神经（迷走神经、臂及坐骨神经丛）或脏器中有肉眼或显微镜下的 MI 病变（超声生物效应）；在细胞培养物中分离到病毒；在羽毛囊中出现特异性抗原或病毒粒子。将处理好的待检病料 0.2mL 接种于 4 日龄鸡胚的卵黄囊内，37℃孵育 14d，然后检查鸡胚绒毛尿囊膜上是否出现痘斑，当整个 CAM 上均匀地散有 10 个以上痘斑时，即可收获病毒作进一步鉴定。或接种于 DEF 细胞（鸭胚成纤维细胞）或 CK 细胞（雏鸡肾细胞），培养 5~14d，接种的细胞会产生典型的 MDV 空斑，即可认为有 MDV 增殖。

（2）血清学诊断　检测马立克病的血清学方法有琼脂扩散试验、病毒中和试验、间接血凝试验及酶联免疫吸附试验等。目前广泛应用的是琼脂扩散试验，其既可以用于马立克病病毒抗原的检出，也可以用于马立克病病毒抗体的检出。该方法一般在马立克病病毒感染 14~24d 后检出病毒抗原，抗体的检出一般在病毒感染 3 周后。

3. 检疫后处理

检疫中发现鸡马立克病时，应及时上报疫情，对发病鸡群隔离，并限制其移动；扑杀发病禽及同群禽，并对被扑杀禽和病死禽只进行无害化处理；对环境和设施进行消毒；对粪便及其他可能被污染的物品也要进行无害化处理；禁止疫区内易感动物移动、交易，并对受威胁禽群进行观察。

（四）禽传染性支气管炎

传染性支气管炎（IB）是由传染性支气管炎病毒（IBV）引起的鸡的一种急性、高度接触性的呼吸道和泌尿生殖道疾病。其特征是病鸡咳嗽、打喷嚏、呼吸困难和气管发生啰音，雏鸡可出现流鼻液；产蛋鸡则表现出产蛋量减少、蛋品质下降或输卵管受到永久性损伤而丧失产蛋能力。本病在世界许多国家广泛流行，我国也有发生。1991 年以来，我国许多地方发生了肾型传染性支气管炎，症见白色水样下痢，肾肿大，有尿酸盐沉积，给养鸡业造成了严重的经济损失。传染性支气管炎是鸡的重要疫病之一，我国将其定为二类动物疫病。

1. 临诊检疫要点

（1）流行特点　只有鸡发病，其他家禽均不感染。不同年龄、品种的鸡都可发病，其中以雏鸡和产蛋鸡发病较多，但以雏鸡最严重。发病率高达 90%，死亡率为 25%~40%。成年鸡发病后的死亡率低，常低于 5%。肾型传染性支气管炎多发生于 20~50 日龄的幼鸡。本病一年四季均可发生，但以冬、春季节多发。发病突然，群内传播迅速，可在 48h 内出现症状，群间传播速度较慢，感染率高，但致死率较低。

（2）临床症状　病鸡无明显前驱症状，常突然发病，出现呼吸道症状，并迅速波及全群。表现为轻微打喷嚏和气管啰音。随着病情发展，全身症状加重，精神萎靡，食欲废绝，羽毛松乱，缩颈垂翅、呆立、厌食、反应迟钝，饮水量增加，多拥挤在热源下面或挤在一起闭眼昏睡。部分病鸡抬头伸颈，张口呼吸，喘气并发出一种特殊的响声，夜间更为清晰。腹泻，粪便呈黄白色或绿色，肛门周围羽毛常被排泄物沾污。蛋鸡感染后可见产蛋量明显下降，蛋壳易碎，畸形蛋增多，同时出现蛋白稀薄如水样，蛋白和蛋黄分离以及蛋白黏于蛋壳膜上等异常现象。种蛋孵化率降低，鸡胚死亡率增高。以肾脏病变为主的支气管炎常突然发病，迅速传播，特征性的症状是粪便中白色的尿酸盐成分增加。后期病鸡虚弱不能站立，腹部皮肤发绀，最后衰竭死亡，死亡率为 10% ~ 45% 不等。

（3）病理变化　主要病变是鼻腔、气管、支气管和鼻窦内有浆液性、卡他性或干酪样渗出物。雏鸡的鼻腔、鼻窦黏膜充血，有黏稠分泌物。产蛋鸡腹腔内可见到液状卵黄物质，卵泡充血、出血、变形，卵巢呈退行性变化。以肾脏病变为主的传染性支气管炎可见鼻腔和窦中有浆液性渗出物，气管中有少量黏稠液体，黏膜充血。部分病例肺脏有轻度炎症，某些病鸡还有气囊炎的变化，主要表现气囊壁混浊、增厚，有时还伴有黄白色干酪样渗出物。肾型传染性支气管炎主要病变出现在肾脏和输尿管，肾脏肿大，质脆易碎，颜色苍白或淤血呈花斑状；输尿管变粗，是正常的几倍到十几倍，肾小管和输尿管内充满白色尿酸盐结晶，少数病鸡可出现尿石症，并有肠炎变化。

（4）组织学变化　主要是呼吸道黏膜和黏膜下层的细胞浸润和水肿，上皮血管充血、增生和形成空泡，黏膜下层出血。一般认为气管黏膜的纤毛脱落，初期可见上皮增生，后期则见单核细胞的浸润，是本病的典型病变。以肾脏病变为主的传染性支气管炎组织学主要变化包括肾小管上皮变性坏死和以淋巴细胞浸润为主的间质性肾炎。肾小球一般不出现明显的组织学病变。

2. 实验室检疫

（1）病毒分离与鉴定　无菌采取病死鸡的气管、肺、肾脏和渗出物等，研磨后离心取上清液，每毫升加青霉素和链霉素各 5000IU，置 4℃ 冰箱过夜，以抑制细菌感染。接种 9~11 日龄 SPF 鸡胚的尿囊腔内，37℃ 培养 1 周。如含有传染性支气管炎病毒，则胚胎在接种后第 3~5d 死亡，勉强存活的则见鸡胚发育不全和萎缩。但在第一代分离时很多不出现病变，需传代 2~3 次，随着传代次数增多，会出现特征性 "蜷曲胚" 或 "侏儒胚"。用鸡胚分离病毒，然后用鸡传染性支气管炎病毒抗血清进行中和试验和琼脂扩散试验以鉴定病毒。

（2）血清学诊断　检测传染性支气管炎的血清学方法很多，主要包括血清学中和试验、琼脂扩散试验、平板快速间接血凝试验、交叉保护试验、免疫荧光法、ELISA 等。其中以琼脂扩散试验应用得较普遍，但由于各传染性支气管炎病毒（IBV）毒株之间存在着群体特异性抗原，因此很难区别疫苗株产生的抗体和自然感染毒株产生的抗体，而且免疫琼脂扩散试验检测的结果多变，检出率低，敏感性差。一般认为免疫荧光法和 ELISA 两种方法快速、灵敏、可靠、准确。据报道，ELISA 的灵敏度可达血清中和试验的 2.3 倍、琼脂扩散试验的 188 倍。显然 ELISA 法具有广阔的应用前景。最近几年，随着分子生物学技术在 IBV 中的广泛应用，特别是用 PCR/RFLP（限制性片段长度多态化）分析鉴定 IBV 的血清型，不仅解决了 IBV 的快速检测问题，而且还可以用于 IBV 的分型。

3. 检疫后处理

确诊发生该病时，采取严格控制、扑灭措施，防止疫情扩散。扑杀病鸡和同群鸡，并进行无害化处理，其他健康鸡紧急预防接种疫苗。污染场地、用具彻底消毒后，方能重新引进新建立的鸡群。

(五) 禽传染性喉气管炎

禽传染性喉气管炎（AILT）是由传染性喉气管炎病毒（IBV）引起的鸡的一种急性、接触性上呼吸道传染病。以呼吸困难，咳嗽，咳出含有血液的渗出物，产蛋鸡产蛋率下降，喉头和气管黏膜肿胀、出血、糜烂，有时形成黄白色纤维素性假膜为特征。传染性喉气管炎是鸡的重要疫病之一，我国将其定为二类动物疫病。

1. 临诊检疫要点

(1) 流行特点　在自然条件下，主要侵害鸡，不同年龄的鸡均可感染，以成年鸡症状最为典型。但近年来，雏鸡和育成鸡也有发生。野鸡、孔雀也可感染，其他禽类和实验动物有抵抗力。本病传播迅速，感染率可达 90% 以上。本病一年四季均可发生，但以秋、冬季节多发。发病突然，群内传播迅速，群间传播速度较慢，感染率高，死亡率因饲养条件和鸡群状况不同而异，低的在 5% 左右，高的可达 50%~70%，平均在 10%~20%。

(2) 临床症状　病鸡初期流鼻液，呈半透明状，眼流泪，伴有结膜炎。其后表现为特征性的呼吸道症状，即呼吸时发出湿性啰音，咳嗽，有喘鸣音。病鸡蹲伏地面或栖架上。每次吸气时头颈向前、向上，并张口呈尽力吸气的姿势，有喘鸣叫声。严重者，病鸡高度呼吸困难，痉挛性咳嗽，可咳出带血的黏液。若分泌物不能咳出而堵住气管时，可窒息死亡。病鸡食欲缺乏或消失，迅速消瘦，鸡冠发紫，多数病鸡体温上升到 43℃ 以上，有时还排出绿色稀粪，最后多因衰竭而死亡。产蛋鸡的产蛋量迅速减少 10%~20%，或更多，康复后 1~2 个月才能恢复正常。

(3) 病理变化　主要病变在喉头和气管。病初黏膜充血、肿胀，有黏液，进而发生出血和坏死管腔变窄。病程发展到 2~3d 后，有黄白色纤维性干酪样伪膜，由于剧烈地咳嗽和痉挛性呼吸，咳出的分泌物中混有血凝块以及脱落的上皮组织。严重时，炎症也可波及支气管、肺和气囊等部位，甚至上行至眶下窦。

(4) 组织学变化　主要见于喉头、气管。病变部位黏膜上皮细胞肿大，出现由病毒融合而成的多核巨细胞（即合胞体）。腺体细胞变性。黏膜上皮细胞变性、崩解、脱落，黏膜固有层出现异嗜白细胞和淋巴细胞的浸润。气管腔内分泌物、渗出物中出现脱落的上皮细胞、异嗜白细胞、淋巴细胞和巨噬细胞等。特征性病理组织学变化是呼吸道黏膜的纤维上皮细胞、杯状细胞及基底细胞等上皮细胞出现核内包含体，有时出现含有几个或数十个细胞核的合胞体。而每一个细胞核内均含有核内包含体，有的包含体在细胞核的中央，有的则在核膜的晕轮中。

2. **实验室检疫**

（1）病毒分离与鉴定　取病鸡的喉头、气管黏膜和分泌物，经无菌处理后，取 0.1~0.2mL 处理液经鸡胚绒毛尿囊膜（CAM）接种于 9~10 日龄的鸡胚，37℃孵育，接种后 4~5d，观察鸡胚绒毛尿囊膜上有无痘斑形成，有痘斑者可见绒毛尿囊膜增厚，有灰白色坏死斑，鸡胚气管黏膜有少量出血点，肺瘀血并有少量出血点。组织学检查，可见绒毛尿囊膜周围的细胞、鸡胚气管和支气管上皮细胞内有嗜酸性核内包含体。无痘斑者，取出鸡胚绒毛尿囊膜和尿囊液，无菌研磨，反复冻融，离心后，接种于 9~12 日龄的鸡胚绒毛尿囊膜盲传。如此盲传 3 代以上，如仍无病变，则判为鸡传染性喉气管炎阴性。

也可吸取病料处理液，缓慢滴入 2 只易感鸡的鼻孔内，让其自然吸入，同时，滴入 1 只经传染性支气管炎疫苗免疫的鸡作为对照。如果在接种后 2~6d，2 只易感鸡发病，呈现呼吸困难、从喙和鼻孔流出血性分泌物，而免疫鸡健康，不表现症状，则可判定病料中含有 IBV-HI。

（2）血清学诊断　目前用于 IB 的血清学诊断技术有中和试验、琼脂扩散试验、间接血凝试验、荧光抗体试验、对流免疫电泳试验和 ELISA 等。它们既可用于检查气管分泌物、感染 CAM 或细胞培养物中的 IBV 抗原，也可用于检测鸡血清中的传染性支气管炎抗体。采用 ELISA 方法利用感染的鸡胚绒毛尿囊膜或细胞培养物制备的抗原，可以检测到接种后 7d 的抗体；用多克隆或单克隆抗体在固体表面捕捉抗原，可以检测抗原。利用荧光抗体试验可检测出发荧光的核内包含体。

3. **检疫后处理**

发现病鸡，应采取严格隔离、封锁等控制、扑灭措施，以防止疫情扩散。对病鸡应进行扑杀、掩埋或淘汰等无害化处理。被病、死鸡污染的鸡舍、场地、用具等应严格消毒。同时紧急接种疫苗。引进新鸡时，要隔离观察 2 周，确认健康后方可混群饲养。

（六）鸡传染性法氏囊病

鸡传染性法氏囊病（IBD）是由传染性法氏囊炎病毒（IBDV）引起的鸡的

一种急性、高度接触性传染病。其发病率高、病程短，呈尖峰式死亡。主要症状为腹泻、脱水、震颤、极度虚弱。特征性的病变为法氏囊肿胀、出血、坏死，后期萎缩；胸肌和腿肌出血，腺胃与肌胃交界处条状出血；肾脏肿大，有尿酸盐沉积。雏鸡感染后，可导致免疫抑制，诱发多种疫病或造成免疫失败。我国将其列为二类动物疫病。

1. 临诊检疫要点

（1）流行特点　主要感染鸡和火鸡，鸭、珍珠鸡、鸵鸟等也可感染。火鸡多呈隐性感染。在自然条件下，多感染 2~15 周龄鸡，以 3~6 周龄鸡最易感。本病在易感鸡群中的发病率为 90% 以上，甚至可达 100%，死亡率一般为 20%~30%。与其他病原混合感染时或超强毒株流行时，死亡率可达 60%~80%。突然发病，发病率高，死亡曲线呈尖峰式；如不死亡，发病鸡多在 1 周左右康复。发病无季节性，只要有易感鸡存在，全年都可发病。在流行病学上具有一过性的特点。即潜伏期短（1~5d），病程 1 周左右，于感染后第 3 天开始死亡，第 4~6 天达最高峰，第 8~9 天即停息。

（2）临床症状　早期出现厌食、呆立、羽毛蓬乱、畏寒战栗等，继而部分鸡有自行啄肛现象。随后病鸡腹泻，排白色、黄白色糊状或水样稀便，肛门周围羽毛被粪便污染。严重病鸡头垂地，闭眼呈昏睡状态。后期体温低于正常，严重脱水，极度虚弱，最后死亡。死前拒食，畏光，震颤。近年来出现了 IBDV 的亚型毒株或变异株，感染的鸡表现为亚临诊症状，炎性反应轻，法氏囊萎缩，死亡率较低。

（3）病理变化　特征性病理变化是骨骼肌脱水，胸肌颜色发暗，腿部和胸部肌肉有出血，呈斑点状或条纹状，有的出现黑褐色血肿。腺胃和肌胃交界处有出血斑或散在出血点。盲肠扁桃体出血、肿大。法氏囊先肿胀、后萎缩。在感染后 2~3d，法氏囊呈黄色胶冻样水肿，体积和重量增大至正常的 2~4 倍；严重的可见整个法氏囊广泛出血，呈紫葡萄状；感染 5~7d 后，法氏囊会逐渐萎缩，重量为正常的 1/5~1/3，颜色由淡粉红色变为蜡黄色；但法氏囊病毒变异株可在 72h 内引起法氏囊的严重萎缩。感染 3~5d 的法氏囊切开后，可见有大量黄色黏液或奶油样物，黏膜充血、出血，并常见有坏死灶。肝脏略肿、质脆，颜色发黄呈黄色条纹状，有的肝表面可见出血点。肾肿大，呈斑纹状。输尿管中有尿酸盐沉积。感染鸡的胸腺可见出血点；脾脏可能轻度肿大，表面有弥漫性的灰白色病灶。

（4）组织学变化　法氏囊髓质区淋巴细胞坏死、变性。淋巴细胞被异染细胞和增生的网状内皮细胞代替，滤泡的髓质区形成囊状空腔，出现异嗜细胞和浆细胞的坏死和吞噬现象。法氏囊上皮层增生。脾滤泡和小动脉周围的淋巴细胞鞘发生淋巴细胞性坏死。盲肠扁桃体黏膜上皮充血、变性、坏死、脱落，伪嗜伊红细胞及嗜酸性细胞呈局灶性或弥漫性浸润，肌层肌纤维间为伊红细胞、淋巴细胞浸润。肾小球及间质充血、出血，肾曲小管上皮细胞肿胀，细胞界限不明显，呈均质红染，可见有异染细胞浸润。肝细胞界限不清，在肝管周围可见到轻度单核细胞浸润。心肌纤维肿胀，胞质内有红染颗粒，肌间出血。

2. 实验室检疫

（1）病毒分离与鉴定　采集有病变的新鲜法氏囊，将其用加有抗生素的胰蛋白酶磷酸缓冲液制备成（1∶5）~（1∶10）的匀浆悬液，离心后取上清液，−20℃冻结备用。取样品 0.2mL 经鸡胚绒毛尿囊膜接种于 9~11 日龄 SPF 鸡胚，受感染鸡胚常在 3~7d 死亡（标准株）。可见胚体腹部水肿，皮肤充血、出血，尤以颈部和趾部最为严重。肝有斑点状坏死和出血斑，肾充血并有少量斑状坏死，肺高度充血，脾肿大、苍白，绒毛尿囊膜增厚，有小出血点，鸡胚的法氏囊无明显变化。变异株接种鸡胚，一般不致死鸡胚，接种后 5~6d 剖检，可见鸡胚大脑和腹部皮下水肿、发育迟缓，呈灰白色或奶油色，肝脏常有胆汁着色或坏死，脾脏通常肿大 2~3 倍，但颜色无明显变化。分离出来的 IBDV 可用已知阳性血清鸡胚或鸡胚成纤维细胞培养液作中和试验鉴定。

（2）血清学诊断　用于检测 IBD 的琼脂扩散试验、病毒中和试验、微量中和试验、空斑减少中和试验、对流免疫电泳试验、ELISA、技术有免疫荧光抗体试验及 SPA-扫描免疫电镜技术等。其中最常用的是琼脂扩散试验，既可用于检测血清中的特异性抗体，又可用于检测细胞中的抗原。此外，尚有免疫微球凝集试验、免疫过氧化物酶抗体技术、火箭免疫电泳技术及分子生物学技术等。

3. 检疫后处理

（1）检疫中发现传染性法氏囊病时，必须及时上报疫情，隔离、封锁病鸡场，不能调运。当疫情呈散发时，必须对发病禽群进行扑杀和无害化处理，对于禽类排泄物和可能被污染的垫料、饲料等物品均需进行无害化处理。同时，疫点内禽舍、场地以及所有运载工具、饮水用具等必须进行严格彻底地消毒。对进出车辆、人员进行彻底消毒。

（2）对疫区和受威胁区内的所有易感禽类进行紧急免疫接种。病鸡可采用抗法氏囊病高免卵黄或高免血清 1~2mL／只肌内注射进行治疗，1 周后用法氏囊多价苗紧急接种。同时用抗病毒药和抗生素防止继发感染。凡发生过鸡法氏囊病的鸡群，不宜再作种用。

（七）鸡白痢

鸡白痢是由鸡白痢沙门菌引起的一种细菌性传染病，主要侵害雏鸡，以白痢为特征。雏鸡发生本病时，发病率和死亡率均较高，严重影响雏鸡成活率；

青年鸡发病后，死亡率可达 10%～20%，病程可达 20～30d，鸡只生长发育受阻；成年鸡感染本病多为慢性或隐性经过，不表现明显的症状，但可长期带菌，成为本病的主要传染源。产蛋鸡可经蛋垂直传播（图 6-11），因此种鸡感染后可造成更大范围的传播，集约化养鸡场一旦发生本病会造成巨大的经济损失，还可严重影响蛋产品质量和人类健康等。OIE 将其列为 B 类动物疫病，我国将其列为二类动物疫病。

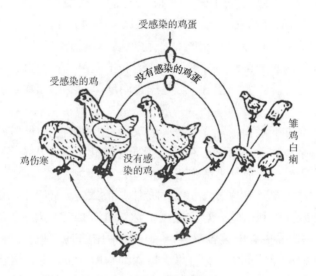

图 6-11　鸡白痢传播循环图

1. 临诊检疫要点

（1）流行特点　不同品种、年龄的鸡均可感染，雏鸡最易感，2 周龄以内的鸡发病率和死亡率都很高。随着日龄的增加，鸡的抵抗力也随之增强。不同品种的鸡之间易感性有明显差别，褐壳蛋鸡比白壳蛋鸡易感，重型鸡比轻型鸡、母鸡比公鸡更易感。珍珠鸡、雉鸡、鸭、野鸡、鹌鹑、金丝雀、麻雀和鸽也可感染。近年来青年鸡发病亦呈上升趋势。本病既可水平传播，也可垂直传播，阳性鸡所产的蛋一部分可带有本菌，大部分带菌蛋的胚胎在孵化期间死亡或停止发育，少部分可呈带菌状态孵出，但多数在出壳后不久发病。一年四季均可发生，尤以冬春育雏季节多发。病程一般为 4～7d，短的 1d，病死率40%～70%。

（2）临床症状

①雏鸡：由污染种蛋孵出的雏鸡，多在出壳后 4～5d 开始发病，7～10 日龄发病率和死亡率逐渐升高，2～3 周龄达到高峰。最急性者，无明显症状突然死亡。病程稍长者可见病雏怕冷，常常成堆拥挤在一起，翅膀下垂、精神萎靡、

停食、嗜睡。下痢，排出白色糊状粪便，常黏在泄殖腔周围羽毛上，有时堵塞肛门，排便困难，甚至排不出粪便。排便时因疼痛常发出尖叫，腹部膨大。肺部感染时，则表现呼吸困难。还会引起关节肿大，出现跛行。幸存的雏鸡多生长发育不良。

②成鸡：通常不表现急性传染病的特征，多为隐性感染而耐过。卵巢被侵害时，可引起产蛋量下降，所产的带菌蛋可降低孵化率，或孵出感染雏，雏鸡的成活率降低。被感染的鸡有的精神萎靡不振、食欲废绝、缩颈、翅膀下垂、羽毛逆立、肉髯呈暗紫色、排稀粪。一部分鸡 1~5d 内呈败血症死亡，其他病鸡可渐渐耐过。

（3）病理变化　早期死亡的雏鸡肝脏肿大、充血或有条纹状出血；胆囊肿大，含有大量胆汁；肺充血或出血。病程长的卵黄吸收不良，呈油脂样或干酪样。在肝、肺、心脏、肠及肌胃上有黄色坏死点或灰白色结节，心肌上的结节增大时能使心脏显著变形。盲肠部膨大，其内容物有干酪样阻塞，形成栓子。肾脏色泽暗红色或苍白，肾小管和输尿管扩张，充满尿酸盐。成年母鸡常见卵巢皱缩、变形、变色、变性，呈囊肿状。急性或慢性心包炎。受侵害的卵泡有的落入腹腔，导致卵黄性腹膜炎及腹水，可见腹腔器官粘连。公鸡睾丸萎缩，呈青灰色，输精管内有干酪样物质充塞而膨大。有的肝脏显著肿大，质地较脆，发生肝破裂，引起严重的内出血，造成病鸡突然死亡。

（4）组织学变化　雏鸡主要表现为肝脏充血、出血、灶性坏死和变性。内皮-淋巴细胞积聚以取代变性或坏死的肝细胞是鸡白痢感染肝脏的特征性细胞反应。其他显微变化广泛，但不是特异的，包括心肌灶性坏死，卡他性支气管炎，卡他性肠炎，肝、肺和肾的间质性炎症，心包、胸腹膜、肠道和肠系膜等的浆膜炎。炎性变化包括淋巴细胞、浆细胞和异嗜细胞浸润，成纤维细胞和组织细胞增生，但不伴有渗出性变化。育成鸡主要表现为各脏器的炎症，如气管炎、肺炎、肝炎、脾炎、肾炎、盲肠炎、心肌炎，主要特征性变化为心肌和肌胃由大量组织细胞浸润取代肌肉纤维，从而形成肉眼可见的白色结节，而其他脏器的坏死结节或坏死灶则主要由坏死的组织、渗出的纤维素、异嗜性白细胞、单核细胞和淋巴细胞构成。成年鸡病变主要在卵巢以及由卵巢病变导致的输卵管阻塞及卵黄性腹膜炎，肠、肝、心、肺、肾、胰、肌胃或腺胃等器官单核细胞浸润和集中现象。

2. 实验室检疫

（1）细菌分离与鉴定　无菌采取病鸡、死鸡的心、肝、脾、肺、卵巢或卵黄囊等病料，接种于普通琼脂平板、普通肉汤、血琼脂平板、SS 琼脂（强选择性培养基）等，37℃培养 18~24h 后可见普通琼脂上形成细小、圆形、光滑、半透明菌落；普通肉汤呈均匀的混浊生长；血琼脂上菌落呈灰白色、不溶血；

SS 琼脂上菌落呈灰色，中心带黑色。挑取可疑菌落在载玻片生理盐水中均匀涂抹，再滴一滴沙门菌 A~F 多价因子血清，混匀，如在 2min 内发生凝集现象，则属于沙门菌。再挑取菌落与沙门菌 D 组血清做凝集试验反应，出现凝集者为鸡白痢沙门菌。

（2）血清学诊断　常用的方法有全血平板凝集试验、试管凝集试验、琼脂扩散试验、免疫荧光抗体试验等。其中应用最广泛的是全血平板凝集试验，适用于现场检疫。但本试验一般只用于检测成年鸡，对雏鸡敏感性差，应在 20℃左右的室温下进行。鸡大肠杆菌、兰氏（Lancefield）分类 D 群链球菌或某些葡萄球菌感染时，可能出现凝集价较低的阳性反应，需要注意。具体方法是：取一滴鸡白痢-伤寒沙门菌多价凝集抗原与 1 滴鸡血在玻板上混匀，2min 内形成块状凝集的则为阳性。

3. 检疫后处理

对检测呈阳性反应的带菌鸡，都应加以淘汰，不能留作种用。发病时要隔离病禽，深埋死禽，严格清理，消毒禽舍、器具及外部环境。对受威胁的商品鸡，可用抗生素和磺胺类药物进行治疗，但康复后仍带菌。

（八）鸡传染性鼻炎

鸡传染性鼻炎是由副鸡嗜血杆菌引起的鸡的一种急性、上呼吸道传染病。其特征是眼结膜和鼻黏膜发炎、流泪、流鼻涕、打喷嚏，脸部水肿和眶下窦肿胀，有时伴有下呼吸道（气管和气囊）的炎症。主要引起产蛋鸡产蛋率下降、生长发育鸡群的生长受阻及淘汰率增加，造成很大的经济损失。

1. 临诊检疫要点

（1）流行特点　各种年龄的鸡均可发生，随着年龄的增长易感性增高，以育成鸡和产蛋鸡较易感，尤以产蛋鸡最易感。但最近几年，商品肉鸡发生本病也比较多见。珍珠鸡、鹌鹑、雉鸡也感染，火鸡不感染。主要发生于寒冷潮湿的秋季和冬季。死亡率不高，但发病率很高，可使育成鸡生长停滞，产蛋鸡的产蛋率显著下降。具有来势猛、传播快的特点，一旦发病，短时间内便可波及全群。

（2）临床症状　鸡群突然发病，发病率很高，但死亡率不高，如果并发其他疾病则死亡率可达 20%~50%。本病的明显特点是鼻腔和窦内有浆液性或黏液性的分泌物，面部水肿和结膜炎。轻病例主要是鼻腔中流出稀薄分泌物，无全身反应。严重病例精神沉郁、羽毛松乱、蜷伏不动、食欲减少或废绝。鼻中流出黏液性分泌物，具有难闻的臭味，并在鼻孔周围形成淡黄色干痂。为排除这些分泌物，病鸡不断地甩头、打喷嚏。面部水肿可蔓延到肉髯，尤以公鸡明显。结膜炎，眼睑肿胀，严重时眼睑被分泌物粘连不能睁开，甚至失明。眶下窦肿胀，窦腔和结膜囊内有大量渗出物，开始为浆液性，以后变为黏液性和脓性，病程延长变为干酪样。由于不能采食和饮水，雏鸡生长停滞，雏鸡和育成鸡的淘汰率显著增加。产蛋鸡产蛋率急剧下降，一般下降 10%~40%，严重时停产，即使恢复也不能恢复到原有的产蛋水平。如果下部呼吸道感染，则出现呼吸困难，发出"咯咯"声和湿性啰音。还可能有腹泻，排出绿色稀便。每次暴发的病情之间严重程度和病程长短差异很大，短的几周，长则几个月。

（3）病理变化 鼻腔和窦腔可见急性卡他性炎症，黏膜充血、发红、肿胀，鼻腔内有大量黏液和炎性渗出物的凝块。一侧或两侧眶下窦肿胀，窦腔内充满浆液性、黏液性、脓性或干酪样渗出物，结膜发炎、肿胀，眼睑粘连，结膜囊内积有干酪样的渗出物。严重者眼睛失明，脸部和肉髯皮下组织水肿。有并发症时，可见到气管炎、肺炎或气囊炎。

（4）组织学变化 组织学变化有鼻腔、眶下窦和气管的黏膜和腺上皮细胞脱落、裂解和增生，黏膜固有层中有水肿和充血并伴有异染细胞的浸润，有时可见肥大细胞的显著浸润。下呼吸道受到侵害的鸡，可见卡他性支气管肺炎。气囊的卡他性炎症以细胞的肿胀和增生为特征，并伴有大量的异染细胞浸润。

2. **实验室检疫**

（1）细菌分离与鉴定 可用消毒棉拭子自 2~3 只早期病鸡的窦内、气管或气囊无菌采取病料，用棉拭子在鲜血琼脂平皿上横向划线 5~7 条，然后取产 NAD（烟酰胺腺嘌呤二核苷酸）表皮葡萄球菌从横线中间划一纵线，将接种好的平皿置于 5% 的二氧化碳培养箱中 37℃培养 18~24h，观察菌落特点，24~28h 后在葡萄球菌菌落边缘可长出一种细小的卫星菌落，这有可能是鸡副嗜血杆菌。然后取单个菌落，获得纯培养物，再做其他鉴定。如取分离物做过氧化氢酶试验，必要时通过进一步的生化反应做详细的特征鉴定。也可采用 PCR 鉴定可疑菌落，同时取病料或可疑菌落进行动物试验。结果判定：若鲜血琼脂培养基上出现"卫星样"生长的露滴状、针头大小的小菌落，即靠近产 NAD 表皮葡萄球菌线处菌落较大，直径可达 0.3mm，离产 NAD 表皮葡萄球菌线越远，菌落越小，过氧化氢酶阴性，结果判为阳性，记为"+"；若无卫星现象，但有露滴状、针头大小的小菌落出现且过氧化氢酶阴性，则仍需采用 PCR 或动物试验鉴定，以避免漏检不需 NAD 的鸡副嗜血杆菌，若无上述现象，则判为阴性，记为"-"。

（2）血清学诊断 检测鸡传染性鼻炎的血清学方法有血清平板凝集试验、血凝抑制试验、琼脂扩散试验、间接酶联免疫吸附试验（I-ELISA）、阻断酶联免疫吸附试验（B-ELISA）、对流免疫电泳试验及聚合酶链式反应技术等。一般在鸡群发病早期采用病原的分离鉴定或聚合酶链式反应方法进行诊断，感染一周以后可以采用血清平板凝集试验进行诊断，两周后可以采用琼脂扩散试验、间接酶联免疫吸附试验和阻断酶联免疫吸附试验进行诊断，三周后以上各种检查抗体的方法均可使用。其中 PCR 技术已用于诊断，比常规的细菌分离鉴定快速，只需 6h 就能出结果，可以检出 A、B、C 3 个血清型的菌株。

3. 检疫后处理

发现本病时应及时淘汰患病鸡群，被污染的鸡舍、场地、用具应严格消毒，也可用疫苗紧急接种。病鸡可以用氟苯尼考、链霉素、环丙沙星及磺胺类药物治疗。

(九) 鸭病毒性肝炎

鸭病毒性肝炎是由鸭肝炎病毒（DHV）引起的小鸭的一种传播迅速和高度致死性的病毒性传染病。其特征是发病急、传播快、死亡率高，临诊特点为角弓反张，病变特征为肝脏肿大和出血。我国农业农村部将其列为二类疫病。本病常给养鸭场造成巨大的经济损失。

1. 临诊检疫要点

（1）流行特点　鸭是 DHV 自然易感动物，最早于 3 日龄开始发病，主要侵害 1~3 周龄雏鸭，特别是 5~10 日龄雏鸭最多见，成年鸭多呈隐性经过。在自然条件下不感染鸡、火鸡和鹅。雏鸭发病率与死亡率都很高，1 周龄内的雏鸭病死率可达 95%，1~3 周龄的雏鸭病死率为 50% 或稍低。随着日龄的增长，发病率和死亡率降低，1 月龄以上的小鸭发病几乎不见死亡。本病一年四季均可发生，但主要是在孵化季节，南方地区在 2~5 月和 9~10 月间，北方多在 4~8 月间。然而肉鸭在舍饲的条件下，可常年发生，无明显季节性。

（2）临床症状　该病潜伏期短，仅为 1~2d。雏鸭都为突然发病，开始时病鸭表现精神萎靡、缩颈、翅下垂，不能随群走动，眼睛半闭，打瞌睡，共济失调。发病半日到一日，发生全身性抽搐，身体倒向一侧，两脚痉挛性反复踢蹬，约十几分钟死亡。头向后背，呈角弓反张姿态，故俗称"背脖病"。喙端和爪尖瘀血呈暗紫色，少数病鸭死亡前排黄白色和绿色稀粪。

（3）病理变化　病变主要在肝脏。肝脏肿大，质地柔软，呈淡红色或外观呈斑驳状，表面有出血点或出血斑。胆囊肿胀呈长卵圆形，充满胆汁，胆汁呈褐色、淡黄色或淡绿色。

脾脏有时肿大，外观呈斑驳状，多数病鸭的肾脏发生充血和肿胀，其他器官没有明显变化。

（4）组织学变化　其特征是肝组织的炎性变化，急性病例肝细胞坏死，其间有大量红细胞。慢性病变为广泛性胆管增生、不同程度的炎性细胞反应和出血。脾组织呈退行性变性坏死。

2. 实验室检疫

（1）病毒分离与鉴定　无菌采取病死雏鸭肝脏，研磨后用 PBS 制成 1:5 的组织悬液，低速离心后，取上清液加入 5%~10% 三氯甲烷，室温轻轻搅拌 10~15min，经 3000r/min 离心 10min 后，吸取上清液吹打数次以使残留的三氯甲烷挥发，然后加入青霉素、链霉素各 1000IU/mL，制成悬液，备用。取肝组织悬液经皮下或肌内接种 1~7 日龄易感鸭数只，一般于 24h 后出现鸭病毒性肝炎的典型症状，30~48h 后死亡，病变与自然病例相同并可自肝脏中重新分离到DHV。或取 0.2mL 病料悬液经尿囊腔接种 10~14 日龄鸭胚或 8~10 日龄 SPF 鸡胚，接种鸭胚通常于 24~72h 死亡，鸡胚反应不大，一般在接种后 5~8d 死亡。尿囊液呈乳浊状或浅黄绿色，胚体矮小、皮下出血和水肿，肝肿大呈灰绿色并有坏死灶，即可确诊。

（2）血清学诊断　血清学检测方法不适用于急性暴发的 Ⅰ 型 DHV 感染。然而中和试验，如鸭（鸡）胚中和试验、雏鸭中和试验及微量血清中和试验等，常被用于病毒鉴定、免疫应答的检测及流行病学调查。

3. 检疫后处理

当检疫出鸭病毒性肝炎时，应立即对病鸭进行隔离。对鸭舍、运动场、料槽、水槽及场内外环境用百毒杀、碘制剂等严格消毒。病死鸭采取焚烧或掩埋等无害化处理，不能到处乱扔，以免造成新的传染源。发病鸭群不准外运或上市出售。对受威胁的雏鸭或假定健康鸭，除在饲料中添加矿物质、维生素外，还可用高免卵黄或高免血清肌内注射，每只 0.5mL，10d 后再肌内注射病毒性肝炎疫苗 1 羽份/只。也可注射康复鸭血清 0.5~1mL/只。

（十）鸡产蛋下降综合征

鸡产蛋下降综合征是由禽腺病毒引起的鸡以产蛋下降为特征的一种传染病，其主要表现为鸡群产蛋骤然下降，软壳蛋和畸形蛋增加，褐色蛋蛋壳颜色变淡。本病广泛流行于世界各地，对养鸡业危害较大，已成为产蛋鸡和种鸡的主要传染病之一。我国农业农村部把该病列为二类动物疫病。

1. 临诊检疫要点

（1）流行特点　主要发生于 26~35 周龄产蛋鸡，幼龄鸡不表现临床症状。火鸡、野鸡、珍珠鸡、鹌鹑、鸭、鹅也可感染。本病多为垂直传播，通过胚胎感染雏鸡，鸡群产蛋率达 50% 以上时开始排毒，并迅速传播；也可水平传播，多通过污染的蛋盘、粪便、免疫用的针头以及饮用水传播，传播较慢且呈间断性。笼养鸡比平养鸡传播快。肉鸡和产褐壳蛋的重型鸡较产白壳蛋的鸡传播快。

（2）临床症状　鸡产蛋下降综合征感染鸡群无明显临诊症状，精神、采食、排泄及运动无明显异常。通常是26~36周龄产蛋鸡突然出现群体性产蛋下降，产蛋率比正常下降20%~30%，甚至达60%。同时，产出软壳蛋、薄壳蛋、无壳蛋、小蛋，蛋体畸形，蛋壳表面粗糙，如白灰、灰黄粉样，褐壳蛋则色素消失，蛋白水样，蛋黄色淡，或蛋白中混有血液、异物等。异常蛋可占产蛋量的15%或以上，蛋的破损率在5%~20%。受精率和孵化率没有影响，病程可持续4~10周。以后可逐渐恢复，但一般不易恢复到正常水平。

（3）病理变化　本病常缺乏明显的病理变化，其特征性病变是输卵管各段黏膜发炎、水肿、萎缩，病鸡的卵巢萎缩变小，或有出血，子宫黏膜发炎，肠道出现卡他性炎症。

（4）组织学变化　子宫输卵管腺体水肿，单核细胞浸润，黏膜上皮细胞变性、坏死，子宫黏膜及输卵管固有层出现浆细胞、淋巴细胞和异嗜细胞浸润，输卵管上皮细胞核内有包含体，核仁、核染色质偏向核膜一侧，包含体染色有的呈嗜酸性、有的呈嗜碱性。

2. 实验室检疫

（1）病毒分离与鉴定　无菌取病死鸡的输卵管和子宫黏膜、卵巢，研磨，加PBS制成1∶5混悬液后，冻融3次，于3000r/min离心20min，取上清液，加入青霉素（使最终浓度为1000IU/mL）、链霉素（使最终浓度为1000f×g/mL），37℃作用1h。离心，取上清液0.2mL经尿囊腔接种10~12日龄红细胞凝集抑制抗体阴性的鸭胚，同时用等量的PBS接种鸭胚作对照，37℃孵育，弃去48h内死亡胚，收获48~120h死亡和存活的鸭胚尿囊液。用1%鸡红细胞悬液测其血凝性，若接种样品的鸭胚尿囊液能凝集红细胞，而接种PBS的鸭胚尿囊液不凝集红细胞，则进行分离物鉴定；若样品接种鸭胚尿囊液不凝集红细胞，则用尿囊液接种鸭胚盲传，样品连续盲传三代仍不凝集红细胞者可判为病毒分离阴性。

（2）血清学诊断　用于鸡产蛋下降综合征诊断的血清学方法有血凝抑制试验、琼脂扩散试验、血清中和试验、荧光抗体技术及ELISA等。其中应用最广泛的是血凝抑制试验，该试验仅适用于检测与鸡产蛋下降综合征有关的腺病毒感染，对其他腺病毒则不适用。如果血清中存在非特异性血凝素，可用10%红细胞悬液进行吸附并将其除掉。需要注意的是，当鸡受到多种血清型腺病毒感染并产生高水平腺病毒抗体时，在ELISA或荧光抗体技术中呈阳性反应，而在血凝抑制试验和血清中和试验中则为阴性。

3. 检疫后处理

检疫中发现鸡产蛋下降综合征时，应加强环境消毒和带鸡消毒。对检测呈阳性的产蛋母鸡进行淘汰处理，以防止通过种蛋垂直传播。

（十一）鸭瘟

鸭瘟（DP）又称鸭病毒性肠炎，是由鸭瘟病毒（DPV）引起的鸭、鹅、天鹅、雁等水禽的一种急性、热性、败血性传染病。其临诊特点是体温升高、两腿麻痹、下痢绿色、流泪和部分病鸭头颈肿大。剖检可见食管黏膜有出血点，有灰黄色假膜覆盖或溃疡；肠道淋巴滤泡出血，泄殖腔黏膜充血、出血、水肿并有假膜覆盖；肝脏水肿，表面有大小不等的出血点和坏死灶。该病传播迅速，发病率和死亡率都很高，是危害养鸭业最为严重的一种传染病，所以都把鸭瘟视为养鸭业的大敌。我国农业农村部将其列为二类动物疫病。

1. 临诊检疫要点

（1）流行特点　自然条件下主要发生于鸭，不同年龄、性别和品种的鸭都有易感性。以番鸭、麻鸭易感性较高，北京鸭次之，自然感染潜伏期通常为2~4d。30日龄以内雏鸭较少发病，多见于大鸭，尤其是产蛋鸭，这可能是由于大鸭常放养，有较多机会接触病原而被感染。鹅也能感染发病，但很少形成流行。2周龄内雏鸡可人工感染致病。野鸭和雁也会感染发病。一年四季均可发生，但以春、秋季流行较为严重。当鸭瘟传入易感鸭群后，一般3~7d开始出现零星病鸭，再经3~5d陆续出现大批病鸭，疾病进入流行发展期和流行盛期。鸭群整个流行过程一般为2~6周。如果鸭群中有免疫鸭或耐过鸭时，可延至2~3个月或更长。

（2）临床症状　潜伏期一般为2~4d，病初体温急剧升高到43℃以上，病鸭精神不佳、头颈缩起、羽毛松乱、食欲减少或停食、有饮欲、两腿发软、无力行走、喜卧不愿走动，强迫驱赶可见两翅拍地而行。病鸭不愿下水，漂浮水面并挣扎回岸。流泪，有浆液性到黏液性以至脓性分泌物。眼睑水肿，甚至外翻。结膜充血、出血，眼周围羽毛沾湿，甚至有脓性分泌物，将眼睑粘连。鼻腔亦有浆性或黏性分泌物，部分鸭头颈部肿大，俗称"大头瘟"，叫声粗哑，呼吸困难。倒提病鸭可从口腔流出污褐色液体，口腔硬腭后部和喉头黏膜上有黄色假膜，剥离后留下出血点。病鸭下痢，排绿色或灰白色稀粪，腥臭，常黏附于肛门周围。泄殖腔黏膜充血、水肿、外翻，黏膜上有绿色假膜或溃疡面。病后期体温下降，精神极度不好，一般病程为2~5d，病死率在90%~100%。慢性病例可拖至1周以上，消瘦，生长发育不良，体重下降。

（3）病理变化　主要表现为急性败血症，全身黏膜、浆膜出血，皮下组织呈弥漫性黄色胶冻状，实质性器官变性。尤其消化道黏膜出血和形成假膜或溃疡，淋巴组织和实质性器官出血、坏死。食管与泄殖腔的疹性病变具有特征性。食管黏膜有纵行排列呈条纹状的黄色假膜覆盖或小点状出血，假膜易剥离并留下溃疡斑痕。泄殖腔黏膜病变与食管病变相似，即有出血斑点和不易剥离的假膜与溃疡。食管膨大部分与腺胃交界处有一条灰黄色坏死带或出血带，肌胃角质膜下层充血、出血。肠黏膜充血、出血，以直肠和十二指肠最为严重。位于小肠上的 4 个淋巴出现环状病变，呈深红色，散在针尖大小的黄色病灶，后期转为深棕色，与黏膜分界明显。胸腺有大量出血点和黄色病灶区，在其外表或切面均可见到。雏鸭感染时法氏囊充血发红，有针尖样黄色小斑点，后期囊壁变薄，囊腔中充满白色、凝固的渗出物。

肝表面和切面上有大小不等的灰黄色或灰白色的坏死点，少数坏死点中间有小出血点，这种病变具有诊断意义。胆囊肿大，充满黏稠的墨绿色胆汁。心外膜和心内膜上有出血斑点，心腔内充满凝固不良的暗红色血液。产蛋母鸭的卵巢滤泡增大，卵泡的形态不整齐，有的皱缩、充血、出血，有的发生破裂而引起卵黄性腹膜炎。

病鸭的皮下组织发生不同程度的炎性水肿，在"大头瘟"典型的病例，头和颈部皮肤肿胀、紧张，切开时流出淡黄色的透明液体。

（4）组织学变化　组织学变化以血管壁损伤为主，小静脉和微血管明显受损，管壁内皮破裂。特征性组织学变化是肝细胞发生明显肿胀和脂肪变性，肝索结构破坏，中央静脉红细胞崩解，血管周围有凝固性坏死灶，肝细胞见有核内包含体。脾窦充满红细胞，血管周围有凝固性坏死。食管和泄殖腔黏膜上皮细胞坏死脱落，黏膜下层疏松、水肿，有淋巴样细胞浸润。胃肠道黏膜上皮细胞可见核内包含体。

2. 实验室检疫

（1）病毒分离与鉴定　无菌采取病死鸭的肝、脾，称重，用内含青霉素 1000IU/mL、链霉素 2000f×g/mL、两性霉素 B 5μg/mL 的 PBS 制成 1∶10 的组织悬液，4~8℃冰箱过夜，然后于 3000r/min 离心 20min，取上清液 0.5mL，经肌内注射 1 日龄易感雏鸭，一般在接种后 3~12d 发病或死亡。接种鸭呈现流泪、眼睑水肿、呼吸困难等特殊症状，多以死亡告终。剖检尸体可见到鸭瘟病变。或取上清液 0.1mL，接种于 12~14 日龄鸭胚尿囊腔内，鸭胚于 4~10d 后死亡，解剖可见胚胎皮肤有小点状出血、肝脏坏死和出血。部分绒毛尿囊膜充血、出血、水肿，并有灰白色坏死斑点。肝脏的病变具有很大的诊断价值。

（2）血清学诊断　检测鸭瘟常用的血清学方法有血清中和试验、微量血清中和试验等。血清中和试验也可用于易感雏鸭或鸭胚，雏鸭肌内注射混合液 0.1mL，观察 7d，鸭胚经卵黄囊接种，然后每天观察胚胎存活情况；不同鸭瘟病毒的毒力可能差异很大，但在免疫学上是一致的；非致病性和强毒力病毒感染的鸭胚或成纤维细胞对培养温度、抗体及补体介导的溶细胞作用反应不同。微量血清中和试验采用固定病毒稀释血清法，在鸭胚单层成纤维细胞上进行，适用于鸭的血清抗体测定或病原测定，其特异性和敏感性均良好。此外，还有反向被动血凝试验、免疫荧光抗体技术及 PCR 等血清学诊断技术。有研究表明，建立间接酶联免疫吸附试验检测鸭瘟抗体，与血清中和试验的符合率为100%，但敏感性比血清中和试验要高 1000 倍。

3. **检疫后处理**

（1）鸭群一旦发生该病，应及时上报疫情，划定疫区范围，并迅速进行严格的封锁、隔离、消毒等工作，禁止出售和外调，停止放牧，防止病毒传播。对病鸭进行就地淘汰、扑杀，高温处理后利用。病鸭群停止放牧或水中放养。

（2）对假定健康鸭、可疑鸭及受威胁区内的全部鸭和鹅，立即采取大剂量鸭瘟弱毒疫苗紧急接种，一般接种后一周内死亡率可显著降低，这是控制和消灭鸭瘟流行的一个强有力的措施。

（3）对被污染的场所、用具等用石灰水或火碱消毒，被病毒污染的饲料要高温消毒，饮用水可用含碘、氯类消毒药消毒。工作人员的衣、帽等及饲养所用工具也要严格消毒，深埋扑杀病死鸭的粪便、羽毛、污水等。

（十二）小鹅瘟

小鹅瘟（GP）又称细小病毒病，是由小鹅瘟病毒（GPV）引起的雏鹅的一种急性、败血性传染病。我国和世界上所有养鹅的国家均有此病的流行发生。主要侵害 3 周龄以内的雏鹅，尤其是 4~20 日龄的雏鹅，多呈最急性和急性病程而迅速致死，是危害养鹅业最严重的传染病之一。3 周龄以上的雏鹅仅部分发病，并呈亚急性病程。临床以精神沉郁、食欲废绝、严重下痢、神经症状和渗出性肠炎为特征。在自然条件下，成年鹅感染后无临床症状，但可经种蛋将此病传染给下一代。本病一旦发生流行常引起大批雏鹅死亡，造成重大经济损失。

1. **临诊检疫要点**

（1）流行特点　自然感染情况下，主要发生于雏鹅和雏番鸭、莫斯科鸭，其他禽类和哺乳动物均不感染。主要侵害 4~20 日龄的雏鹅，20 日龄以内的小鹅免疫功能不全，尤其以 7~10 日龄时发病率和死亡率最高，发病日龄越小，死亡率越高；不同地区、日龄、免疫状况的鹅群，其发病率与死亡率各不一致。5 日龄以内的雏鹅感染发病，其死亡率高达 95% 以上；6~10 日龄雏鹅为90% 左右；11~15 日龄雏鹅为 50%~70%；16~20 日龄雏鹅为 20%~50%；21~30 日龄雏鹅为 10%~30%；30 日龄以上的雏鹅为 10% 左右。成年鹅感染小鹅瘟病毒后，不显症状而成为带毒者，带毒与排毒可长达 15d。带毒鹅群所产的蛋常带有病毒，常造成雏鹅在出壳后 3~5d 大批发病、死亡。成年鹅感染后，可能经卵将疾病传染给下一代。小鹅瘟的流行有一定周期性。在大流行以后，当年余下的鹅群都能产生主动免疫，使次年的雏鹅具有天然被动免疫力。因此，本病不会在同一地区连续两年发生大流行。

（2）临床症状　病鹅日龄越小，症状越明显，发病率和死亡率越高，死亡率通常在70%以上，甚至全群死亡。最急性型多发生在7日龄以内的雏鹅，往往不见任何症状而突然死亡。急性型主要发生在7～15日龄的雏鹅，发病初期病鹅精神委顿、嗜睡、厌食，或虽能采食，但啄得草随即甩去，饮欲增加；嗉囊松软，内含大量液体和气体，鼻分泌物增多，继而出现严重下痢，排黄色或黄白色混有气泡或假膜的水样粪便。大部分病鹅在临死前出现神经症状，头颈扭转、全身抽搐或瘫痪，病程1～2d。15日龄以上的雏鹅多表现为亚急性型，症状较轻，主要表现精神沉郁、不愿走动、少食或不食、腹泻、身体消瘦，病程较长，一般长达3～7d。部分病鹅能自愈，但生长不良。

（3）病理变化　急性型和亚急性型除有全身败血症变化外，典型且主要病变在消化道。肠黏膜充血、出血，尤以小肠明显；肠黏膜大面积脱落，在小肠中、下段常见有灰白色或灰黄色似腊肠样的栓子，长2～5cm，堵塞肠腔，或者有长条状的外表包围有一层厚的坏死肠黏膜和纤维形成的伪膜存在。肝肿大，脂肪变性，土黄色，质地变脆。胆囊常肿大，胆汁充盈。最急性者病变不明显，只见小肠黏膜肿胀、充血、附有大量黏液。

（4）组织学变化　心肌纤维有颗粒变性和脂肪变性，肌纤维断裂，排列零乱，有CowdreyA型核内包含体。肝脏细胞空泡变性和颗粒变性。脑膜及脑实质血管充血并有小出血灶，神经细胞变性，严重者出现小坏死灶，胶质细胞增生。小肠膨大处有纤维素性坏死性肠炎。

2. 实验室检疫

（1）病毒分离与鉴定　无菌采取患病、死雏鹅的肝、胰、脾、肾、脑等器官组织，剪碎、磨细，用灭菌生理盐水，或灭菌pH 17.4磷酸盐缓冲溶液（PBS）作（1:5）～（1:10）稀释，经3000r/min离心30min，取上清液加入抗生素，使每毫升组织液含有2000IU青霉素和2000IU链霉素，于37℃温箱作用30min，作为病毒分离材料。将上述病毒分离材料接种12日龄无小鹅瘟抗体的鹅胚或鸭胚，每胚尿囊腔接种0.2mL，置37～38℃孵化箱内继续孵化，每天照胚2～4次，观察9d，一般经5～7d大部分胚胎死亡。72h以前死亡的胚胎废弃，72h以后死亡的鹅胚或鸭胚取出放置于4～8℃冰箱内，过夜，冷却收缩血管。用无菌程序吸取尿囊液保存和做无菌检验，并观察胚胎病变。可见胚胎绒尿膜增厚，全身皮肤充血，翅尖、趾、胸部毛孔、颈、喙旁均有较严重出血点，胚肝充血及边缘出血，心脏和后脑出血，头部皮下及两肋皮下水肿。接种后7d以上死亡的鹅胚和番鸭胚胚体发育停顿、胚体小。无菌的尿囊液冻结保存作传代及检验用。

（2）血清学诊断　应用血清学方法可确定鹅细小病毒的感染。目前常用的血清学方法有鹅中和试验（测定对鹅胚的半数致死量）、琼脂凝胶沉淀试验、雏鹅保护试验等，其他已建立的方法有精子凝集试验（小鹅瘟病毒可凝集黄牛精子）、免疫荧光试验、ELISA、免疫过氧化物酶技术和空斑分析法等。可用于病毒分离株的鉴定、鹅群检疫、流行病学调查和免疫鹅群抗体水平的检测。

3. 检疫后处理

（1）检疫中若发现小鹅瘟病时，与发病雏鹅相应鹅坊必须立即停止孵化，将设备、用具及房舍彻底消毒，然后再孵化；对正在孵化的种蛋连同孵化器，立即用福尔马林熏蒸消毒 15min；对同坊的刚孵出的雏鹅全部皮下注射抗小鹅瘟血清，每只 0.3~0.5mL，并注意与新进种蛋、成鹅隔离。

（2）对发病的雏鹅，病初用抗小鹅瘟血清皮下注射，每只 0.8~1mL。对于鹅可能接触的用具、设备、鹅舍、道路及其他建筑进行彻底消毒和清洗，并尽可能消灭或隔离苍蝇。

任务二　了解寄生虫病检疫

一、主要人畜共患寄生虫病检疫

（一）弓形虫病

弓形虫病，是由刚地弓形体引起的人和动物共患的寄生在细胞内的一种原虫病。我国经血清学或病原学证实可自然感染的动物有猪、黄牛、水牛、马、山羊、绵羊、鹿、兔、猫、犬、鸡等 16 种。各种家畜中以猪的感染率较高，在养猪场中可以突然大批发病，死亡率高达 60% 以上。因此本病给人、畜健康和畜牧业带来很大的危害和威胁。

1. 临诊检疫要点

（1）流行特点　感染来源主要为病畜和带虫动物。猫是各种易感动物的主要传染源。弓形虫的卵囊可被某些食粪甲虫、蝇、蟑螂和蚯蚓机械性地传播。另外，带有速殖子和包囊的肉尸、内脏、血液以及各种带虫动物的分泌物或排泄物也是重要的传染源。弓形虫的中间宿主范围非常广泛。人、畜、禽以及许多野生动物对弓形虫都有易感性。实愈动物中以小白鼠、地鼠最敏感。经口感染为此病最主要的感染方式。自然条件下肉食动物一般是吃到肉中的速殖子或包囊而感染；草食动物一般是通过污染了卵囊的水草而感染；杂食兽则两种方式兼有。人体感染是因吃到肉、乳、蛋中的速殖子及污染蔬菜的卵囊或逗弄猫时吃到卵囊，经常接触动物，也可从感染动物的渗出液、排泄物等中获得感染。一般来说，弓形虫的流行没有严格的季节性，但秋、冬季和早春发病率最高，可能与动物机体的抵抗力因寒冷、运输、妊娠而降低有关。

（2）临床症状

①猪：3~5月龄的仔猪常表现为急性发作，症状与猪瘟相似。感染后3~7d，体温升高到40.5~42℃，稽留热型。鼻镜干燥，鼻孔有浆液性、黏液性或脓性鼻涕流出，呼吸困难，全身发抖，精神委顿，食欲减退或废绝。病猪初期便秘，拉干粪球，粪便表面覆盖有黏液，有的病猪后期下痢，排水样或黏液性或脓性恶臭粪便。后期衰竭，卧地不起。体表淋巴结，尤其是腹股沟淋巴结明显肿大，身体下部或耳部出现瘀血斑，或有较大面积的发绀。病重者于发病1周左右死亡。不呈急性症状的母猪，在怀孕后往往发生早产或产出发育不全的仔猪或死胎。

②牛：犊牛可呈现呼吸困难、咳嗽、发热、精神沉郁、腹泻、排黏性血便、虚弱，常于2~6d内死亡。母牛的症状表现不一，有的只发生流产，有的出现发热、呼吸困难、虚弱、乳腺炎、腹泻和神经症状，有的无任何症状，可在其乳汁中发现弓形虫。

③绵羊：多数成年羊呈隐性感染，仅有少数有呼吸系统和神经系统的症状。有的母羊无明显症状而流产，流产常出现于正常分娩前4~6d，也有些足月羔羊可能死产，或非常虚弱，于产后3~4d死亡。

④犬：可表现为发热、厌食、精神委顿、呼吸困难、咳嗽、黏膜苍白。妊娠母犬可能早产或流产。

⑤猫：肠外感染时与犬相似，急性病例主要表现为肺炎症状，持续高热、呼吸急促和咳嗽等，也有出现脑炎症状和早产、流产的病例。

（3）病理变化　主要病变在肺、淋巴结和肝。表现为全身淋巴结髓样肿大，灰白色，切面湿润，尤以肠系膜淋巴结最为显著，呈绳索状，切面外翻，多数有针尖到米粒大、灰白色或灰黄色坏死灶及各种大小出血点。肺门、肝门、颌下、胃等处淋巴结肿大2~3倍；肺出血，有不同程度水肿，小叶间质增宽，小叶间质内充满半透明胶冻样渗出物，气管和支气管内有大量黏液性泡沫，有的并发肺炎；肝脏呈灰红色，常见散在针尖大到米粒大的坏死灶；脾脏肿大，棕红色；肾脏呈土黄色，有散在小点状出血或坏死灶；大、小肠均有出血点；心包、胸腹腔有积液；体表出现紫斑。

2. 实验检疫方法

（1）病原学检查　急性病例取血液、淋巴及其他体液等病料，涂片，吉姆萨染色，镜检。在胞质内、外的弓形虫滋养体呈橘瓣状或新月状，一端稍尖，一端钝圆，胞质蓝色，核紫红色。

（2）血清学检查　主要是色素试验和间接血凝试验。色素试验检查100个游离弓形虫，50%不被染色者为阳性指标。间接血凝试验被检血清在1∶64以上为阳性，1:32 为可疑，1:16 为阴性。

3. 检疫后处理

（1）检出的带虫肉尸进行高温处理后出场，有严重病变的内脏，全部进行销毁处理。

（2）定期对猪场进行弓形体病检疫，检出的阳性猪只隔离治疗，病愈猪不得留作种用。

（3）场内禁止养猫，一般用磺胺类药物与抗菌增效剂合用治疗感染病例。

（二）血吸虫病

血吸虫病是由日本分体吸虫寄生于牛、羊、猪、马、犬、猫、兔、啮齿类及多种野生哺乳动物的门静脉系统的小血管内而引起的一种危害严重的人、畜共患寄生性吸虫病。

1. 临诊检疫要点

（1）流行特点　主要危害人和牛、羊等家畜。家畜中以耕牛的感染率最高。日本分体吸虫的发育必须有钉螺作为中间宿主，没有钉螺的地区就不会发生日本分体吸虫病。流行地区的人和动物的感染是与生活、活动过程中接触含尾蚴的疫水有关。感染途径主要是经皮肤感染。

（2）临床症状　牛只感染血吸虫后通常症状较为显著，出现腹泻和下痢，粪中带有黏液、血液，体温升高达 41℃ 以上，黏膜苍白，日渐消瘦，肝硬化，出现腹腔积液，生长发育严重受阻，甚至成为侏儒牛。母牛不孕或流产，最终可因极度贫血、衰弱而导致死亡。

（3）病理变化　剖检可见尸体明显消瘦、贫血并出现大量腹腔积液。肠系膜、大网膜甚至胃肠壁浆膜层出现显著的胶样浸润。肠黏膜有出血点、坏死灶、溃疡、肥厚或瘢痕组织。肠系膜淋巴结及脾脏变性、坏死。肠系膜静脉内有成虫寄生。肝脏病初肿大，后萎缩、硬化。在肝脏和肠壁上有数量不等的灰白色虫卵结节。心、肾、胰、脾、胃等器官有时也可发现虫卵结节的存在。

2. 实验检疫方法

（1）病原检查方法　做粪检时，可用粪便沉淀孵化法（沉孵法），根据粪中孵出的毛蚴进行生前诊断。取新鲜粪便 100g，先加热至 70℃，然后冷却，加清水搅拌均匀，将粪水用细铜纱过滤在 500mL 三角量杯中，静置半小时后，倾去上清液，将沉淀再以水冲洗。如此共洗三次，即可澄清，倾去上清液，将沉淀物移入 250mL 三角瓶中，加清水至距离瓶口 1~5mm 处，置于 26~28℃ 的温箱内孵化。观察毛蚴。第一次观察在入箱后半小时，第二次观察在入箱后 1h，以后每隔 2~3h 观察一次，直至第 24 小时为止。如为阳性，可见毛蚴在水面下作平行直线游泳，此时可借助放大镜识别或用吸管吸取置于载玻片上，在显微镜下识别（图6-12、图6-13）。

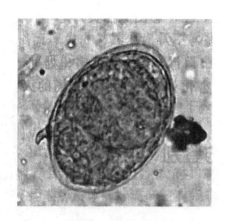

图6-12 日本血吸虫卵

图6-13 日本血吸虫雌雄同抱

（2）免疫学诊断法 如环卵沉淀试验、间接红细胞凝集试验和酶联免疫吸附试验等。

3. 检疫后处理

（1）吡喹酮，黄牛、水牛按 30mg/kg 给予，1 次经口给予，牛体重以 400kg 为限。六氯对二甲苯（血防846），剂量按 700mg/kg，平均分做 7 份，每日 1 次，连用 7d，灌服。

（2）及时对人、畜进行驱虫和治疗，并做好病畜的淘汰工作。结合水土改造工程或用灭螺药物杀灭中间宿主，阻断血吸虫的发育途径。在疫区内可将人、畜粪便进行堆肥发酵和制造沼气，既可增加肥效，又可杀灭虫卵。选择无螺水源，实行专塘用水或井水，以杜绝尾蚴的感染。全面合理规划草场建设，逐步实现划区轮牧。

（三）旋毛虫病

旋毛虫病是由旋毛虫寄生于哺乳动物而引起的寄生虫病。几乎所有的哺乳动物都可感染本病，尤其以肉食兽为重。在家畜中，猪患病率最高。人也感染，是一种人、畜共患的寄生虫病。

1. 临诊检疫要点

（1）流行特点 成虫细小，肉眼几乎难以看清。虫体越向前端越细，前半部为食管，占虫体长 1/3~2/3。雄虫大小为 （1.4~1.6）mm×（0.04~0.05）mm，雌虫大小为 （3~4）mm×0.06mm。胎生。成虫寄生于小肠，幼虫寄生于横纹肌，成虫和幼虫寄生于同一个宿主。

（2）临床症状　当猪感染量大时，感染后 3~7d，有食欲减退、呕吐和腹泻症状。感染后 2 周幼虫进入肌肉引起肌炎，可见疼痛或麻痹、运动障碍、声音嘶哑、咀嚼与吞咽障碍、体温上升和消瘦。有时眼睑和四肢水肿。死亡较少，多于 4~6 周康复。

（3）病理变化　成虫引起肠黏膜损伤，造成黏膜出血、黏液增多。幼虫引起肌纤维纺锤状扩展，随着幼虫发育和生长，逐渐形成包囊，而后钙化。

2. 实验检疫方法

（1）生前诊断　主要是采用变态反应和血清学反应。

（2）从猪的左右膈肌切小块肉样，撕去肌膜与脂肪，先做肉眼观察，细看有无可疑的旋毛虫病灶，然后从肉样的不同部位剪取 24 个肉粒（麦粒大小），压片镜检或用旋毛虫摄影器检查。肉眼观察旋毛虫包囊，只有一个细针尖大小，未钙化的包囊呈半透明，较肌肉的色泽淡，随着包囊形成时间的增加，色泽逐渐变淡而为乳白色、灰白色或黄白色。

3. 检疫后的处理

确诊为旋毛虫病时，病猪治疗或淘汰，病肉不可上市销售，应进行无害化处理。养猪实行圈养饲喂。肉类加工厂废弃物或厨房泔水，必须做无害化处理。加强饲养场的灭鼠工作，改善卫生环境。

（四）梨形虫病

梨形虫病是由巴贝斯科和泰勒科的各种梨形虫在血液内引起的疾病的总称。本病是一种季节性的由蜱传播的血液原虫病。

1. 临诊检疫要点

（1）流行特点　本病流行广泛。在我国的马、牛、羊、犬中，已发现 8 种巴贝斯虫和 4 种泰勒虫。

（2）临床症状

①牛：发病初期，食欲减退、反刍减少。可视黏膜、唇边、乳房及会阴等处的皮肤由白变黄，呈现黄染；体温升高至 39.5~41.5℃，呈稽留热；心跳加快，90~126 次/min，第一心音明显增强；呼吸急促，45~90 次/min；肺泡音粗粝；流鼻液、流涎。颈静脉怒张，呈嗜土癖；病牛迅速消瘦，产乳量急剧下降；体表淋巴结肿大，触摸有痛感，尤以肩前淋巴结的右侧淋巴结肿大显著。病牛全身无力，站立不稳，目光呆滞，心率在 130 次/min 以上。

②犬：首先表现为体温升高，在 2~3d 可达 42~43℃。可视黏膜先呈淡红色，后来发红或呈黄染。心悸亢进，脉搏加快，呼吸困难。有些病犬脾脏肿大可以触及，并兼有感觉过敏，食欲废绝，饮水增加，有时出现腹泻；行走困难，最后几乎完全不能站立。慢性病例，只在病初几天发热，或者不发热，或

者呈间歇热。病犬高度贫血，精神不振，但常无黄疸。虽食欲良好，却高度消瘦。

（3）病理变化　牛主要是血液稀薄，全身淋巴结肿大，切面多汁，呈暗红色，肝脏肿大1.5~2倍，脾脏肿大2~3倍。真胃黏膜肿胀、充血，有炎症变化。犬内脏特别是肝、肾和骨髓充血；脾脏高度肿胀，脾髓呈暗蓝红色，坚实或中度软化。胃肠黏膜苍白，或者部分区域呈轻度潮红和水肿。胆囊含有多量浓缩的黑绿色略呈屑粒状的胆汁，膀胱常有含血红蛋白的尿液，各处淋巴结肿胀，心外膜和心内膜下常有点状出血，各组织均呈黄疸色。

2. **实验检疫方法**

（1）血液直接涂片检查法　从病畜耳部采血一滴，直接涂成血片，自然干燥。用甲醇固定2~3min，再用吉姆萨染色液染色30~40min（或血片干燥后，直接用瑞氏染色液染色），水洗，干燥后镜检（图6-14）。

（2）浓集涂片检查法　从颈静脉采血3~5mL，按1:1比例混入2%枸橼酸钠溶液，经充分混合后，低速离心3~5min（500~1000r/min）。用吸管吸出上层液体（其中仍含有多量的红细胞），移入另一沉淀管内，再分离15~20min（1500~2000r/min）。除去上层液体，取沉淀物

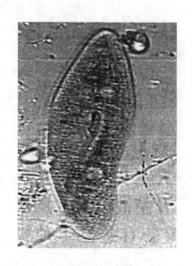

图6-14　梨形虫

作涂片，固定，以吉姆萨染色液染色后进行镜检。因受虫体侵害的红细胞较轻，故落在第二次沉淀物内。

（3）淋巴结穿刺涂片检查法　主要用于诊断牛泰勒虫病。通常是穿刺肩前或股前淋巴结。在穿刺部位剪毛、消毒，用左手掐住淋巴结，右手用消毒过的20号注射针头快速地穿过皮肤，刺入淋巴结，待针头内有淋巴液时，即迅速拔下针头。继而用注射器推出针管内的淋巴液，使其滴落在洁净的载玻片上，再用针头抹开淋巴液，制成涂片，自然干燥。固定和染色方法与血液涂片法相同，然后在油镜下检查是否有石榴体。

3. **检疫后处理**

确诊为梨形虫病时，对患病动物隔离治疗，病死畜尸体深埋或高温处理；对患病动物用精制敌百虫粉，配成1%溶液局部涂擦或喷雾，也可用于栏舍、牛场及蜱活动的田间野地等场所的消毒。

（五）棘球蚴病

棘球蚴病（又称"包虫病"），是棘球蚴寄生于人和猪、牛、羊等哺乳动物内脏及肌肉内所引起的一类寄生虫病。在我国引起动物棘球蚴病的病原为棘球蚴。它不仅压迫组织器官造成其严重变形，而且由于囊泡破裂，囊液可导致再感染或过敏性疾患。其特征是营养障碍、消瘦、发育不良、衰竭、呼吸困难，对人、畜造成严重危害。

1. 临诊检疫要点

（1）流行特点　牛、羊、猪受害较重，特别是绵羊，在每年早春青黄不接时可引起大批死亡。以牧区发生较多，是我国危害较重的人、畜共患病。

（2）临床症状　棘球蚴寄生在肝脏时右腹膨大、臌气，肝区疼痛，偶见黄疸。寄生在肺脏时，呼吸困难、咳嗽、气喘、肺泡音微弱。棘球蚴囊液可引起体温升高，有时腹泻。最终由于肝、肺受害致营养失调，衰弱，死亡。囊泡破裂后引发人和畜剧烈的过敏反应，造成呼吸困难、体温升高、腹泻，对人特别敏感。猪感染棘球蚴后，症状一般不明显，生前诊断较困难，一般在屠宰后发现。

（3）病理变化　棘球蚴最常见于肝和肺，此外也可见于心、肾、脾、肌肉、胃等。剖检时可见乳白色囊泡，常为球形，大小不等。囊壁厚，囊内充满液体，棘球蚴游离在囊液中。有棘球蚴寄生的脏器局部凹陷，甚至萎缩。

2. 实验检疫方法

（1）流行病学调查结合病死畜剖检　剖检时在肝脏、肺脏等处发现棘球蚴包囊即可确诊。

（2）变态反应试验　取新鲜棘球蚴囊液无菌操作过滤，在动物颈部皮内注射 0.1~0.2mL，注射后 5~10min 内观察，皮肤出现红肿，直径 0.5~2cm，15~20min 后成暗红色为阳性；迟缓型于 24h 内出现反应。24~28h 不出现反应者为阴性。间接血凝试验和酶联免疫吸附试验具有较高的敏感性、特异性和重复性，对动物和人的棘球蚴检出率较高。

（3）对人和动物也可用 X 射线透视和超声进行诊断。

3. 检疫后处理

（1）对检出棘球蚴的动物脏器应做销毁处理；肌肉中发现棘球蚴时，将患部割除销毁，其他部分不受限制利用；但若严重感染且囊泡破裂污染肉尸时，应高温处理后作工业用。

（2）禁止将病变内脏直接喂狗和随处丢弃，以防被犬或其他肉食动物食入。严格屠宰场地管理，场内应禁止养犬。严格执行肉品检疫，做好饲料、饮水及圈舍的清洁卫生工作，防止被犬粪污染。

二、主要家畜寄生虫病检疫

(一)猪囊虫病

猪囊虫病又称猪囊尾蚴病，是由猪带绦虫（有钩绦虫）的幼虫——猪囊尾蚴寄生于猪的肌肉和其他器官中引起的一种寄生虫病。其终末宿主是人，中间宿主是猪、野猪和人，犬和猫也可感染，是严重的人畜共患病。

1. 临诊检疫要点

（1）流行特点　常发生于存在有绦虫病畜的地区，卫生条件差和猪散放的地区常呈地方流行。一年四季均可发生。猪囊尾蚴主要寄生于猪的横纹肌，尤其是活动性较强的咬肌、心肌、舌肌、膈肌等处。臂三头肌及股四头肌等处最为多见。严重感染者还可寄生于肝、肺、肾、眼球和脑等器官。

（2）临床症状　轻者不显症状；重者可有不同的症状，如癫痫、痉挛、急性脑炎死亡。病猪出现叫声嘶哑、呼吸加速、短促咳嗽、跛行、舌麻痹、咀嚼困难、腹泻、贫血、水肿等症状，同时可见心肌炎、心包炎。

2. 检疫方法

（1）舌肌检查法　在舌头的底面可见到突出舌面的猪囊尾蚴，囊包米粒大小，灰白色，透明。有时肉眼也可见到猪囊尾蚴寄生。

（2）肌肉切开检查　切开嚼肌、心肌或舌肌等，可找到囊尾蚴，囊包像豆粒或米粒大小、椭圆形、白色半透明，囊内含有半透明的液体和一个小米粒至高粱粒大小的白色头节。

（3）免疫学检查　最常用的是猪囊尾蚴病酶联免疫吸附测定法。其原理、材料、方法与一般的 ELISA 诊断法相似，唯抗原及判定标准不同。囊尾蚴病检疫以囊液提纯抗原为好，制作方法是：囊液于 4℃ 下以 3000r/min 离心 30min，取上清液再以 5000r/min 离心 60min 的上清液即为诊断液。判定标准是：样品均值，超过 0.134 为阳性，低于 0.134 为阴性。

此外，还有变态反应、环状沉淀试验、补体结合试验、间接红细胞凝集试验等方法。

3. 检疫后处理

检疫中发现猪囊虫病时，可按照肉品卫生检验规定严格处理。

(二)鞭虫病

鞭虫也称毛首鞭形线虫，虫体前端细长、后部短粗，外观极似鞭子，故名鞭虫。雄虫后部卷曲，雌虫后部稍直。牛、羊等草食动物极易感染鞭虫，它是牛、羊消化道线虫病的主要病原体之一。

1. 临诊检疫要点

（1）流行特点　本病主要发生在春秋季节，且主要侵害羔羊和犊牛。感染性幼虫在土壤中存活3个月；有"春季高潮"和"自愈现象"。

（2）临床症状　牛、羊感染后，一般症状不明显，严重时牛临床上可见高度营养不良，渐进性消瘦。因吸收毒素而引起贫血和食欲下降等中毒症状。可视黏膜苍白，下颌和下腹部水肿，腹泻和便秘交替，甚至泻水样血便，最后可因衰竭死亡。死亡多发生在春季。

（3）病理变化　虫体头部深入黏膜，引起盲肠和结肠的慢性卡他性炎症。严重感染时，盲肠和结肠黏膜有出血性坏死、水肿和溃疡。

2. 检疫方法

（1）初检　根据流行病学和临床表现可做出初检。

（2）采取粪便，经过淘洗法，取粪液镜检可以查出虫卵（图6-15）。

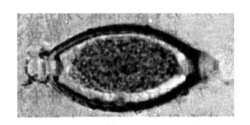

图6-15　毛首鞭虫虫卵

（3）用幼虫分离法查粪便，见一期幼虫即可确检。

3. 检疫后处理

（1）采用驱虫、药物预防　用左咪唑、丙硫咪唑、甲苯咪唑、伊维菌素等驱虫药，改变以往限于春秋两季驱虫的习惯，采取全年3次驱虫、1次药浴的定期预防方法。

（2）做好环境卫生和消毒工作　牛、羊舍要定期消毒，粪便必须经生物发酵处理，杀灭储藏宿主和传播媒介。

（3）加强饲养管理　改善牛、羊的饲养条件，提高牛、羊机体的抵抗力。最好采用斜坡式、吊脚楼式的饲养方式，以减少各种寄生虫的传播和感染机会。

（三）牛巴贝斯虫病

牛巴贝斯虫病又称牛焦虫病，是由多种巴贝斯虫寄生在牛红细胞引起的牛血液原虫病的总称。双芽巴贝斯虫、牛巴贝斯虫是各种牛广泛发生和流行本病的病原体。巴贝斯虫病多发于南方各地。其主要临床特征是高热、贫血、黄疸、血红蛋白尿。

1. 临诊检疫要点

（1）流行特点　各品种牛都易感。在我国主要由微小牛蜱和残缘璃眼蜱传播。在春、夏、秋季多发，呈散发或地方性流行。

（2）临床症状　病畜体温升到40~42℃，精神差，食欲减退，腹泻，呼吸困难，消瘦，贫血，黄疸。发病2~3d后，可见血红蛋白尿，尿色由淡黄色变暗红色。严重者可造成死亡。

（3）病理变化　眼结膜、皮下组织黄染，肝、脾、淋巴结肿大。胃、肠黏膜出血、糜烂。

2. 检疫方法

（1）病原检查　采取血液涂片，吉姆萨染色，镜检红细胞中的虫体。双芽巴贝斯虫较大，其长度大于红细胞半径，平均大小为3.1μm×1.6μm。形状多样，以成双的梨子形为主，尖端以锐角相连，多位于红细胞的中央。虫体胞浆呈淡蓝色，染色质呈紫红色（图6-16）。

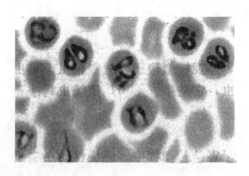

图6-16　巴贝斯虫梨子形虫体

牛巴贝斯虫较小，其长度小于红细胞半径，平均大小为2.4μm×1.6μm。以成双的梨子形为主，但尖端以钝角相连，位于红细胞边缘或偏中央。

（2）血清学检查　用间接血凝试验、琼脂扩散试验、补体结合试验等均可确检。

3. 检疫后处理

对检出的病畜隔离治疗，并做好灭蜱等综合防治措施。出现病例时应及时报告疫情，并对相关地区动物进行药物预防。

（四）泰勒虫病

泰勒虫病是由多种泰勒虫寄生在牛、羊红细胞而引起的牛、羊血液原虫病的总称。环形泰勒虫和瑟氏泰勒虫是我国广泛发生和流行本病的主要病原。泰勒虫病在我国华北、西北、东北各地多见。病的特征均为高热、贫血、体表淋巴结肿胀、消瘦。

1. 临诊检疫要点

（1）流行特点　各品种牛、羊都易感。在我国主要经小亚璃眼蜱或残缘璃眼蜱传播。在春、夏、秋季多发，呈散发或地方性流行。

（2）临床症状　泰勒虫感染表现高热稽留，体温达40~42℃，可视黏膜出现溢血斑点和黄染，贫血，眼睑和四肢、胸腹下水肿，体表淋巴结肿大，触痛，消瘦，衰弱。血常规检验可发现贫血，红细胞下降，血沉快，红细胞异形。

（3）病理变化　眼结膜、皮下组织黄染。胃、肠黏膜出血、糜烂。全身性出血、淋巴结肿大，肝、肾、脾肿大，切面湿润，质脆。

皱胃的特征性病变：黏膜肿胀，有大小不等的出血斑，伴有大小不等的暗红色、黄白色结节；结节局部出现大小不一的溃疡、糜烂，严重病例溃疡或糜烂的黏膜面积占全部黏膜的 1/2 以上。

2. 检疫方法

（1）初检　根据流行病学、临床症状和病理变化可做出初检。

（2）病原检查　采取血液涂片，吉姆萨染色，镜检红细胞中的虫体。环形泰勒虫以圆环形虫体为多，大小为 $0.8 \sim 1.7 \mu m$，瑟氏泰勒虫以杆形和梨子形为主。牛的泰勒虫还可作淋巴结穿刺，涂片染色，镜检石榴体，石榴体呈圆形、椭圆形或肾形，位于淋巴细胞或巨噬细胞胞质内或散在于细胞外，虫体胞质呈淡蓝色，内含很多红紫色颗粒状的核。

（3）血清学检查　应用琼脂扩散试验、间接血凝试验、补体结合试验等可以确检。

3. 检疫后处理

对检出的病畜隔离治疗，消灭圈舍蜱和牛、羊体表的蜱，做好灭蜱等综合防治措施。流行区可用牛泰勒虫病裂殖体胶冻细胞苗对牛进行预防接种。

（五）牛毛滴虫病

牛毛滴虫病是由牛胎三毛滴虫引起的生殖系统寄生虫病。往往通过交配或污染的人工授精器械和用具接触生殖道黏膜传播。其主要特征是公牛感染后不愿交配，母牛患子宫内膜炎或不孕，部分病牛发生死胎。

1. 临诊检疫要点

（1）流行特点　牛胎三毛滴虫世界性分布，感染牛和瘤牛。通过病、健牛本交或人工授精时的带虫精液或污染虫体的人工授精器械接触感染，也可经胎盘感染。妊娠母牛体内胎儿的胎盘、胎液、胃和体腔内均含有大量虫体。多发于配种季节。种公牛常不表现症状，但长期带虫。对外界的抵抗力较弱，对热敏感，但对冷的耐受性较强，大部分消毒剂很容易杀灭该病原。

（2）临床症状

①公牛：感染后 12d，发生黏液脓性包皮炎，包皮肿胀，上有粟粒大小的小结节，疼痛，不愿交配。继而转为慢性乃至消失，长期带虫。

②母牛：感染后 $1 \sim 3d$，表现阴道卡他性炎症，阴道红肿，黏膜上有粟粒大小或更大一些的小结节，排出黏液性或黏液脓性分泌物。多数牛在怀孕后 $1 \sim 3$ 个月发生流产，流产后母牛发生子宫内膜炎，严重的子宫蓄脓，延长发情期甚至不孕，有的发生死胎。

2. 检疫方法

（1）初检　可根据流行病学、临床症状做出初检。

（2）病原检查　采取病畜的生殖道分泌物或冲洗液、胎液、流产胎儿的四胃内容物等涂在载玻片上，并加1滴生理盐水，加盖玻片后观察，镜检发现虫体即可确诊（图6-17）。

3. 检疫后处理

引进公牛时做好检疫，发现新病例淘汰公牛。本病预防主要是加强饲养管理，公母分群饲养，推广人工授精，增强畜体抵抗力，注意引种检疫，及早发现病畜，尽快隔离治疗。

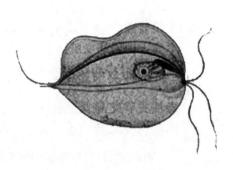

图6-17　牛胎三毛滴虫

（六）锥虫病

锥虫病是由伊氏锥虫（图6-18）寄生在血液引起的牛的一种原虫病。其特征为间歇热，贫血，消瘦，四肢下部皮下水肿，耳尖与尾梢干性坏死。

1. 临诊检疫要点

（1）流行特点　除牛易感外，马、驼也易感。主要通过吸血昆虫虻和厩蝇传播。夏、秋季易发。流行区域甚广。

（2）临床症状　病牛主要表现体温升高（40～41.6℃），呈不规则间歇热，精神沉郁、消瘦、贫血、黄疸、四肢下端水肿。后期，眼结膜出血，眼睑肿胀。皮肤龟裂，严重的溃烂、脱毛，耳尖、尾尖、蹄部末端干性坏

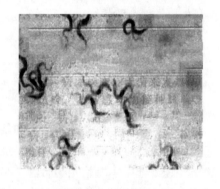

图6-18　牛伊氏锥虫

死、脱落。皮下水肿，多发于胸前、腹下以及公畜阴茎。后期后肢麻痹，卧地不起，衰竭死亡。母牛感染常流产，产乳量下降。

（3）病理变化　各脏器浆膜及胃黏膜斑点状出血，体表淋巴结、肝、脾、肾肿大，肝脏呈肉豆蔻状。血液稀薄，胸、腹腔积液。肌肉、内脏器官肿胀、出血。脑、脊髓炎症、出血。

2. 检疫方法

（1）初检　根据流行病学调查、临诊及剖检观察，可做出初检。

（2）病原检查

①染色检查法：在耳静脉采血，一般需做两张涂片，自然干燥，甲醇固定，吉姆萨染色液染色，镜检有无虫体。也可取一大滴血液，在载玻片上推成较厚的涂面，晾干后用2%乙酸液慢慢冲洗，将红细胞全部溶解后，再行晾干、甲醇固定、染色、镜检，此法易发现虫体。

②压滴检查法：在耳静脉采血一滴，滴于载玻片上，用等量生理盐水混合，加盖玻片，镜检，即可见活动虫体。

③集虫检查法：在颈静脉采血5mL，移入含2%枸橼酸钠液5mL的沉淀管中，混合后于1500r/min离心沉淀5~10min。此时红细胞沉于管底，虫体和白细胞在红细胞层的上面。用滴管吸取白细胞层作镜检，可提高虫体的检出率。

④动物接种：采病畜血液0.1~0.2mL，接种于小鼠的腹腔，隔2~3d后，逐日采尾尖血液检查，连续1个月，可查到虫体，检出率极高。

3. 检疫后处理

发现病畜，要隔离治疗，对同群健畜做好药物预防。消灭牛虻、螫蝇等传播媒介。屠宰检疫中发现本病，销毁病变脏器，其余部分高温处理后利用。

（七）痒病

痒病是由亚病毒的蛋白侵染因子引起的绵羊、山羊的一种缓慢发展的传染性中枢神经系统传染病。它的主要特征为几年的潜伏期，剧痒，精神委顿，肌肉震颤，运动失调，衰弱，瘫痪，最后死亡。

1. 临诊检疫要点

（1）流行特点　主要侵害成年绵羊，偶尔发生于山羊，不同性别、品种的羊都可发病。一般发生于2~4岁的羊，以3岁半羊易感性最高。患病公羊和母羊所产后代最常发病。以直接种间接触传播为主，妊娠母羊还可经胎盘传给后代。

（2）临床症状及病变　潜伏期1~5年，早期病羊精神沉郁或敏感，易惊。可见擦痒症和神经症状，即病羊的体躯摩擦物体或嘴咬发痒部位，从而大片被毛脱落，皮肤红肿发炎、出血。进而可见肌肉震颤、无力、麻痹等而陷于运动失调。遇刺激肌肉震颤更甚。后期体弱摇摆，起立困难，病程2~5个月，病死率高。1.5岁以下的羊极少出现症状。

除尸体消瘦和皮毛损伤外，其他无肉眼可见变化。

2. 检疫方法

（1）初检　根据流行病学、典型症状可做出初检。

（2）组织病理学检查　采集脑髓、脑桥、大脑、小脑、丘脑、脊髓等进行组织切片。镜检时特征的病变为中枢神经系统海绵样变性，神经元变性和形成空泡，胶质细胞增生和出现淀粉样斑，以及轻度的脑膜炎、脑脊髓炎。

3. 检疫后处理

痒病为一类疫病，发现后按《中华人民共和国动物防疫法》及有关规定，立即上报疫情，采取严格控制、扑灭措施，防止扩散。当前，我国已禁止从有痒病的国家或地区引进羊及其产品。

任务三　其他动物疫病检疫

一、马疫病的检疫

（一）非洲马瘟

非洲马瘟是由非洲马瘟病毒引起的马属动物的一种以发热、肺和皮下水肿及脏器出血为特征的急性和亚急性传染病。本病主要发生在非洲，近年来已传到中东、南亚等地。我国迄今尚未发现本病。

1. 临诊检疫要点

（1）流行特点　自然条件下只有马属动物具有易感性，幼龄马易感性最高，病死率高达95%。库蠓属昆虫是本病的传播者。本病有明显的季节性，常呈流行性或地方流行性，传播迅速。

（2）临床症状　本病潜伏期为5~7d。肺型呈急性经过，多见于流行初期或新发病的地区，病程11~14d；心型呈亚急性经过，多见于部分免疫马匹或弱毒株病毒感染的马，病程发展慢；肺心型呈现肺型和心型两种病型的临诊症状，呈亚急性经过；发热型最轻，病程短。

（3）病理变化　急性肺水肿，心肌发炎，心肌弥漫性出血，心、肺有黄色胶样水肿，肝轻度肿胀，淋巴结急性肿胀。

2. 检疫方法

（1）初检　根据本病的特征症状及病变，结合流行病学材料可做出初步诊断。

（2）实验室诊断　在国际贸易中检测的指定诊断方法有补体结合试验、酶联免疫吸附试验。替代诊断方法有病毒中和试验。

3. 检疫后处理

发生可疑病例时，采取紧急、强制性的控制和扑灭措施。采样进行病毒鉴定，确诊病原及血清型，扑杀病马及同群马，尸体进行深埋或焚烧销毁处理。受威胁区的马属动物可进行免疫接种。采用杀虫剂、驱虫剂或筛网捕捉等控制媒介昆虫。

（二）马媾疫

马媾疫是马媾疫锥虫寄生于马属动物的生殖器官引起的一种寄生虫病。其特征是外生殖器炎症、水肿、皮肤轮状丘疹和后躯麻痹。OIE 将其列为 B 类动物疫病。

1. 临诊检疫要点

（1）流行特点　仅马属动物有易感性，其他家畜不感染。驴感染后，一般呈慢性型或隐性型。本病主要在交配时发生传染。也可通过未经严格消毒的人工授精器械、用具等传染。所以本病在配种季节后发生的较多。

（2）临床症状与病理变化　生殖器官局部炎症。公马包皮、阴囊、阴茎、腹下及股内侧水肿，尿道黏膜潮红肿胀，流出黏液，尿频，性欲旺盛。母马阴唇水肿，阴道流出黏液，后期出现水疱、溃疡及无色素斑。生殖器官炎症后 1 个月，颈、胸、腹、臀部等处皮肤出现无热无痛扁平丘疹。后期出现以局部神经麻痹为主的神经症状。

2. 检疫方法

（1）初检　根据特征性临床症状和病理变化可做出初步诊断。

（2）病原检查　采取尿道或阴道黏膜刮取物做压滴标本和涂片标本进行虫体检查，或将上述病料注射于兔睾丸实质内进行动物接种试验。家兔接种后出现阴囊和阴茎水肿、发炎及睾丸实质炎和眼结膜炎。从睾丸穿刺液、水肿液和眼泪中可以发现锥虫。

另外还可用琼脂扩散、间接血凝试验和补体结合反应对此病进行检疫。在国际贸易中，指定诊断方法有补体结合试验，替代诊断方法有间接荧光抗体试验和酶联免疫吸附试验。

3. 检疫后处理

目前，我国基本消灭了本病。如在检疫中发现此病，除非特别名贵种马，否则应淘汰处理。疫区，配种季节前，应对公马和繁殖母马进行检疫。对健康公马和采精用的种马，在配种前用安锥赛（喹嘧胺）进行预防注射。

（三）马鼻肺炎

马鼻肺炎是由马疱疹病毒引起的马属动物的几种高度接触传染性疾病的总称。幼驹表现鼻肺炎症状，妊娠母马发生流产。

1. 临诊检疫要点

（1）流行特点　马属动物是马疱疹病毒 1 型（EHV-1）（胎儿亚型）和马疱疹病毒 4 型（EHV-4）（呼吸系统型）的自然宿主，EHV-1 可通过直接接触和间接接触传播，病毒可经子宫感染胎儿；EHV-4 常经呼吸道和消化道传播，常发生于青年马匹，尤以 2 岁以下幼驹多发，且多发于晚秋和冬季。

（2）临床症状　EHV-1 感染妊娠母马后出现流产、产死胎、产弱驹，个别妊娠母马可出现神经症状，共济失调。EHV-4 感染幼龄马后，幼龄马流鼻汁，鼻黏膜和眼结膜充血，颌下淋巴结肿胀。

（3）病理变化　流产胎儿皮下水肿、出血，心外膜出血，肺水肿，肝充血肿大。鼻肺炎病马全身各黏膜潮红、肿胀和出血，肝脏、肾脏及心脏呈实质变性，脾脏及淋巴结呈中度肿胀等败血性变化。

2. 检疫方法

（1）初检　在秋冬季节，马群中（主要是育成群）发生传播迅速、症状温和的上呼吸道感染时，首先应考虑到本病。

（2）实验室诊断　确诊需要进行病原鉴定或血清学试验。

①病原鉴定：在实验室对临床病料或实体剖检材料进行病毒分离后，可对其进行血清学鉴定。此外，病理组织学检查也是实验室诊断马鼻肺炎的一个重要方法。

②血清学诊断：血清学试验是诊断马鼻肺炎有效的辅助手段，主要有补体结合试验、酶联免疫吸附试验和病毒中和试验。

3. 检疫后处理

发病后立即隔离患畜。对被污染的垫草、饲料及流产排出物彻底消毒。厩舍、运动场、工作服及各种用具应清洗、消毒。目前对病马尚无有效的治疗方法。流产母马一般无须治疗，单纯的鼻肺炎病马也无须治疗，需加强管理，让病马充分休息，可不治而愈。

（四）马传染性贫血

马传染性贫血简称"马传贫"，又称"沼泽热"，是由马传贫病毒引起的马属动物的一种传染病。其特征为病毒持续性感染、免疫病理反应以及临床症状反复发作，呈现发热并伴有贫血、出血、黄疸、心脏衰弱、水肿和消瘦等症状。

1. 临诊检疫要点

（1）流行特点　仅马属动物感染。主要是通过吸血昆虫（虻类、蚊类、蠓类等）的叮咬而机械性传播。本病通常呈地方性流行或散发，有明显的季节性，夏秋季节（7~9 月）多发。新疫区多呈暴发，急性型多，老疫区多为慢性型。

（2）临床症状　潜伏期长短不一，短的为 5d，长的可达 90d。

临床表现为稽留热和间歇热，也有不规则热型，有时还出现温差倒转现象（上午体温高，下午体温低）。贫血，黄疸；眼结膜、鼻黏膜、齿龈黏膜、阴道黏膜，尤其是舌下有出血点；心脏机能紊乱，脉搏增数；四肢下部、胸前、腹下、包皮、阴囊等处水肿。病中、后期病马表现后躯无力、步态不稳、尾力减退或消失。

（3）病理变化 全身败血症变化：浆膜、黏膜出血，贫血，"槟榔肝"，心肌脆弱、呈灰白色煮肉样，肾和淋巴结肿大，出血。

2. 检疫方法

主要采取临床综合诊断、补体结合反应和琼脂扩散试验进行检疫，其中任何一种方法呈现阳性，都可判定为马传贫。必要时可采用病毒学诊断和动物接种试验进行检疫。

（1）临床综合诊断 可通过流行病学调查、临床及血液学检查及病理学检查进行初步诊断。

（2）国际上通用琼脂凝胶免疫扩散试验检测血清中的抗体来诊断此病，但感染 2~3 周内的马血清学尚为阴性。

3. 检疫后处理

检疫中发现马传贫时，应立即上报疫情，划定疫点、疫区，并对疫区实行封锁，对疫区内病马、可疑病马进行隔离，并彻底消毒。病马要集中扑杀处理，对扑杀或自然死亡病马尸体应焚烧或深埋进行无害化处理。对假定健康马应进行免疫接种。

二、犬疫病的检疫——犬瘟热

犬瘟热是由犬瘟热病毒引起的犬和食肉目动物的一种急性、败血性、高度接触性传染病。其特征是双相热、急性鼻卡他以及支气管炎、卡他性肺炎，严重者出现胃肠炎和神经症状。

1. 临诊检疫要点

（1）流行特点 犬最易感，3~12 月龄的幼犬易感性最高。本病多发生在寒冷的季节。狼、貂、雪貂、白鼬、獾、水獭、大熊猫、小熊猫等动物对犬瘟热病毒都有易感性。

（2）临床症状 潜伏期一般为 3~5d。病犬眼、鼻流出浆黏性、脓性分泌物，有时混有血丝，发臭。双相热。鼻镜、眼睑干燥甚至龟裂；厌食，常有呕吐和肺炎。严重者发生腹泻，泻水样便，恶臭，混有黏液和血痢。3~4 周后，出现共济失调、转圈、反射异常等神经症状。仔犬常出现心肌炎、双目失明。

（3）病理变化 上呼吸道、眼结膜呈卡他性或化脓性炎症；卡他性或化脓性支气管肺炎，支气管或肺泡中充满渗出液；胃黏膜潮红，卡他性或出血性肠炎，直肠黏膜皱襞出血；脾肿大；胸腺明显缩小；肾上腺皮质变性。

2. 检疫方法

（1）包含体检查　取病料，涂片、干燥、同定、苏木紫-伊红染色后镜检，可见胞质内红色包含体。

（2）血清学检疫　可用中和试验、荧光抗体法、琼脂扩散试验和酶标抗体法等来诊断本病。血清中和试验：将被检血清稀释后加入病毒，25℃作用 2h，与制备好的犬肾或绿猴肾细胞悬液混合接种于微量培养板，5%CO_2 条件下 35～36℃培养 3d，染色检查 CPE（细胞病变效应）。

（3）分子诊断技术　国内、外均建立了 RT-PCR 和核酸探针技术用于本病诊断。该法简便、快速、灵敏、特异，有广阔的应用前景。

3. 检疫后处理

检疫中发现此病应立即隔离病犬，深埋或焚毁病死犬尸，用 3%福尔马林或 3%氢氧化钠彻底消毒污染的环境、场地、犬舍及用具。对未出现症状的同群犬和其他受威胁的易感犬进行紧急免疫接种。

三、兔疫病的检疫

（一）兔黏液瘤病

兔黏液瘤病是由兔黏液瘤病毒引起的一种高度接触传染性和高度致死性传染病。其特征为全身皮肤尤其是面部和天然孔周围发生黏液瘤样肿胀。因切开黏液瘤时从切面流出黏液蛋白渗出物而得名。

1. 临诊检疫要点

（1）流行特点　本病只侵害兔和野兔。蚊、蚤等节肢动物是该病的传播者，多发生在夏秋季节。发病率和死亡率均高。

（2）临床症状　潜伏期 4～11d，平均为 5d。感染强毒株的易感兔，眼睑水肿，黏脓性结膜炎和鼻漏，头部肿胀呈"狮子头"状。耳根、会阴、外生殖器和上下唇显著水肿，进而充血、出血，破溃后流出淡黄色浆液，并伴有坏死。死亡率 90%以上，死前常出现惊厥。

近年来，在一些养兔业发达的疫区，本病常呈呼吸型，潜伏期 20～28d。无媒介昆虫参与，一年四季都可发生。病兔患有鼻炎、结膜炎，耳部和外生殖器的皮肤有炎性斑点，少数病例的背部皮肤有散在性肿瘤结节。

（3）病理变化　特征的眼观病变是皮肤肿瘤、皮肤和皮下组织显著水肿，尤其是颜面和天然孔周围的皮下组织水肿，切开病变皮肤，见有黄色胶冻液体聚集，皮肤可见出血，胃、肠浆膜和黏膜下有瘀斑、瘀点，心内外膜下出血。

2. 检疫方法

（1）初检　根据本病的特征性症状和病变，结合流行病学资料可做出初步诊断。

（2）琼脂扩散试验　用已知病毒通过琼脂凝胶双向扩散试验可以检测病兔体内特异性抗体，或用标准阳性血清检测病毒抗原。此法可在 12~24h 内判定结果，准确率极高，适用于口岸检疫。

此外，应用 ELISA、间接免疫荧光试验及补体结合试验等都可以诊断此病。

3. 检疫后处理

发现疑似病例时，应向有关单位报告疫情，并迅速做出诊断，及时采取扑杀病兔、销毁尸体、用 2%~5% 福尔马林液彻底消毒污染场所、紧急接种疫苗、严防野兔进入饲养场，以及杀灭吸血昆虫等综合性防治措施。

（二）兔出血热

兔出血热又名兔病毒性出血症，俗称"兔瘟"，是由兔病毒性出血症病毒引起的兔的一种急性、高度接触性传染病。其特征为呼吸系统出血、肝坏死、实质性脏器水肿、瘀血及出血性变化。本病常呈暴发流行，发病率和病死率均极高。

1. 临诊检疫要点

（1）流行特点　本病只发生于家兔和野兔。2 月龄以上的兔易感性高。本病在新疫区多呈暴发流行。易感兔发病率和死亡率高达 90% 以上。一年四季都可发病，北方以冬、春寒冷季节多发。

（2）临床症状　潜伏期一般为 2~3d。

①最急性型：病兔突然抽搐、惨叫、死亡，天然孔流出带血泡沫。

②急性型：体温升高达 40℃ 以上，精神沉郁，少食或不食，气喘，最后抽搐、鸣叫而死，病程几小时至 2d。

③慢性型：潜伏期和病程长，耐过兔生长迟缓、发育较差。

（3）病理变化　上呼吸道黏膜瘀血、出血，气管、支气管内有泡沫状血液，肺、肝瘀血、肿大，肾脏肿大，皮质有散在针尖状出血点，心脏扩张瘀血，淋巴结肿大、出血，胃肠出血。

2. 检疫方法

（1）初检　疫区可根据流行病学特点、临床症状、病理变化做出初步诊断。新疫区需进行病原学检查和血清学检查以进行诊断。

（2）病原学检查　取肝病料制成 10% 乳剂，超声波处理，高速离心，收集病毒，负染色后电镜观察。可发现直径 25~35μm、表面有短纤突的病毒颗粒。

（3）血凝和血凝抑制试验　取肝病料 10% 乳剂高速离心后的上清液与用生理盐水配制的 0.75% 的人 O 型红细胞悬液进行微量血凝试验，凝集价大于 1:160 为阳性。再用已知阳性血清作血凝抑制试验（血凝抑制滴度大于 1:80 为阳性），则证实病料中含有本病毒。此外，琼脂扩散试验、Dot-ELISA 及荧光抗体试验等对本病也有诊断价值。

3. 检疫后处理

发生疫情时，应立即封锁疫点，暂时停止调运种兔，关闭兔及兔产品交易市场。对疫群中假定健康兔进行紧急免疫接种。轻病兔注射高免血清；重病兔扑杀，尸体和病死兔深埋。病、死兔污染的环境和用具等应彻底消毒。

（三）兔球虫病

兔球虫病是由艾美耳属的 16 种球虫寄生于兔胆管上皮细胞和肠黏膜细胞所引起的寄生虫病。其主要危害 1~3 月龄的幼兔，特征是下痢、贫血、消瘦，幼兔生长阻滞，甚至死亡。

1. 临诊检疫要点

（1）流行特点　各品种家兔均易感，断乳后至 3 月龄的幼兔易感性最高，成年兔多为带虫者，成为重要传染源。本病多发生在春暖多雨季节。营养不良、兔舍卫生条件差是本病传播的重要因素。

（2）临床症状　病兔食欲减退，精神沉郁，眼鼻分泌物增多，唾液分泌增多，腹泻或腹泻和便秘交替出现。尿频或常作排尿动作。腹围增大，肝区触诊有痛感。后期出现神经症状，病死率高达 80%以上。

（3）病理变化　肝脏肿大，表面和实质有粟粒至豌豆大白色或黄色结节，结节内为不同发育阶段的虫体。慢性肝球虫病，胆管周围和小叶间部分结缔组织增生，肝萎缩，胆囊黏膜卡他性炎症。肠球虫病，肠血管充血，十二指肠扩张、肥厚、黏膜充血并有溢血点。

2. 检疫方法

根据流行病学资料、临床症状及剖检结果可做出初步诊断。在粪便中发现大量卵囊或病灶中检出大量不同发育阶段的球虫即可确诊。

3. 检疫后处理

检疫中发现病兔应立即隔离治疗，尸体烧毁或深埋。兔笼等用具可用开水、蒸汽或火焰消毒，也可在阳光下暴晒杀死卵囊。污染的粪便、垫草等应妥善处理。

项目七 实操训练

实训一 畜牧场的建设与规划

一、目标要求

通过此次实训，要求掌握畜牧场建设规划的基本原则，功能分区要求，建筑物布局等。

二、畜牧场的建设与规划要求

1. **畜牧场的环境条件**

（1）保证场区具有较好的小气候条件，有利于畜舍内空气环境的控制。

（2）便于执行各项卫生防疫制度和措施。

（3）便于合理组织生产，提高设备利用率和工作人员的劳动生产率。

2. **场址选择的自然条件**

（1）地势　地势高燥（地下水位低）、平坦、有利于排放污水、阳坡（南向坡地），具有一定的坡度（2%~5%，不超过25%）。地势低洼的场地容易积水而潮湿泥泞，夏季通风不良，空气闷热，有利于蚊蝇和微生物滋生，而冬季则阴冷；还会降低畜舍保温隔热性能和使用年限。因此，场地应高燥以利排水。场地不平坦、坑洼、沟坎或土堆太多，势必加大施工土方量，并给基础施工造成困难，使基建投资增加。在坡地建场宜选向阳坡，有利于冬季保温。阴坡场地背阳、冬季迎风夏季背风，对场区小气候十分不利，阴坡场地接受阳光较少，土壤热湿状况和自净能力也较差。

（2）地形　指场地形状、大小和场地上的房屋、树木、河流、沟坎等情况。地形整齐、开阔、有效面积足够，不宜选择过于狭长和多边的场地，不宜选择在山口地带和山坳里。地形整齐，便于合理布置牧场建筑和各种设施，能充分利用场地。狭长地形影响建筑物合理布局，拉长了生产作业线，给场内运输和管理造成不便。地形不规则或边角太多，会使建筑布局零乱，且边角部分无法利用。场地面积应根据家畜种类、饲养管理方式、集约化程度和饲料供应情况等因素确定。此外，还应根据发展，留有余地。

（3）土壤　沙壤土（局部）和壤土是最理想的土壤类型，注重土壤的化学和生物学特性，注意地方病和疫情的调查。沙土透气透水性好，不潮湿不泥泞，自净作用好，但导热性强，热容量小，昼夜温差较大；黏土与沙土相反。

（4）水源　水源水量充足，水质良好，符合生活饮用水水质标准；便于防护，不易受污染；取用方便，处理技术简单易行。家畜的饮用、饲料清洗与调制、畜舍和用具的洗涤，畜体的洗刷等，都需使用大量的水，而水质好坏直接影响人、畜健康和畜产品质量。

3. 场址选择的社会条件

（1）畜牧场位置　畜牧场场址的选择，必须遵循社会公共卫生准则，使畜牧场不会成为周围社会的污染源，同时也要注意不受周围环境所污染。

①居民点的下风向或平行风向，地势的下坡度，离开居民点污水排出口。但不应选在化工厂、屠宰场、制革厂等容易造成环境污染企业的下风处或附近。

②畜牧场与居民点保持适当的卫生间距，一般牧场应不少于 300～500m，大型牧场应不少于 1000m。

③与其他畜牧场之间也应有一定卫生间距，一般牧场应不少于 150～300m（禽、兔等小家畜之间距离宜大些），大型牧场之间应不少于 1000～1500m。

（2）交通运输　交通便利，与交通干线保持适当的距离，防止噪声、汽车尾气对环境的污染和疫病的传播。距一二级公路和铁路应不少于 300～500m，距三级公路（省内公路）应不少于 100～200m，距四级公路（县级和地方公路）应不少于 50～100m。

（3）供电　为了保证生产的正常进行，供电投资少，尽量缩短电线的铺设距离，并应有备用电源。

（4）饲料供应　在满足各种营养全面的条件下，饲料尤其草食家畜的青饲料应就近选择，或本场饲料地种植，以避免因大量粗饲料长途运输而提高饲养成本。

（5）产品销售、粪尿和废弃物处理和利用　产品就近销售，牧场粪尿和废弃物的就地处理和利用，防止污染周围环境。

4. 畜牧场的科学规划与合理布局

场地规划和布局是畜牧场总体设计的主要内容，主要考虑不同场区和建筑物之间的功能关系，场区小气候的改善，以及畜牧场的卫生防疫和环境保护。

规划：根据场地的地形、地势、当地主风向、水源和交通条件，科学规划不同生产车间、道路、绿化等地段的位置，全面考虑家畜粪尿、污水的处理利用。

布局：根据场地规划方案和建筑物的卫生要求，合理安排每栋建筑物和每种设施的位置和朝向。提出几种方案，反复比较分析，最后按确定方案绘出总平面图。

5. 畜牧场的功能区规划

（1）管理区　承担畜牧场经营管理和对外联系的区域，应设在方便与外界联系的位置。

①内容：包括行政和技术办公室、车库、库房、更衣消毒室、洗澡间、配电室、水塔、宿舍、食堂、娱乐场所等。

②具体布局：场大门设于该区，门前设消毒池，两侧设门卫和消毒更衣室。车库、料库应在该区靠围墙设置，车辆一律不得进入。也可将消毒更衣室、料库设于该区与生产区隔墙处，场大门只设车辆消毒池，可允许车辆进入管理区。有家属宿舍时，应单设生活区，生活区应设在管理区的上风向，地势较高处。

（2）生产区　包括各种畜舍、饲料贮存、加工、调制等建筑物，是畜牧场的核心内容，应设于全场的中心地带。规划和布局的原则：

①有利于生产，根据不同畜牧场生产特点保证建筑物间的最佳生产联系。

②有利于卫生防疫和防火。

③便于组织场内运输的组织，提高劳动生产率和确保舍内环境条件良好。

6. 畜牧场建筑物的布局

总要求：考虑各建筑物之间的功能关系、小气候的控制、卫生防疫、防火和节约用地等，根据现场条件进行设计布局。

总布局：根据计划的任务与要求（养何种家畜、养多少、生产目标、产品产量），确定饲养管理方式、集约化程度和机械化水平、饲料需要量和饲料供应情况（饲料自产、购入与加工调制等），然后确定各种建筑物的形式、种类、面积和数量，再综合考虑场地的各种因素，制订最好的布局方案。

（1）建筑物的排列

①要求：东西成排，南北成列，整个建筑物的占地基本呈方形。

②布局依据：当地气候、地形、地势、建筑物种类和数量，做到合理、整齐、紧凑、美观。

排列的合理与否，关系到场区小气候、畜舍的光照、通风、建筑物之间的联系、道路和管线铺设的长短、场地的利用率等。应尽量避免将建筑物布置成横向狭长或竖向狭长，因为狭长形布置势必造成饲料、粪污运输距离加大，管理和工作联系不便，道路、管线加长，建场投资增加。将生产区按方形或近似方形布置，则可避免上述缺点。

③布局方式：单列、双列或多列。

（2）建筑物的位置

①功能关系：是指建筑物及各种设施之间，在畜牧生产中的相互搭配。在安排其位置时，将相互有关、联系密切的建筑物和设施，相互靠近安置，以便于生产联系。

举例：商品猪场的工艺流程。

②卫生防疫：

根据：场地地势和当地全年主风向。

建筑物的排列：将办公室和生活用房、种畜舍、幼畜舍安置在上风向和地势较高处；商品畜舍（育肥舍）则可置于下风向和相对较低处；病畜舍和粪污处理设施应置于最下风向和地势最低处。

（3）建筑物的朝向　保证舍内有适宜的光照和良好的通风换气，取得冬暖夏凉的效果，生产中以面南背北为宜。

①根据日照来确定畜舍朝向：依据当地日辐射总量变化图，达到防寒和防暑的目的。畜舍朝向均以南向或南偏东、偏西45°以内为宜。

②考虑畜舍通风要求来确定朝向依据：风向频率图，结合防寒防暑要求，确定通风所需适宜朝向。

三、实训作业

运用所学知识，分别规划设计一个养鸡场和养猪场。

实训二　消毒液的配制

一、目标要求

通过本次实训，使学生掌握消毒剂的配制方法和养殖场的常用消毒方法。

二、仪器材料

待选消毒药品：新洁尔灭、来苏儿、乙醇、NaOH、双氧水、高锰酸钾等，量筒、天平或台秤、盆、桶、缸、搅拌棒、烧杯、橡皮手套、电炉。待消毒畜舍、喷雾器、喷枪，清扫及洗刷等工具，高筒靴、工作服、口罩、毛巾、肥皂等。

三、方法步骤

1. 配制要求

所需药品应准确称量。配制浓度应符合消毒要求，不得随意加大或减少。使药品完全溶解，混合均匀。

2. 配制方法

（1）0.1%（0.3%）新洁尔灭消毒液　用量筒量取注射用水 9800mL（3100mL）倒入配液桶中，放冷至 30℃以下，再用量筒量取 5%新洁尔灭 200mL 倒入注射用水中，搅拌混匀后备用，在容器上贴标签，注明品名、浓度、配制时间、配制人，24h 更换。

（2）3%（5%）来苏儿（甲酚皂）消毒液　用量筒量取注射用水 10000mL 倒入配液桶中，放冷至 30℃以下，再用量筒量取 50%来苏儿 640mL（1100mL）倒入注射用水中，搅拌混匀后备用，在容器上贴标签，注明品名、浓度、配制时间、配制人，24h 更换。

（3）75%乙醇溶液　用量筒量取药用乙醇（95%）7890mL 倒入配液桶中，加水温在 30℃以下的注射用水 2110mL，搅拌均匀后，用酒精比重计测溶液酒精度，再用 95%乙醇或注射用水补足使酒精度达 75%，用 0.22μm 的微孔滤膜过滤后备用，在容器上贴标签，注明品名、浓度、配制时间、配制人，24h 更换。

（4）2%（0.4%）NaOH 溶液　用托盘天平称取 NaOH 80g（16g）于 5000mL 烧杯中，加纯化水至 4000mL，搅拌使其完全溶解后，移至配液桶中备用，在容器上贴标签，注明品名、浓度、配制时间、配制人，一周内更换。

（5）3%双氧水溶液　用量筒量取注射用水 9000mL 倒入配液桶中，放冷至 30℃以下，再用量筒量取 30%双氧水 1000mL 倒入注射用水中，搅拌混匀后备用，在容器上贴标签，注明品名、浓度、配制时间、配制人，24h 更换。

（6）75%酒精溶液　用量器取出浓度为 95%的医用酒精 789.5mL，并添加纯净水到 1000mL 进行搅拌稀释，配制完成后就密封起来保存。

（7）5%氢氧化钠　取出 50g NaOH，将其放入量器中，添加一定的水（最好是温水，不太热也不太冷），两两搅拌稀释，接着再添加一定的水使容量升到 1000mL，配制完成后就可以直接密封保存起来。

（8）0.1%高锰酸钾　取出 1g 高锰酸钾，将其放在量器中，添加水至其到 1000mL，将其进行混合均匀即可。

四、消毒液使用注意事项

（1）新洁尔灭溶液与肥皂等阴离子表面活性剂有配伍禁忌，易失去杀菌效力，所以用肥皂洗手后必须将肥皂冲洗干净。

（2）75%乙醇溶液配制后必须密闭保存并当天用完。

（3）处理洁净室器具、设备等的消毒液应定期更换，以免产生耐药菌株，一周更换一次。

（4）配制消毒液时操作人员必须戴橡胶手套，防止烧伤。

（5）废碱液的处理　用冷水稀释后倒入地漏。

（6）消毒液配制后由配制人员做好记录。

五、实训作业

按照实验要求，书写实验报告。

实训三　流行病学的调查

一、目标要求

流行病学调查是指用流行病学的方法进行的调查研究。通过本次实训，要掌握流行病学调查的目的、方法、结果、用途和意义等。

二、调查目的

（1）界定疫病发生情况，分析可能扩散范围，提出防控措施建议，提高突发动物疫情处置工作的针对性、有效性。

（2）探寻病因及风险因素，分析疫情发展规律，预测疫病暴发或流行趋势，评估控制措施效果，增强重大动物疫情防控工作的主动性、前瞻性。

三、调查范围

根据疫病流行的特点，组织学生根据流行病学方案的要求启动流行病学调查工作，并自主设计填写疫情调查表。

（1）高致病性禽流感、口蹄疫、高致病性猪蓝耳病、炭疽、狂犬病。

（2）猪瘟、新城疫、布鲁氏菌病、结核病、蓝舌病等主要动物疫病发病率或流行特征出现异常变化。

（3）小反刍兽疫、疯牛病、痒病、非洲猪瘟等外来动物疫病。

（4）牛瘟、牛肺疫等已消灭疫病再次发生。

（5）较短时间内出现导致较大数量动物发病或死亡，且蔓延较快的疫病，或怀疑为新发的疫病。

四、调查方法和内容

调查采用问卷调查、现场调查和采样检测相结合的方法。如猪群腹泻疫情调查主要了解冬季、春季节疫情流行现状及特点，相关地区在疫情发生后所采取的措施及防控效果，同时对采集的样品进行相关病原 RT-PCR/PCR 检测，并进行主要致病原分子流行病学研究。

五、实训作业

自主设计流行病学调查方案并绘制疫情调查表。

实训四　鸡新城疫的抗体监测——血凝与血凝抑制实验

一、目标要求

通过本次实训，要掌握鸡新城疫的抗体监测方法。

二、血凝与血凝抑制试验

通过已知病毒，检查待检血清中是否含有相应的抗体及抗体效价，监测免疫后鸡群抗体水平的动态变化，评价疫苗免疫效果。

1. 试验内容（图 7-1）

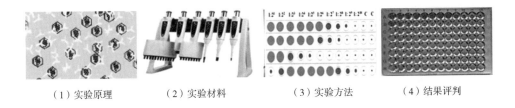

（1）实验原理　　　（2）实验材料　　　（3）实验方法　　　（4）结果评判

图 7-1　实验内容

2. 血凝与血凝抑制试验原理

某些病毒（如新城疫病毒，禽流感病毒等）具有血凝素，能够与动物的红细胞发生凝集，此即为红细胞凝集现象（HA）（图 7-2）。这种红细胞凝集现象可于病毒悬液中加入特异免疫血清所抑制，即为红细胞凝集抑制试验（HI）（图 7-3）。

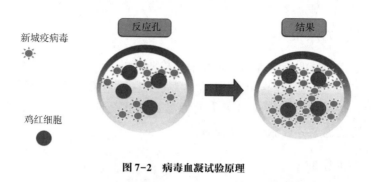

新城疫病毒

鸡红细胞

图7-2 病毒血凝试验原理

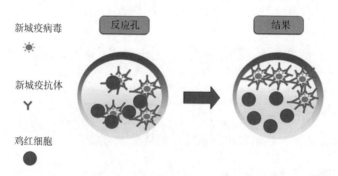

新城疫病毒

新城疫抗体

鸡红细胞

图7-3 病毒血凝抑制试验原理

3. 试验器材

实验器材包括禽用采血器、托盘天平、离心管、移液枪、离心机、微型振荡器、96孔V型反应板、生理盐水、鸡新城疫病毒液、待检血清等。

试验步骤如图7-4所示。

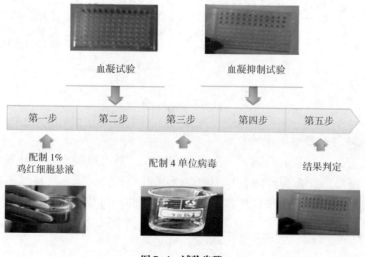

血凝试验   血凝抑制试验

第一步 | 第二步 | 第三步 | 第四步 | 第五步

配制1%
鸡红细胞悬液   配制4单位病毒   结果判定

图7-4 试验步骤

4. 试验判读

鸡新城疫病毒血凝试验判读见图 7-5。

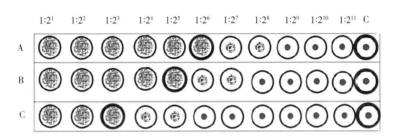

图 7-5　鸡新城疫病毒血凝试验判读

鸡新城疫病毒血凝抑制试验判读见图 7-6。

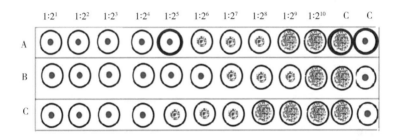

图 7-6　新城疫病毒血凝抑制试验判读

三、实训作业

写出鸡新城疫的抗体监测方法步骤。

实训五　各种动物的临诊检疫

一、猪的临诊检疫

1. 实训内容

（1）猪临诊检疫的基本方法。

（2）一般群体和个体的临诊检疫。

2. 目标要求

（1）学会猪的临诊检疫基本技术、一般群体和个体临诊检疫的方法。

（2）具备对猪进行临诊检疫的能力。

3. 实训材料

实训材料包括动物保定用具，听诊器、体温计等检疫器材，被检猪群，群检场地及其他。

4. 方法与步骤

临诊检疫的基本方法：主要包括问诊、视诊、触诊、叩诊、听诊和嗅诊。这些方法简便易行，对各种动物、在任何地方均可实施，并能较为准确地判断病理变化。其中以视诊为主。

①问诊：问诊就是向饲养人员调查、了解猪发病情况和经过的一种方法。问诊的主要内容如下。

现病史：被检猪有没有发病；发病的时间、地点，病猪的主要表现、经过、治疗措施和效果，畜主估计的致病原因等。

既往病史：过去病猪或猪群患病情况，是否发生过类似疫病，其经过与结局如何，本地或临近乡、村的常在疫情及地区性的常发病，预防接种的内容、时间及结果等。

饲养管理情况：饲料的种类和品质，饲养制度及方法；猪舍的卫生条件，运动场、农牧场的地理情况，附近厂矿的"三废"处理情况；猪的生产性能等。

问诊的内容十分广泛，但应根据具体情况适当增减，既要有重点，又要全面了解情况，注意采取启发式的询问方法。可先问后检查，也可边检查边问。问诊态度要和蔼、诚恳、亲切，语言要通俗易懂，争取畜主的密切配合。对问诊所得的材料应报以客观态度，既不能绝对地肯定，又不能简单地否定，而应结合临诊检查资料，进行综合分析，从而找出诊断线索。

②视诊：视诊就是用肉眼或借助简单器械观察病猪和猪群病理现象的一种检查方法。视诊的主要内容如下。

外貌：如体格大小、发育程度、营养状况、体质强弱、躯体结构等。

精神：沉郁或兴奋。

姿态步样：静止时的姿态，运动中的步态。

表皮组织：如被毛状态，皮肤、黏膜颜色和特征，体表创伤、溃疡、疹疱、肿胀的病变位置、大小及形状。

与体表直通的体腔：如口腔、鼻腔、咽喉、阴道等黏膜颜色的变化和完整性的破坏情况，分泌物、渗出物的量、性质及混杂物情况。

某些生理活动的情况：如呼吸动作和咳嗽，采食、咀嚼、吞咽，有无呕吐、腹泻，排粪、排尿的状态以及粪便、尿液的量、性质和混有物等。

视诊的一般程序是先视检猪群，以发现可能患病的个体。对个体的视诊先在距离2~3m的地方，从左前方开始，从前向后逐渐按顺序观察头部、颈部、胸部、腹部、四肢，再走到猪的正后方稍作停留，视察尾部、会阴部，对照观察两侧胸腹部及臀部状态和对称性，再由右侧到正前方。如果发现异常，可接近猪只，按相反方向再转一圈，对异常变化进行仔细观察。观察运步状态。

视诊宜在光线较好的地方进行。视诊时应先让猪休息并熟悉周围环境，待其呼吸、心跳平稳后进行。切忌只根据视诊症状确定诊断，应该结合其他检查结果综合分析判断。

③触诊：触诊就是利用手指、手掌、手背或拳头的触压感觉来判断局部组织或器官状态的一种检查方法。触诊的主要内容如下。

体表状态：耳温和皮肤湿度、弹性及硬度，浅表淋巴结及肿物的位置、大小、形态、温度、内容物的性状以及疼痛反应等。

某些器官的活动情况：如心搏动、脉搏等。

腹腔脏器：可通过软腹壁进行深部触诊，感知腹腔状态，肠、胃、肝、脾的硬度，肾与膀胱的病变以及母猪的妊娠情况等。

④听诊：听诊是利用听觉去辨认某些器官在活动过程中的音响，借以判断其病理变化的一种检查方法。听诊主要用于心血管系统、呼吸系统和消化系统。

听诊有直接和间接两种方法。主要用于听诊心音，喉、气管和肺泡呼吸音，胸膜的病理声响以及胃肠的蠕动音等。

听诊应在安静的条件下进行，听诊器耳塞与外耳道接触的松紧度要适宜，集音头应紧贴被检部位，胶管不能交叉，也不能与他物接触，避免发生杂音。听诊时注意力要集中，如听呼吸音时要观察呼吸动作。听心音时要注意心搏动等，还应注意与传来的其他器官的声音区别。

⑤嗅诊：嗅诊是利用嗅觉辨认动物散发出的气味，借以判断其病理气味的一种检查办法。嗅诊包括嗅呼吸气味、空腔气味、粪尿等排泄物气味以及带有特殊气味的分泌物。

二、其他群体和个体临诊检疫

见本项目有关群体检疫和个体检疫的内容。

实训六　旋毛虫的实验室检疫

一、实训内容

（1）旋毛虫病的临诊检疫要点。

（2）旋毛虫病的实验室检查方法。

二、目标要求

目标要求熟悉旋毛虫病临诊检疫的操作要点，掌握肌肉压片检查法，学习和了解肌肉消化检查法，认识肌旋毛虫。

三、实训材料

实训材料包括旋毛虫压定器或载玻片、剪刀、镊子、绞肉机、组织捣碎机、显微镜、旋毛虫检查投影仪、0.3～0.4mm 铜筛、贝尔曼幼虫分离装置、磁力加热搅拌器、600mL 锥形瓶、分液漏斗、烧杯、纱布、天平等；5% 和 10%盐酸溶液、0.1%～0.4%胃蛋白酶水溶液、50%甘油溶液等。

四、方法与步骤

1. 临诊检疫

临诊可见疼痛或麻痹、运动障碍、声音嘶哑、咀嚼与吞咽障碍、体温上升和消瘦。有时眼睑和四肢水肿。

2. 实验室检疫

（1）肌肉压片检查法

①采样：猪肉取左、右膈肌各 30g 肉样一块，并编上与肉体同一号码。

②制片：先撕去同样肌膜，用剪刀顺肌纤维方向剪成米粒大 12 粒，两块共 24 粒，依次贴于玻片上，盖上另一玻片，用力压扁。

③判定：将制片置于 50～70 倍低倍显微镜下观察，发现有梭形或椭圆形，呈螺旋状盘曲的旋毛虫包囊，即可确诊。放置时间较久，包囊已不清晰，可用美蓝溶液染色，染色后肌纤维呈淡蓝色，包囊呈蓝色或淡蓝色，虫体不着色。

（2）肌肉消化检查法

①采样：按流水线上胴体编号顺序，以 5～10 头猪为一组，每头采取膈肌数克分别放在序号相同的采样盘或取样袋内。

②捣碎肉样：每头随机取 2g，每组共取 10～20g，加入 100～200mL，0.1%～0.4%的胃蛋白酶溶液，捣碎至肉样成絮状并混悬于溶液为止。

③消化、过筛：将捣碎液倒入锥形瓶中，再用等量胃蛋白酶溶液冲洗容器，洗液注入锥形瓶中，于 200mL 消化液中加入 5%盐酸溶液 7mL 左右，中速搅拌，消化 2～5min。然后用粗筛过滤后再用细筛过滤，滤液收集于另一大烧杯中。

④沉淀过滤、分装、镜检：待滤液沉降数分钟后取上清液再过滤振荡，使虫体下沉。并迅速地将沉淀物放于底部划分为若干个方格的培养皿内。用低倍镜按皿底划分的方格，分区逐个检查有无旋毛虫。

五、实训报告

记录实训操作情况，并根据检查结果写一份关于猪旋毛虫病的检疫报告。

实训七 牛结核病的检疫

一、实训内容

（1）牛结核病的临床检疫。

（2）变态反应检疫。

（3）病原检疫。

二、目标要求

（1）熟悉牛结核病检疫内容和要点。

（2）掌握变态反应检疫的操作步骤。

（3）能正确判定结果并掌握操作时的注意事项。

三、实训材料

实训材料包括待检牛、牛结核病料、煮沸消毒锅、培养箱、匀浆机、鼻钳、修毛剪、镊子、游标卡尺、1mL一次性注射器、12号针头、接种环、酒精灯、脱脂棉、纱布、牛型提纯结核菌素、潘氏斜面培养基、甘油肉汤、石蜡、来苏儿、酒精、火柴、记录表、工作服、工作帽、口罩、胶靴、毛巾、肥皂等。

四、方法与步骤

1. 临床检疫

（1）流行病学调查 询问牛的引进及饲养管理情况，以及发病数量及病程长短。

（2）临床症状 参照已了解的牛结核病的临床主要诊断依据仔细观察，特别要注意营养状况、呼吸道及消化道症状。

（3）病理变化 对疑为结核病牛尸体进行解剖时，注意观察特征性的病理变化。

2. 变态反应检疫

牛型提纯结核菌素（PPD）检疫牛结核病的操作方法及判定结果的标准如下。

（1）方法

①注射部位及术前处理：将牛只编号，在颈侧中部上 1/3 处剪毛（或提前一天剃毛），出生后 20d 的牛即可用本试验进行检疫，3 个月以内的犊牛，也可在肩胛部进行，直径约 10cm。用卡尺测量术部中央皮皱厚度（术部应无明显的病变），做好记录（表 7-1）。

表 7-1　　　　　　　　　　　牛结核病检疫记录表

单位：　　　　　　　　　　　　年　月　日　　　　　　　　　　检疫员：

牛号	年龄	提纯结核菌素皮内注射反应							
		第次	注射时间	部位	原皮厚度	72h	96h	120h	判定
		第一次							
		第二次							
		第一次							
		第二次							
		第一次							
		第二次							

受检头数_____；阳性头数_____；疑似头数_____；阴性头数_____。

②注射剂量：不论大、小牛，一律皮内注射 0.1mL（含 2000IU），即将牛型结核分枝杆菌 PPD 稀释成 2 万 IU/mL 后，皮内注射 0.1mL。冻干 PPD 稀释后当天用完。

③注射方法：先以 70% 酒精消毒术部，然后皮内注入定量的牛型提纯结核菌素，注射后局部应出现小疱。如注射有疑问时，应另选 20cm 以外的部位或对侧重做。

④注射次数和观察反应：皮内注射后经 72h 判定，仔细观察局部有无热痛、肿胀等炎性反应，并以卡尺测量皮皱厚度，做好详细记录。对疑似反应牛应立即在另一侧以同一批菌素、同一剂量进行第二次皮内注射，72h 后再观察反应。

对阴性牛和疑似反应牛，于注射后 96h 和 120h 再分别观察一次，以防个别牛出现较晚的迟发型变态反应。

（2）结果判定

①阳性反应：局部有明显的炎性反应，皮厚差等于或大于 4mm 者，其记录符号为 "+"。对进口牛的检疫，凡皮厚差大于 2mm 者，均判为阳性。

②疑似反应：局部炎性反应不明显，皮厚差在 2~4mm，其记录符号为 "±"。

③阴性反应：无炎性反应，皮厚差在 2mm 以下，其记录符号为 "-"。

（3）重检　凡判定为疑似反应的牛只，于第一次检疫 30~60d 后进行复检。其结果仍为可疑反应时，经 30~60d 后再复检，如仍为疑似反应，应判为阳性。

3. 病原检疫

（1）病料处理　根据感染部位的不同采用不同的标本，如痰、尿、脑脊液、腹腔积液、乳汁及其他分泌物等。为了排除分枝杆菌以外的微生物，组织样品制成匀浆后，取 1 份匀浆加 2 份草酸或 5% NaOH 混合，室温放置 5~10min，上清液小心倒入装有小玻璃珠并带螺帽的小瓶或小管内，37℃ 放置 15min，于 3000~4000r/min 离心 10min，弃去上清液，用无菌生理盐水洗涤沉淀，并再离心。沉淀物用于分离培养。

（2）分离培养　将沉淀物接种于潘氏斜面培养基和甘油肉汤中，培养管加橡皮塞，置 37℃ 下培养至少 2~4 周，每周检查细菌生长情况，并在无菌环境中换气 2~3min。牛结核分枝杆菌呈微黄白色、湿润、黏稠、微粗糙菌落。取典型菌落涂片、染色、镜检可确检。结核杆菌革兰染色阳性（菌体呈蓝色），抗酸染色菌体呈红色。

4. 实训报告

写出观察记录皮内变态反应的结果并进行判定，填写牛结核病检疫记录表。

实训八　生猪定点屠宰场的检疫

一、实训内容

（1）猪宰后检疫的顺序、要点。

（2）生猪宰后检疫操作方法　猪头部、体表、肉尸、内脏及旋毛虫检验的操作方法。

二、目标要求

（1）猪宰后检疫的要点和鉴别检疫要点　掌握猪宰后检疫的要点和鉴别检疫要点，发现和检出对人有害及可致病的肉和肉品。

（2）初步掌握猪宰后检疫的基本方法。

三、实训材料

（1）屠宰场或肉类联合加工厂　选择一个正规的屠宰场或肉类联合加工厂。

（2）检验工具　检验刀具每人一套；防水围裙、袖套及长筒靴每人一套；白色工作衣帽、口罩等。

四、方法与步骤

1. 猪宰后检疫的程序

宰后检疫的程序包括统一编号（胴体、内脏和其他副产品）、头部检疫、皮肤检疫、内脏检疫、胴体检疫、旋毛虫检疫、肉孢子虫检疫和复验盖印。

2. 宰后检疫的操作要点

（1）编号　在宰后检疫之前，要先将分割开的胴体、内脏、头蹄和皮张编上同一号码，以便在发现问题时进行查对。编号的方法可用红色或蓝色铅笔在皮上写号，或贴上有号的纸放在该胴体的前面，以便对照检查。有条件的屠宰场（厂）可设定两个架空轨道，进行胴体和内脏的同步检疫。

（2）头部检疫

①剖检颌下淋巴结：颌下淋巴结是浅层淋巴结，位于下颌间隙的后部，颌下腺的前端，表面被腮腺覆盖。呈卵圆形或扁椭圆形。

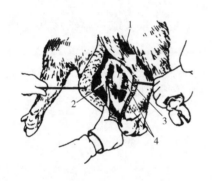

图 7-7　猪头部检疫
1—咽喉隆起　2—下颌骨
3—颌下腺　4—下颌淋巴结

剖检方法：助手以右手握住猪的右前蹄，左手持长柄铁钩，钩住切口左壁的中间部分，向左牵拉使切口扩张。检验者左手持钩，钩住切口左壁的中间部分，向左牵拉切口使其扩张，右手持刀将切口向深部纵切一刀，深达喉头软骨。再以喉头为中心，朝向下颌骨的内侧，左右各作一弧形切口，便可在下颌骨的内沿、颌下腺的下方，找出左右颌下淋巴结并进行剖检（图7-7）。观察是否肿大，切面是否呈砖红色，有无坏死灶（紫、黑、灰）。检视周围有无水肿、胶样浸润。

②必要时检疫扁桃体及颈部淋巴结，观察其局部是否呈出血性炎、溃疡、坏死，切面有无楔形的、由灰红色到砖红色的小病灶，其中是否有针尖大小的坏死点。

③头、蹄检疫有无口蹄疫、水疱病等传染病。

④剖检咬肌如果头部连在肉尸上，可用检验钩钩着颈部断面上咽喉部，提起猪头，在两侧咬肌处与下颌骨平行方向切开咬肌，检查猪囊虫。如果头已从肉尸割下，则可放在检验台上剖检两侧咬肌（图7-8）。

（3）皮肤检疫

①带皮猪在烫毛后编号时进行检疫，剥皮猪则在头部检疫后洗猪体时初检，然后待皮张剥除后复检，可结合脂肪表面的病变进行鉴别诊断。

②检查皮肤色泽，有无出血、充血、疹块等病变。如呈弥漫性充血状（败血型猪丹毒），皮肤点状出血（猪瘟），四肢、耳、腹部呈云斑状出血（猪巴氏杆菌病），皮肤黄染（黄疸），皮肤呈疹块状（疹块型猪丹毒），痘疹（猪痘），坏死性皮炎（花疮），皮脂腺毛囊炎（点状疮）等。

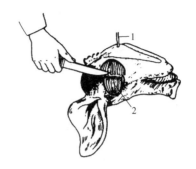

图7-8 猪咬肌检疫
1—提起猪头的铁钩 2—被切开的咬肌

③检疫员通过对以上皮肤的这些不同病变进行鉴别诊断，作为疑似病猪应及时剔出，保留猪体及内脏，便于下道检疫程序再作最后整体判断同步处理。

（4）内脏检疫

①胃、肠、脾的检查（白下水检查）：有非离体检查和离体检查两种方式。

非离体检查：国内各屠宰场多数在开膛之后，胃、肠、脾未摘离肉尸之前进行检查。检查的顺序是脾脏→肠系膜淋巴结→胃肠。

肠系膜淋巴结包括前肠系膜淋巴结（位于前肠系膜动脉根部附近）和后肠系膜淋巴结（位于结肠终袢系膜中），数量众多，称之为肠系膜淋巴群。在猪的宰后检疫中，常剖检的是前肠系膜淋巴结。

开膛后先检查脾脏（在胃的左侧，窄而长，紫红色，质较软），视检其大小、形态、颜色或触检其质地。必要时可切开脾脏，观察断面。然后提起空肠观察肠系膜淋巴结，并沿淋巴结纵轴（与小肠平行）纵行剖开淋巴结群，视检其内部变化（图7-9）。这对发现肠炭疽具有重要意义。最后视检整个胃肠浆膜有无出血、梗死、溃疡、坏死、结节、寄生虫等。

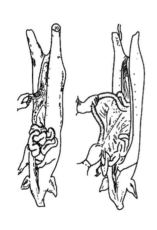

图7-9 猪的脾脏和肠系膜淋巴结检疫

离体检查：如果将胃、肠、脾摘离肉尸后进行检查，要编记与肉尸相同的号码，并按要求放置在检验台上检查。首先视检脾、胃肠浆膜面（视检的内容同上），必要时切开脾脏。然后检查肠系膜淋巴结。把胃放置在检查者的左前方，把大肠圆盘放在检查者面前，再用手

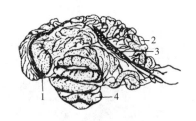

图7-10 胃肠放置法
1—胃 2—小肠
3—肠系膜淋巴结 4—大肠圆盘

将此两者间肠管较细、弯曲较多的空肠部分提起，并使肠系膜在大肠圆盘上铺开，便可见一长串索状隆起即肠系膜淋巴结群。用刀切开肠系膜淋巴结进行检查（图7-10）。

猪的寄生虫有许多寄生在胃肠道，如猪蛔虫、猪棘头虫、结节虫、鞭虫等。当猪蛔虫大量寄生时，从肠管外即可发现；猪结节虫在肠壁上形成结节。对寄生虫的检疫除观察病变外，还要结合胃肠整理，以有利于产地寄生虫普查和防治。

②肺、心、肝的检查（红下水检查）：肺、心、肝的检查也有非离体检查与离体检查两种方式。

非离体检查：当屠宰加工摘除胃、肠、脾后，割开胸腔，把肺、心、肝一起拉出胸腔、腹腔，使其自然悬垂于肉体下面，按肺—心—肝的顺序依次检查。

离体检查：离体检查的方式又有悬挂式和平案式两种。两种方式都应将被检脏器编记与肉尸相同的号码。悬挂式是将脏器悬挂在检验架上受检，这种方式基本同非离体检查；平案式是把脏器放置在检验台上受检，使脏器的纵隔面（两肺的内侧）向上，左肺叶在检验者的左侧，脏器的后端（膈叶端）与检验者接近。

不论是采取非离体还是离体，以及悬挂式还是平案式检查，都应按先视检、后触检、再剖检的顺序全面检查肺、心、肝，并且注意观察咽喉黏膜与心、耳、胆囊等器官的状况，综合判断。

a.肺脏的检验。主要观察肺外表的色泽、大小、有无充血、气肿、水肿、出血、化脓、坏死、肺丝虫、肺吸虫或霉形体肺炎等病变，并触检其弹性，但必须与因电麻时间过长或电压过高所造成的散在性出血点相区别。此外，还必须注意屠宰放血时误伤气管而引起肺吸入血液和为泡烫污水灌注（后者剖切后流出淡灰色污水带有温热感），必要时剖检支气管淋巴结（图7-11至图7-13）和肺实质，观察有无局灶性炭疽、肿瘤以及小叶性或纤维素

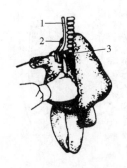

图7-11 肺左支气管淋巴结剖检法
1—食管 2—主动脉 3—左支气管淋巴结

性肺炎等。

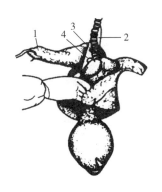

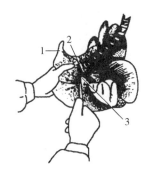

图7-12　肺右支气管淋巴结剖检法

1—肺尖叶　2—食管

3—气管　4—右支气管淋巴结

图7-13　肺尖叶支气管淋巴结和
右支气管淋巴结剖检法

1—右肺尖叶　2—尖叶支气管淋巴结

3—右支气管淋巴结

- 结核病可见淋巴结和肺实质中有小结节、化脓、干酪化等特征。
- 肺丝虫病以突出表面白色小叶性气肿灶为特征。
- 猪肺疫以纤维素性坏死性肺炎（肝变状）为特征。
- 猪丹毒以卡他性肺炎和充血、水肿为特征。
- 猪气喘病以对称性肺炎的炎性水肿肉变为特征。
- 此外，猪肺常见到肺吸虫、肾虫、囊虫、细颈囊尾蚴、棘球蚴等。

b. 心脏的检验。在检验肺的同时，查看心脏外表色泽、大小、硬度，有无炎症、变性、出血、囊虫、丹毒、心浆膜丝虫等病变。并触摸心肌有无异常，必要时剖切左心，检视二尖瓣有无花菜样疣状物。猪心脏切开法见图7-14。

c. 肝脏的检验。首先观察形状、大小、色泽有无异常，触检其弹性；其次剖检肝门淋巴结（图7-15）及左外叶肝胆管和肝实质，有无变性（在猪多见脂肪变性及颗粒变性）、淤血、出血、纤维素性炎、硬变或肿瘤等病变，以及有无肝片吸虫、华支睾吸虫等寄生虫，有无副伤寒性结节（呈粟状黄色结节）和淋巴结细胞肉瘤（呈白色或灰白色油亮结节）。

猪心、肝、肺平案检验法见图7-16。

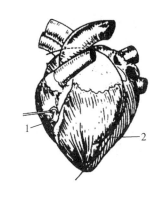

图7-14　猪心脏切开法

1—左纵沟　2—纵剖心脏切开线

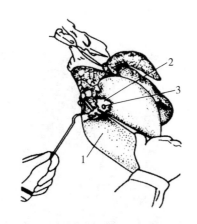

图 7-15 肝门淋巴结剖检法
1—肝的膈面 2—肝门淋巴结周围的结缔组织
3—被切开的肝门淋巴结

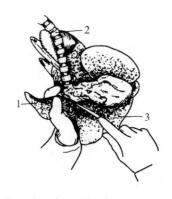

图 7-16 猪心、肝、肺平案检验法
1—右肺尖叶 2—气管
3—右肺膈叶

（5）旋毛虫检验 在宰后检验中，猪旋毛虫的检验非常必要。特别是在本病流行的地区及有吃生肉习惯的地方更为必要。其方法有以下几种。

①肉眼观察：这是提高旋毛虫检出率的关键，因为在可检面上挑取可疑点进行镜检，要比盲目剪取 24 个肉粒压片镜检的检出率高。

②采样：旋毛虫的检验以横膈膜肌角的检出率最高，尤其是横膈膜肌角近肝脏部较高，其次是膈膜肌的近肋部。

从肉尸左右膈肌角采取重量不少于 30g 的肉样两块，编上与肉尸相同的号码，送实验室检查。

③视检：检查时的光线，以自然光线较好，检出率高。按号取下肉样，先撕去肌膜，在良好的光线下，将肌肉拉平，仔细观察肌肉纤维的表面，或将肉样拉紧斜看，或将肉样左右摆动，使成斜方向才易发现。有两种情况：一种是在肌纤维的表面，看到一种稍凸出的卵圆形的针头大小发亮的小点，其颜色和肌纤维的颜色相似而稍呈结缔组织薄膜所具有的灰白色，折光良好；另一种，肉眼可见肌纤维上有一种灰白色或浅白色的小白点应可疑。另外，刚形成包囊的呈露点状，稍凸于肌肉表面，应将病灶剪下压片镜检。

④显微镜检查法（压片法）：

压片标本制作：用弓形剪刀，顺肌纤维从肉块的可疑部位或其他不同部位随机剪取麦粒大小的 24 个肉粒（两块肉共剪 24 块），使肉粒均匀地排列在夹压器的玻板上，每排 12 粒。盖上另一块玻板，拧紧螺旋或用手掌适度地压迫玻板，使肉粒压成薄片（能透过肉片看清书报上的小字）。

无旋毛虫夹压器时可用普通载玻片代替。每份肉样则需要 4 块载玻片，才能检查 24 个肉粒。使用普通载玻片时需用手压紧两载玻片，两端用透明胶带缠固，方能使肉粒压薄。

镜检：将压片置于 50~70 倍的显微镜下观察，检查由第一肉粒压片开始，不能遗漏每一个视野。镜检时应注意光线的强弱及检查的速度，如光线过强、速度过快，均易发生漏检。

旋毛虫的幼虫寄生于肌纤维间，典型的形态为：包囊呈梭形、椭圆形或圆形，囊内有螺旋形蜷曲的虫体。有时会见到肌肉间未形成包囊的杆状幼虫、部分钙化或完全钙化的包囊（显微镜下见一些黑点）、部分机化或完全机化的包囊。

显微镜下应注意旋毛虫与猪住肉孢子虫的区别。猪住肉孢子虫寄生在膈肌等肌肉中，一般情况下比旋毛虫感染率高，往往在检查旋毛虫时发现住肉孢子虫，有时同一肉样内既有旋毛虫，也有住肉孢子虫，注意鉴别（图 7-17）。对于钙化的包囊，滴加 10% 稀盐酸将钙盐溶解后，如果是旋毛虫包囊，可见到虫体或其痕迹；住肉孢子虫不见虫体；囊虫则能见到角质小钩和崩解的虫体团块。

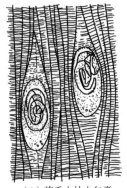

（1）旋毛虫幼虫包囊　　（2）住肉孢子虫包囊

图 7-17　旋毛虫与住肉孢子虫区别

（6）肉尸检查　在屠宰加工过程中，肉尸一般是倒挂在架空轨道上依次编号、进行检查的。首先判定其放血程度。放血不良的肌肉颜色发暗，切面上可见暗红色区域，挤压有少量血滴流出。根据肉尸的放血不良程度，检疫人员可怀疑该肉尸是由疫病所致还是宰前过于疲劳等引起。

①一般检查：全面视检肉尸皮肤外表、皮下组织、肌肉、脂肪以及胸腹膜等部位有无异常。当患有猪瘟、猪肺疫、猪丹毒时，皮肤上常有特殊的出血点或出血斑。

②腰肌的检验：其方法是检验者以检验钩固定肉尸，然后用刀自荐椎与腰椎结合部起做一深切口，沿切口紧贴脊椎向下切开，使腰肌与脊柱分离。然后移动检验钩，用其钩拉腰肌使腰肌展开，顺肌纤维方向做 3~5 条平行切口，视检切面有无猪囊虫（图 7-18）。

③肾脏的检验：一般附在胴体上检疫。先剥离肾包膜，用检疫钩钩住肾盂部，再用刀沿肾脏中间纵向轻轻一划，然后刀外倾以刀背将肾包膜挑开，用钩

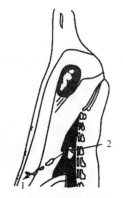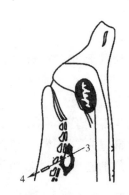

（1）肾脏剥离肾包膜术式（左肾）　　（2）肾脏剥离肾包膜术式（右肾）

图7-18　腰肌和肾脏的检疫

1—肉钩牵引及转动的方式　2—刀尖挑拨肾包膜切口的方向

3—刀尖挑拨肾包膜切口的方向　4—钩子着钩部位和剥离时牵引方向

一拉肾脏即可外露。观察肾的形状、大小、弹性、色泽及病变。必要时再沿肾脏边缘纵向切开，对皮质、髓质、肾盂进行观察。摘除肾上腺。肾脏检疫见图7-18。

④剖检肉尸淋巴结：在正常的检疫中，必检的淋巴结有腹股沟浅淋巴结、腹股沟深淋巴结，必要时再剖检股前淋巴结、肩前淋巴结、咽淋巴结。剖检时以纵向切开为宜。

腹股沟浅淋巴结（乳房淋巴结）：位于最后一个乳头平位或稍后上方（肉尸倒挂）的皮下脂肪内，大小为（3~8）cm×（1~2）cm。剖检时，检验者用钩钩住最后乳头稍上方的皮下组织向外侧牵拉，右手持刀从脂肪组织层正中切开，即可发现被切开的腹股沟浅淋巴结（图7-19）。检查其变化。

腹股沟深淋巴结：这组淋巴结往往缺无或并入髂内淋巴结。一般分布在髂外动脉分出旋髂深动脉后，进入股管前的一段血管旁，有时靠近旋髂深动脉起始处，甚至与髂内淋巴结连在一起。剖检时，首先沿腰椎虚设一垂线 AB（图7-20），再自倒数第1、2腰椎结合处斜向上方虚引一直线 CD，使 CD 线与 AB 线呈 35°~45°

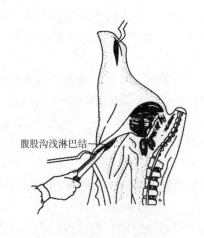

腹股沟浅淋巴结

图7-19　猪腹股沟浅淋巴结检疫

相交。然后沿 CD 线切开脂肪层，见到髂外动脉，沿此动脉可找到腹股沟深淋巴结。继而进行剖检，观察变化。

股前淋巴结：见图 7-21。

肩前淋巴结（颈浅背侧淋巴结）：位于肩关节的前上方，肩胛突肌和斜方肌的下面，长 3~4cm。采用切开皮肤的剖检方法。该淋巴结位于肩关节前上方，检查时在被检肉尸的颈基部虚设一水平线 AB，于该水平线中点始向背脊方向移动 2~4cm 处作为刺入点。以尖刀垂直刺入颈部组织，并向下垂直切开 2~3cm 长的肌肉组织，即可找到该淋巴结（图 7-22）。剖检该淋巴结，观察变化。

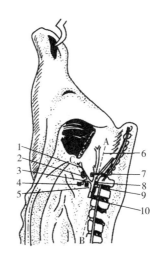

图 7-20 猪腹股沟深淋巴结检疫
1—髂外动脉 2—腹股沟深淋巴结
3—旋髂深动脉 4—髂外淋巴结
5—检查腹股沟淋巴结的切口线
6—沿腰椎假设 AB 线 7—腹下淋巴结
8—髂内动脉 9—髂内淋巴结 10—腹主动脉

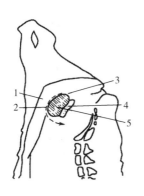

图 7-21 猪股前淋巴结检疫
1—腰 2—切口线 3—剖检下刀处
4—耻骨断面 5—半圆形红色肌肉处

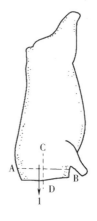

图 7-22 猪肩前淋巴结剖检术式图
1—肩前淋巴结 AB—颈基底宽度
CD—AB 线的等分线

3. 盖印章

动物检疫员认定是健康无染疫的肉尸，应在胴体上加盖验讫印章，内脏加封检疫标志，出具动物产品检疫合格证明。有自检权的屠宰场、肉类联合加工厂，经厂内检疫人员检疫符合防设要求的胴体，加盖本厂的验讫印章和动物防疫监督机构使用的验讫印章，内脏加封检疫标志，并出具畜牧兽医行政管理部门统一规定的动物产品检疫合格证明。

对不合格的肉尸，在肉尸上加盖无害化处理验讫印章并在防疫监督机构监督下进行无害化处理。

4. 宰后检疫结果的登记

猪宰后检疫完成后，对每天所检出的疫病种类进行统计分析（包括宰前检出），这对本地猪病流行病学研究和采取防治对策有十分重要的意义。具体详见表7-2。

表7-2　　　　　　　　　　生猪屠宰检疫检出病类统计　　　　　　　　　单位：头

时间	产地	屠宰总数	猪瘟	猪丹毒	猪肺疫	结核病	炭疽	囊虫病	旋毛虫病	弓形虫病	住肉孢子体病	钩端螺旋体病	黄疸	白肌肉	……	死因不明

5. 宰后检疫注意事项

（1）在使用检疫工具时注意安全，不要伤到检验者及周围人员。

（2）为了保证肉品的卫生质量和商品价值，剖检时只能在规定的部位切开，且要深浅适度，切勿乱划和拉锯划切割。肌肉应顺肌纤维切开，以免形成巨大的裂口，导致细菌的侵入或蝇蛆的滋生。

（3）内脏器官暴露后，一般都应先视检外形，不要急于剖检。按要求需要进行剖检的器官，剖检要到位。

（4）检疫人员要穿戴干净的工作服、帽、围裙、胶靴，离开工作岗位时必须脱换工作服，并注意个人消毒。

（5）检疫人员在检疫过程中注意力要集中，并严禁吸烟和随地吐痰。

五、实训报告

（1）说出猪颌下淋巴结、腹股沟浅淋巴结、腹股沟深淋巴结、肩前背侧淋巴结的剖检术式。

（2）猪宰后旋毛虫的检验。

实训九　动物的预防接种

一、实训内容

（1）免疫接种的方法。
（2）生物制品的保存、运送和用前检查。
（3）家畜免疫接种前及接种后的护理与观察。
（4）免疫接种的注意事项。

二、目标要求

（1）了解免疫接种的注意事项。
（2）熟悉兽医生物制品的保存、运送和用前检查方法。
（3）掌握免疫接种的方法与步骤，家畜免疫接种前及接种后的护理与观察。

三、实训材料

实训材料包括金属注射器（10mL、20mL、50mL 等规格）、玻璃注射器（1mL、2mL、5mL 等规格）、金属皮内注射器（螺口）、连续注射器、针头（兽用12~14 号、人用6~9 号、螺口皮内19~25 号）、胶头滴管、煮沸消毒锅、镊子、剪毛剪、体温计、气雾发生器、空气压缩机、5%碘酊、75%酒精、来苏儿或新洁尔灭等消毒剂、疫苗或免疫血清、脸盆、毛巾、脱脂棉、搪瓷盆、工作服、登记卡或卡片、保定动物用具、稀释液（生理盐水）、冰块、广口瓶、工作服、工作帽、口罩、手套、胶靴。

四、方法与步骤

1. 免疫接种的方法

免疫接种的方法主要有注射免疫法、皮肤刺种法、经口免疫法和气雾免疫法等。注射免疫法又可分为皮下接种法、皮内接种法、肌内接种法及静脉接种法四种。

（1）注射免疫法

①皮下接种法：对马、牛等大家畜皮下接种时，一律采用颈侧部位，猪在耳根后方，家禽在胸部、大腿内侧。根据药液的浓度和家畜的大小而异，一般用16~20 号针头。

②皮内接种法：马的皮内接种采用颈侧、眼睑部位。牛及羊除颈侧外，可

在尾根或肩胛中央部位。猪大多在耳根后。鸡在肉髯部位。一般使用带螺口的注射器及 19~25 号 1/4~1/2 的螺旋注射针头。羊、鸡可以使用 1mL 注射器及 24~26 号针头。

③肌内接种法：家畜一律采用臀部或颈部肌内接种。鸡可在胸肌部接种。一般用 14~20 号针头。

④静脉接种法：马、牛、羊的静脉接种，一律在颈静脉部位，猪在耳静脉部位。鸡则在翼下静脉部位。

（2）皮肤刺种法　如在鸡翅内侧无血管处刺种。

（3）经口免疫法　经口免疫法分饮水免疫和喂食免疫两种，前者是将可供口服的疫苗混于水中，畜禽通过饮水而获得免疫，后者是将可供口服的疫苗用冷的清水稀释后拌入饲料，畜禽通过吃食而获得免疫。经口免疫时，应按畜禽头数和每头畜禽平均饮水量或吃食量，准确计算需用的疫苗剂量。免疫前，一般应停饮或停喂一段时间，以保证饮喂疫苗时，每头畜禽都能饮用一定量的水或吃入一定量的料。应当用冷的清水稀释疫苗，混有疫苗的饮水和饲料也要注意掌握温度，一般以不超过室温为宜。已经稀释的疫苗，应迅速饮喂。疫苗从混合在水或料内到进入动物体内的时间越短，效果越好。

（4）气雾免疫法　此法是用压缩空气通过气雾发生器，将稀释疫苗喷射出去，使疫苗形成直径 5~10μm 的雾化粒子，均匀地浮游在空气中，通过呼吸道吸入肺内，以达到免疫目的。

压缩空气的动力机械，可利用各种气泵或用电动机、柴油机带动空气压缩泵。雾化粒子大小与免疫效果有很大关系。一般粒子大小在 5~10μm 为有效粒子。气雾发生器的有效粒子在 70% 以上者为合格。测定雾化粒子大小时，用一擦拭好的盖玻片，周围涂以凡士林油，在盖玻片中央滴一小滴机油，用拇指和示指（食指）转盖玻片，机油液面朝喷头，在距离喷头 10~30cm 处迅速通过，使雾化粒子吹于机油面上，然后将盖玻片液面朝下放于凹玻片上，在显微镜下观察，移动视野，用目测微尺测量其大小（方法与测量细菌大小同），并计算其有效粒子率。每次制成的气雾发生器或新使用的气雾发生器，都必须进行粒子大小的测定。合格后方可使用。

①室内气雾免疫法：菌苗用量主要根据房舍的大小而定，可按式（7-1）计算。

$$菌苗用量 = 1000 \times D \times A/T \times V \tag{7-1}$$

式中　D——计划免疫剂量，L；

　　　A——免疫室容积，L；

　　A/T——免疫时间，min；

　　　V——呼吸常数，即动物每分钟吸入的空气量，一般为 3~6。

菌苗用量计算好以后，即可将动物赶入室内，关闭门窗。操作者将喷头由门窗缝伸入室内，使喷头保持与动物头部同高，向室内四面均匀喷射。喷射完毕后，让动物在室内停留20~30min。

②野外气雾免疫法：菌苗用量主要由动物数量而定。以羊为例，如为1000只，每只羊免疫剂量为50亿活菌，则需50000亿，如果每瓶菌苗含活菌4000亿，则需12.5瓶，用500mL灭菌生理盐水稀释。实际应用时，往往要比计算用量略高一些。免疫时，如果每群动物的数目较少，可两群或三群合并，将畜群赶入四周有矮墙的圈内。操作人员手持喷头，站在畜群中，喷头与动物头部同高，朝动物头部方向喷射。操作人员要随时走动，使每一动物都有吸入机会。如遇微风，还需注意风向，操作者应站在上风处，以免雾化粒子被风吹走。喷射完毕，让动物在圈内停留数分钟即可放出。

进行野外气雾免疫时，操作者更需注意个人防护。

（5）滴鼻点眼　用滴瓶将疫苗滴在畜禽鼻孔或眼内。

2. 免疫接种用生物制品的保存、运送和用前检查

（1）生物制品的保存　各种生物制品应保存在低温、阴暗及干燥的场所。菌苗、类毒素、免疫血清等应保存在2~15℃，防止冻结；病毒性疫苗应放置在0℃以下冻结保存。超过有效期的疫苗不能使用。

（2）兽医生物制品的运送　兽医生物制品的运送要求包装完善，防止碰坏瓶子和散播活的弱毒病原体。运送途中避免日光直射和高温，并尽快送到保存地点或预防接种的场所。弱毒疫苗应在低温条件下运送。少量运送可放在装有冰块的广口瓶内，以免其性能降低或丧失。

（3）兽医生物制品的用前检查　各种兽医生物制品在使用前，均需详细检查，如有下列情况之一者，不得使用。

①没有瓶签或瓶签模糊不清，没有经过合格检查的。

②过期失效的。

③生物制品的质量与说明书不符者，例如色泽、沉淀有变化，制剂内有异物、发霉和有臭味的。

④瓶塞不紧或玻璃破裂的。

⑤没有按规定方法保存的。例如，加氢氧化铝的死菌苗经过冻结后，其免疫力可降低。

3. 家畜免疫接种前及接种后的护理与观察

（1）接种前的健康检查　在对家畜进行免疫接种时，必须注意家畜的营养和健康状况。因为卫生环境良好时，可保证自动免疫接种结果的安全。相反，如饲养条件不良，患有内外寄生虫病或其他慢性病，则可使家畜遭受死亡，或引起并发症，甚至发生所要预防的传染病。为了接种的安全和保证接种的效

果，应对所有预定接种的家畜，进行一系列的检查，包括体温检查。根据检查结果，将家畜分成数组。

①完全健康的家畜可进行自动免疫接种。

②衰弱、妊娠后期的家畜不能进行自动免疫接种，而应注射免疫血清。

③疑似病畜和发热病畜应注射治疗量的免疫血清。

上述分组的规定，可根据传染病的特性和接种方法而变动。

（2）接种后的护理和观察　经受自动免疫的家畜，由于接种疫苗后可发生暂时性的抵抗力降低现象，故应有较好的护理和管理条件，同时必须特别注意控制家畜的使役，以避免过分劳累而产生不良后果。此外，由于家畜在接种疫苗后，有时可能会发生反应，故在接种以后，要进行详细的观察，观察期限一般为7～10d。如有反应，可根据情况给予适当的治疗（注射血清或对症治疗）。反应极为严重者，可予屠宰。将接种后的一切反应情况记载于专门的表册中。

4. 免疫接种的注意事项

进行接种时需注意以下几点。

（1）工作人员需要穿着工作服及胶鞋，必要时戴口罩。工作前后均应洗手消毒，工作中不应吸烟和进食。

（2）严格执行消毒及无菌操作。注射器、针头、镊子需高压消毒或煮沸消毒。注射时每头家畜必须调换一个针头。在针头不足的情况下，应每吸液一次调换一个针头，但每注射一头应用酒精棉球将针头擦拭后再用。注射部位的皮肤用5%碘酊或75%酒精消毒。

（3）疫苗的瓶塞上应固定一个消毒过的针头，专供吸取药液用。吸取药液后，盖酒精棉花。给动物注射用过的针头不能吸液，以免污染疫苗。

（4）吸液前必须充分振荡，使其均匀混合。免疫血清则不应振荡，有沉淀则不应再吸取。打开的疫苗应尽快用完。

（5）针筒排气溢出的药液，应吸于酒精棉球上，并将其收集于专用瓶内，用过的酒精棉球、碘酊棉球和吸入注射器内未用完的药液应注入专用瓶内，集中后烧毁。

五、实训报告

（1）结合本地兽医流行病学情况，制订一份种猪（或商品猪）的免疫程序。

（2）对家畜接种前进行健康检查，并根据健康状况将家畜分组，区别对待每组家畜。

（3）试说明使用兽医生物制品前应对其如何进行检查。

实训十 病害动物的尸体处理

一、实训内容

（1）尸体的运送。

（2）染疫动物及其附属物的无害化处理。

二、实训目标

掌握动物检疫后尸体运送和处理的方法。

三、实训材料

病死动物若干头、运尸车、纱布、棉花、喷雾器、大铁锅、工作服、工作帽、胶鞋、手套、口罩、风镜、消毒液及消毒器。

四、方法与步骤

1. 尸体的运送

尸体运送前，所有参加人员均应穿戴工作服、工作帽、胶鞋、手套、口罩、风镜。运尸车应不漏水，最好是车内壁钉有铁皮的特制运尸车。尸体装车前，车厢底部铺一层石灰，尸体各天然孔用蘸有消毒液的湿纱布、棉花严密堵塞，防止流出的分泌物和排泄物污染环境。尸体装车时，把尸体躺过的地面表土铲起，连同尸体一起运走，并用消毒液喷洒地面。运送尸体的车辆、用具都应严格消毒，工作人员被污染的衣物、手套等也应进行消毒。

2. 染疫动物及其产品的无害化处理方法

（1）高温煮熟处理法　将肉尸分割成重 2kg、厚度 8cm 的肉块，放在大铁锅内（有条件的可用蒸汽锅）煮沸 2~2.5h，煮到猪的深层肌肉切开为灰白色，牛的深层肌肉切开为灰色，肉汁无血色时即可。适用对象为猪肺疫、结核病、弓形虫病等。

（2）化制处理法

①土灶炼制：先在锅内放入 1/3 清水，煮沸，再加入用作化制的脂肪和肥膘小块，边搅拌边将浮油撇出，最后剩下渣子，用压榨机压出油渣内油脂。这种方法不适用于患有烈性传染病的动物肉尸。

②湿炼法：适用于处理烈性传染病动物肉尸，是指用湿压机或高压锅炼制患病动物肉尸和废弃物的炼制方法。

③干炼法：将肉尸切割成小块，放入卧式带搅拌器的夹层真空锅内，蒸汽

通过夹层，使锅内压力增高，升至一定温度，以破坏炼制物结构，使脂肪液化从肉中析出，同时也杀灭细菌。该法适用于炭疽、口蹄疫、猪瘟、布氏杆菌病等病畜禽肉尸的处理。

湿炼法和干炼法需要有一定的设备，大型肉联厂多采用这两种方法。

④尸体掩埋法：掩埋地点应选择远离住宅、道路、放牧地、池塘、河流等，地下水位低，土质干燥的地方，挖一长 2m、宽 1.5m、深 2~2.5m 的坑，先向坑内撒布一层新鲜石灰，尸体投入后，再撒一层石灰，然后用土掩埋夯实。也可专门设一定规模的发酵池，利用生物热发酵将病原体杀死。尸坑为圆井形，深 9~10m，直径 3m，坑壁和坑底抹上水泥，并加设一木盖。坑口周围加高，在距坑口木盖的上面 0.5~1m 再盖一严密的盖，隔绝空气进入坑内，可促使尸体迅速发酵。后续可用作肥料。本法适用于非烈性传染病的动物尸体。

⑤尸体焚烧法：是将患病动物尸体、内脏、病变部分投入焚化炉中烧毁炭化的处理方法。也可在地面挖一长 2.0m、宽 1.0m、深 0.6m 的坑，将挖出的土堆在坑的四周围成土埂，坑内装满木柴，在坑口放上 3 根用水泡湿的横木，将尸体放在横木上，在尸体和木柴上浇柴油，点燃，直至将尸体烧成黑炭样为止，最后就地埋在坑内。本法适用于国家规定的烈性传染病病畜的处理。

附　录

附录一　中华人民共和国动物防疫法

（2021 年 5 月 1 日起施行）

第一章　总则

第一条　为了加强对动物防疫活动的管理，预防、控制、净化、消灭动物疫病，促进养殖业发展，防控人畜共患传染病，保障公共卫生安全和人体健康，制定本法。

第二条　本法适用于在中华人民共和国领域内的动物防疫及其监督管理活动。

进出境动物、动物产品的检疫，适用《中华人民共和国进出境动植物检疫法》。

第三条　本法所称动物，是指家畜家禽和人工饲养、捕获的其他动物。

本法所称动物产品，是指动物的肉、生皮、原毛、绒、脏器、脂、血液、精液、卵、胚胎、骨、蹄、头、角、筋以及可能传播动物疫病的奶、蛋等。

本法所称动物疫病，是指动物传染病，包括寄生虫病。

本法所称动物防疫，是指动物疫病的预防、控制、诊疗、净化、消灭和动物、动物产品的检疫，以及病死动物、病害动物产品的无害化处理。

第四条　根据动物疫病对养殖业生产和人体健康的危害程度，本法规定的动物疫病分为下列三类：

（一）一类疫病，是指口蹄疫、非洲猪瘟、高致病性禽流感等对人、动物构成特别严重危害，可能造成重大经济损失和社会影响，需要采取紧急、严厉的强制预防、控制等措施的；

（二）二类疫病，是指狂犬病、布鲁氏菌病、草鱼出血病等对人、动物构成严重危害，可能造成较大经济损失和社会影响，需要采取严格预防、控制等措施的；

（三）三类疫病，是指大肠杆菌病、禽结核病、鳖腮腺炎病等常见多发，对人、动物构成危害，可能造成一定程度的经济损失和社会影响，需要及时预防、控制的。

前款一、二、三类动物疫病具体病种名录由国务院农业农村主管部门制定并公布。国务院农业农村主管部门应当根据动物疫病发生、流行情况和危害程度，及时增加、减少或者调整一、二、三类动物疫病具体病种并予以公布。

人畜共患传染病名录由国务院农业农村主管部门会同国务院卫生健康、野生动物保护等主管部门制定并公布。

第五条 动物防疫实行预防为主，预防与控制、净化、消灭相结合的方针。

第六条 国家鼓励社会力量参与动物防疫工作。各级人民政府采取措施，支持单位和个人参与动物防疫的宣传教育、疫情报告、志愿服务和捐赠等活动。

第七条 从事动物饲养、屠宰、经营、隔离、运输以及动物产品生产、经营、加工、贮藏等活动的单位和个人，依照本法和国务院农业农村主管部门的规定，做好免疫、消毒、检测、隔离、净化、消灭、无害化处理等动物防疫工作，承担动物防疫相关责任。

第八条 县级以上人民政府对动物防疫工作实行统一领导，采取有效措施稳定基层机构队伍，加强动物防疫队伍建设，建立健全动物防疫体系，制定并组织实施动物疫病防治规划。

乡级人民政府、街道办事处组织群众做好本辖区的动物疫病预防与控制工作，村民委员会、居民委员会予以协助。

第九条 国务院农业农村主管部门主管全国的动物防疫工作。

县级以上地方人民政府农业农村主管部门主管本行政区域的动物防疫工作。

县级以上人民政府其他有关部门在各自职责范围内做好动物防疫工作。

军队动物卫生监督职能部门负责军队现役动物和饲养自用动物的防疫工作。

第十条 县级以上人民政府卫生健康主管部门和本级人民政府农业农村、野生动物保护等主管部门应当建立人畜共患传染病防治的协作机制。

国务院农业农村主管部门和海关总署等部门应当建立防止境外动物疫病输入的协作机制。

第十一条　县级以上地方人民政府的动物卫生监督机构依照本法规定，负责动物、动物产品的检疫工作。

第十二条　县级以上人民政府按照国务院的规定，根据统筹规划、合理布局、综合设置的原则建立动物疫病预防控制机构。

动物疫病预防控制机构承担动物疫病的监测、检测、诊断、流行病学调查、疫情报告以及其他预防、控制等技术工作；承担动物疫病净化、消灭的技术工作。

第十三条　国家鼓励和支持开展动物疫病的科学研究以及国际合作与交流，推广先进适用的科学研究成果，提高动物疫病防治的科学技术水平。

各级人民政府和有关部门、新闻媒体，应当加强对动物防疫法律法规和动物防疫知识的宣传。

第十四条　对在动物防疫工作、相关科学研究、动物疫情扑灭中做出贡献的单位和个人，各级人民政府和有关部门按照国家有关规定给予表彰、奖励。

有关单位应当依法为动物防疫人员缴纳工伤保险费。对因参与动物防疫工作致病、致残、死亡的人员，按照国家有关规定给予补助或者抚恤。

第二章　动物疫病的预防

第十五条　国家建立动物疫病风险评估制度。

国务院农业农村主管部门根据国内外动物疫情以及保护养殖业生产和人体健康的需要，及时会同国务院卫生健康等有关部门对动物疫病进行风险评估，并制定、公布动物疫病预防、控制、净化、消灭措施和技术规范。

省、自治区、直辖市人民政府农业农村主管部门会同本级人民政府卫生健康等有关部门开展本行政区域的动物疫病风险评估，并落实动物疫病预防、控制、净化、消灭措施。

第十六条　国家对严重危害养殖业生产和人体健康的动物疫病实施强制免疫。

国务院农业农村主管部门确定强制免疫的动物疫病病种和区域。

省、自治区、直辖市人民政府农业农村主管部门制定本行政区域的强制免疫计划；根据本行政区域动物疫病流行情况增加实施强制免疫的动物疫病病种和区域，报本级人民政府批准后执行，并报国务院农业农村主管部门备案。

第十七条　饲养动物的单位和个人应当履行动物疫病强制免疫义务，按照强制免疫计划和技术规范，对动物实施免疫接种，并按照国家有关规定建立免疫档案、加施畜禽标识，保证可追溯。

实施强制免疫接种的动物未达到免疫质量要求，实施补充免疫接种后仍不符合免疫质量要求的，有关单位和个人应当按照国家有关规定处理。

用于预防接种的疫苗应当符合国家质量标准。

第十八条 县级以上地方人民政府农业农村主管部门负责组织实施动物疫病强制免疫计划，并对饲养动物的单位和个人履行强制免疫义务的情况进行监督检查。

乡级人民政府、街道办事处组织本辖区饲养动物的单位和个人做好强制免疫，协助做好监督检查；村民委员会、居民委员会协助做好相关工作。

县级以上地方人民政府农业农村主管部门应当定期对本行政区域的强制免疫计划实施情况和效果进行评估，并向社会公布评估结果。

第十九条 国家实行动物疫病监测和疫情预警制度。

县级以上人民政府建立健全动物疫病监测网络，加强动物疫病监测。

国务院农业农村主管部门会同国务院有关部门制定国家动物疫病监测计划。省、自治区、直辖市人民政府农业农村主管部门根据国家动物疫病监测计划，制定本行政区域的动物疫病监测计划。

动物疫病预防控制机构按照国务院农业农村主管部门的规定和动物疫病监测计划，对动物疫病的发生、流行等情况进行监测；从事动物饲养、屠宰、经营、隔离、运输以及动物产品生产、经营、加工、贮藏、无害化处理等活动的单位和个人不得拒绝或者阻碍。

国务院农业农村主管部门和省、自治区、直辖市人民政府农业农村主管部门根据对动物疫病发生、流行趋势的预测，及时发出动物疫情预警。地方各级人民政府接到动物疫情预警后，应当及时采取预防、控制措施。

第二十条 陆路边境省、自治区人民政府根据动物疫病防控需要，合理设置动物疫病监测站点，健全监测工作机制，防范境外动物疫病传入。

科技、海关等部门按照本法和有关法律法规的规定做好动物疫病监测预警工作，并定期与农业农村主管部门互通情况，紧急情况及时通报。

县级以上人民政府应当完善野生动物疫源疫病监测体系和工作机制，根据需要合理布局监测站点；野生动物保护、农业农村主管部门按照职责分工做好野生动物疫源疫病监测等工作，并定期互通情况，紧急情况及时通报。

第二十一条 国家支持地方建立无规定动物疫病区，鼓励动物饲养场建设无规定动物疫病生物安全隔离区。对符合国务院农业农村主管部门规定标准的无规定动物疫病区和无规定动物疫病生物安全隔离区，国务院农业农村主管部门验收合格予以公布，并对其维持情况进行监督检查。

省、自治区、直辖市人民政府制定并组织实施本行政区域的无规定动物疫病区建设方案。国务院农业农村主管部门指导跨省、自治区、直辖市无规定动物疫病区建设。

国务院农业农村主管部门根据行政区划、养殖屠宰产业布局、风险评估情况等对动物疫病实施分区防控,可以采取禁止或者限制特定动物、动物产品跨区域调运等措施。

第二十二条 国务院农业农村主管部门制定并组织实施动物疫病净化、消灭规划。

县级以上地方人民政府根据动物疫病净化、消灭规划,制定并组织实施本行政区域的动物疫病净化、消灭计划。

动物疫病预防控制机构按照动物疫病净化、消灭规划、计划,开展动物疫病净化技术指导、培训,对动物疫病净化效果进行监测、评估。

国家推进动物疫病净化,鼓励和支持饲养动物的单位和个人开展动物疫病净化。饲养动物的单位和个人达到国务院农业农村主管部门规定的净化标准的,由省级以上人民政府农业农村主管部门予以公布。

第二十三条 种用、乳用动物应当符合国务院农业农村主管部门规定的健康标准。

饲养种用、乳用动物的单位和个人,应当按照国务院农业农村主管部门的要求,定期开展动物疫病检测;检测不合格的,应当按照国家有关规定处理。

第二十四条 动物饲养场和隔离场所、动物屠宰加工场所以及动物和动物产品无害化处理场所,应当符合下列动物防疫条件:

(一)场所的位置与居民生活区、生活饮用水水源地、学校、医院等公共场所的距离符合国务院农业农村主管部门的规定;

(二)生产经营区域封闭隔离,工程设计和有关流程符合动物防疫要求;

(三)有与其规模相适应的污水、污物处理设施,病死动物、病害动物产品无害化处理设施设备或者冷藏冷冻设施设备,以及清洗消毒设施设备;

(四)有与其规模相适应的执业兽医或者动物防疫技术人员;

(五)有完善的隔离消毒、购销台账、日常巡查等动物防疫制度;

(六)具备国务院农业农村主管部门规定的其他动物防疫条件。

动物和动物产品无害化处理场所除应当符合前款规定的条件外,还应当具有病原检测设备、检测能力和符合动物防疫要求的专用运输车辆。

第二十五条 国家实行动物防疫条件审查制度。

开办动物饲养场和隔离场所、动物屠宰加工场所以及动物和动物产品无害化处理场所,应当向县级以上地方人民政府农业农村主管部门提出申请,并附具相关材料。受理申请的农业农村主管部门应当依照本法和《中华人民共和国行政许可法》的规定进行审查。经审查合格的,发给动物防疫条件合格证;不合格的,应当通知申请人并说明理由。

动物防疫条件合格证应当载明申请人的名称(姓名)、场(厂)址、动物(动物产品)种类等事项。

第二十六条　经营动物、动物产品的集贸市场应当具备国务院农业农村主管部门规定的动物防疫条件，并接受农业农村主管部门的监督检查。具体办法由国务院农业农村主管部门制定。

县级以上地方人民政府应当根据本地情况，决定在城市特定区域禁止家畜家禽活体交易。

第二十七条　动物、动物产品的运载工具、垫料、包装物、容器等应当符合国务院农业农村主管部门规定的动物防疫要求。

染疫动物及其排泄物、染疫动物产品，运载工具中的动物排泄物以及垫料、包装物、容器等被污染的物品，应当按照国家有关规定处理，不得随意处置。

第二十八条　采集、保存、运输动物病料或者病原微生物以及从事病原微生物研究、教学、检测、诊断等活动，应当遵守国家有关病原微生物实验室管理的规定。

第二十九条　禁止屠宰、经营、运输下列动物和生产、经营、加工、贮藏、运输下列动物产品：

（一）封锁疫区内与所发生动物疫病有关的；

（二）疫区内易感染的；

（三）依法应当检疫而未经检疫或者检疫不合格的；

（四）染疫或者疑似染疫的；

（五）病死或者死因不明的；

（六）其他不符合国务院农业农村主管部门有关动物防疫规定的。

因实施集中无害化处理需要暂存、运输动物和动物产品并按照规定采取防疫措施的，不适用前款规定。

第三十条　单位和个人饲养犬只，应当按照规定定期免疫接种狂犬病疫苗，凭动物诊疗机构出具的免疫证明向所在地养犬登记机关申请登记。

携带犬只出户的，应当按照规定佩戴犬牌并采取系犬绳等措施，防止犬只伤人、疫病传播。

街道办事处、乡级人民政府组织协调居民委员会、村民委员会，做好本辖区流浪犬、猫的控制和处置，防止疫病传播。

县级人民政府和乡级人民政府、街道办事处应当结合本地实际，做好农村地区饲养犬只的防疫管理工作。

饲养犬只防疫管理的具体办法，由省、自治区、直辖市制定。

第三章　动物疫情的报告、通报和公布

第三十一条　从事动物疫病监测、检测、检验检疫、研究、诊疗以及动物

饲养、屠宰、经营、隔离、运输等活动的单位和个人，发现动物染疫或者疑似染疫的，应当立即向所在地农业农村主管部门或者动物疫病预防控制机构报告，并迅速采取隔离等控制措施，防止动物疫情扩散。其他单位和个人发现动物染疫或者疑似染疫的，应当及时报告。

接到动物疫情报告的单位，应当及时采取临时隔离控制等必要措施，防止延误防控时机，并及时按照国家规定的程序上报。

第三十二条 动物疫情由县级以上人民政府农业农村主管部门认定；其中重大动物疫情由省、自治区、直辖市人民政府农业农村主管部门认定，必要时报国务院农业农村主管部门认定。

本法所称重大动物疫情，是指一、二、三类动物疫病突然发生，迅速传播，给养殖业生产安全造成严重威胁、危害，以及可能对公众身体健康与生命安全造成危害的情形。

在重大动物疫情报告期间，必要时，所在地县级以上地方人民政府可以作出封锁决定并采取扑杀、销毁等措施。

第三十三条 国家实行动物疫情通报制度。

国务院农业农村主管部门应当及时向国务院卫生健康等有关部门和军队有关部门以及省、自治区、直辖市人民政府农业农村主管部门通报重大动物疫情的发生和处置情况。

海关发现进出境动物和动物产品染疫或者疑似染疫的，应当及时处置并向农业农村主管部门通报。

县级以上地方人民政府野生动物保护主管部门发现野生动物染疫或者疑似染疫的，应当及时处置并向本级人民政府农业农村主管部门通报。

国务院农业农村主管部门应当依照我国缔结或者参加的条约、协定，及时向有关国际组织或者贸易方通报重大动物疫情的发生和处置情况。

第三十四条 发生人畜共患传染病疫情时，县级以上人民政府农业农村主管部门与本级人民政府卫生健康、野生动物保护等主管部门应当及时相互通报。

发生人畜共患传染病时，卫生健康主管部门应当对疫区易感染的人群进行监测，并应当依照《中华人民共和国传染病防治法》的规定及时公布疫情，采取相应的预防、控制措施。

第三十五条 患有人畜共患传染病的人员不得直接从事动物疫病监测、检测、检验检疫、诊疗以及易感染动物的饲养、屠宰、经营、隔离、运输等活动。

第三十六条 国务院农业农村主管部门向社会及时公布全国动物疫情，也可以根据需要授权省、自治区、直辖市人民政府农业农村主管部门公布本行政区域的动物疫情。其他单位和个人不得发布动物疫情。

第三十七条 任何单位和个人不得瞒报、谎报、迟报、漏报动物疫情，不得授意他人瞒报、谎报、迟报动物疫情，不得阻碍他人报告动物疫情。

第四章 动物疫病的控制

第三十八条 发生一类动物疫病时，应当采取下列控制措施：

（一）所在地县级以上地方人民政府农业农村主管部门应当立即派人到现场，划定疫点、疫区、受威胁区，调查疫源，及时报请本级人民政府对疫区实行封锁。疫区范围涉及两个以上行政区域的，由有关行政区域共同的上一级人民政府对疫区实行封锁，或者由各有关行政区域的上一级人民政府共同对疫区实行封锁。必要时，上级人民政府可以责成下级人民政府对疫区实行封锁；

（二）县级以上地方人民政府应当立即组织有关部门和单位采取封锁、隔离、扑杀、销毁、消毒、无害化处理、紧急免疫接种等强制性措施；

（三）在封锁期间，禁止染疫、疑似染疫和易感染的动物、动物产品流出疫区，禁止非疫区的易感染动物进入疫区，并根据需要对出入疫区的人员、运输工具及有关物品采取消毒和其他限制性措施。

第三十九条 发生二类动物疫病时，应当采取下列控制措施：

（一）所在地县级以上地方人民政府农业农村主管部门应当划定疫点、疫区、受威胁区；

（二）县级以上地方人民政府根据需要组织有关部门和单位采取隔离、扑杀、销毁、消毒、无害化处理、紧急免疫接种、限制易感染的动物和动物产品及有关物品出入等措施。

第四十条 疫点、疫区、受威胁区的撤销和疫区封锁的解除，按照国务院农业农村主管部门规定的标准和程序评估后，由原决定机关决定并宣布。

第四十一条 发生三类动物疫病时，所在地县级、乡级人民政府应当按照国务院农业农村主管部门的规定组织防治。

第四十二条 二、三类动物疫病呈暴发性流行时，按照一类动物疫病处理。

第四十三条 疫区内有关单位和个人，应当遵守县级以上人民政府及其农业农村主管部门依法作出的有关控制动物疫病的规定。

任何单位和个人不得藏匿、转移、盗掘已被依法隔离、封存、处理的动物和动物产品。

第四十四条 发生动物疫情时，航空、铁路、道路、水路运输企业应当优先组织运送防疫人员和物资。

第四十五条 国务院农业农村主管部门根据动物疫病的性质、特点和可能造成的社会危害，制定国家重大动物疫情应急预案报国务院批准，并按照不同动物疫病病种、流行特点和危害程度，分别制定实施方案。

县级以上地方人民政府根据上级重大动物疫情应急预案和本地区的实际情况，制定本行政区域的重大动物疫情应急预案，报上一级人民政府农业农村主管部门备案，并抄送上一级人民政府应急管理部门。县级以上地方人民政府农业农村主管部门按照不同动物疫病病种、流行特点和危害程度，分别制定实施方案。

重大动物疫情应急预案和实施方案根据疫情状况及时调整。

第四十六条　发生重大动物疫情时，国务院农业农村主管部门负责划定动物疫病风险区，禁止或者限制特定动物、动物产品由高风险区向低风险区调运。

第四十七条　发生重大动物疫情时，依照法律和国务院的规定以及应急预案采取应急处置措施。

第五章　动物和动物产品的检疫

第四十八条　动物卫生监督机构依照本法和国务院农业农村主管部门的规定对动物、动物产品实施检疫。

动物卫生监督机构的官方兽医具体实施动物、动物产品检疫。

第四十九条　屠宰、出售或者运输动物以及出售或者运输动物产品前，货主应当按照国务院农业农村主管部门的规定向所在地动物卫生监督机构申报检疫。

动物卫生监督机构接到检疫申报后，应当及时指派官方兽医对动物、动物产品实施检疫；检疫合格的，出具检疫证明、加施检疫标志。实施检疫的官方兽医应当在检疫证明、检疫标志上签字或者盖章，并对检疫结论负责。

动物饲养场、屠宰企业的执业兽医或者动物防疫技术人员，应当协助官方兽医实施检疫。

第五十条　因科研、药用、展示等特殊情形需要非食用性利用的野生动物，应当按照国家有关规定报动物卫生监督机构检疫，检疫合格的，方可利用。

人工捕获的野生动物，应当按照国家有关规定报捕获地动物卫生监督机构检疫，检疫合格的，方可饲养、经营和运输。

国务院农业农村主管部门会同国务院野生动物保护主管部门制定野生动物检疫办法。

第五十一条　屠宰、经营、运输的动物，以及用于科研、展示、演出和比赛等非食用性利用的动物，应当附有检疫证明；经营和运输的动物产品，应当附有检疫证明、检疫标志。

第五十二条 经航空、铁路、道路、水路运输动物和动物产品的，托运人托运时应当提供检疫证明；没有检疫证明的，承运人不得承运。

进出口动物和动物产品，承运人凭进口报关单证或者海关签发的检疫单证运递。

从事动物运输的单位、个人以及车辆，应当向所在地县级人民政府农业农村主管部门备案，妥善保存行程路线和托运人提供的动物名称、检疫证明编号、数量等信息。具体办法由国务院农业农村主管部门制定。

运载工具在装载前和卸载后应当及时清洗、消毒。

第五十三条 省、自治区、直辖市人民政府确定并公布道路运输的动物进入本行政区域的指定通道，设置引导标志。跨省、自治区、直辖市通过道路运输动物的，应当经省、自治区、直辖市人民政府设立的指定通道入省境或者过省境。

第五十四条 输入到无规定动物疫病区的动物、动物产品，货主应当按照国务院农业农村主管部门的规定向无规定动物疫病区所在地动物卫生监督机构申报检疫，经检疫合格的，方可进入。

第五十五条 跨省、自治区、直辖市引进的种用、乳用动物到达输入地后，货主应当按照国务院农业农村主管部门的规定对引进的种用、乳用动物进行隔离观察。

第五十六条 经检疫不合格的动物、动物产品，货主应当在农业农村主管部门的监督下按照国家有关规定处理，处理费用由货主承担。

第六章 病死动物和病害动物产品的无害化处理

第五十七条 从事动物饲养、屠宰、经营、隔离以及动物产品生产、经营、加工、贮藏等活动的单位和个人，应当按照国家有关规定做好病死动物、病害动物产品的无害化处理，或者委托动物和动物产品无害化处理场所处理。

从事动物、动物产品运输的单位和个人，应当配合做好病死动物和病害动物产品的无害化处理，不得在途中擅自弃置和处理有关动物和动物产品。

任何单位和个人不得买卖、加工、随意弃置病死动物和病害动物产品。

动物和动物产品无害化处理管理办法由国务院农业农村、野生动物保护主管部门按照职责制定。

第五十八条 在江河、湖泊、水库等水域发现的死亡畜禽，由所在地县级人民政府组织收集、处理并溯源。

在城市公共场所和乡村发现的死亡畜禽，由所在地街道办事处、乡级人民政府组织收集、处理并溯源。

在野外环境发现的死亡野生动物，由所在地野生动物保护主管部门收集、处理。

第五十九条 省、自治区、直辖市人民政府制定动物和动物产品集中无害化处理场所建设规划，建立政府主导、市场运作的无害化处理机制。

第六十条 各级财政对病死动物无害化处理提供补助。具体补助标准和办法由县级以上人民政府财政部门会同本级人民政府农业农村、野生动物保护等有关部门制定。

第七章　动物诊疗

第六十一条 从事动物诊疗活动的机构，应当具备下列条件：

（一）有与动物诊疗活动相适应并符合动物防疫条件的场所；

（二）有与动物诊疗活动相适应的执业兽医；

（三）有与动物诊疗活动相适应的兽医器械和设备；

（四）有完善的管理制度。

动物诊疗机构包括动物医院、动物诊所以及其他提供动物诊疗服务的机构。

第六十二条 从事动物诊疗活动的机构，应当向县级以上地方人民政府农业农村主管部门申请动物诊疗许可证。受理申请的农业农村主管部门应当依照本法和《中华人民共和国行政许可法》的规定进行审查。经审查合格的，发给动物诊疗许可证；不合格的，应当通知申请人并说明理由。

第六十三条 动物诊疗许可证应当载明诊疗机构名称、诊疗活动范围、从业地点和法定代表人（负责人）等事项。

动物诊疗许可证载明事项变更的，应当申请变更或者换发动物诊疗许可证。

第六十四条 动物诊疗机构应当按照国务院农业农村主管部门的规定，做好诊疗活动中的卫生安全防护、消毒、隔离和诊疗废弃物处置等工作。

第六十五条 从事动物诊疗活动，应当遵守有关动物诊疗的操作技术规范，使用符合规定的兽药和兽医器械。

兽药和兽医器械的管理办法由国务院规定。

第八章　兽医管理

第六十六条 国家实行官方兽医任命制度。

官方兽医应当具备国务院农业农村主管部门规定的条件，由省、自治区、直辖市人民政府农业农村主管部门按照程序确认，由所在地县级以上人民政府农业农村主管部门任命。具体办法由国务院农业农村主管部门制定。

海关的官方兽医应当具备规定的条件，由海关总署任命。具体办法由海关总署会同国务院农业农村主管部门制定。

第六十七条 官方兽医依法履行动物、动物产品检疫职责，任何单位和个人不得拒绝或者阻碍。

第六十八条 县级以上人民政府农业农村主管部门制定官方兽医培训计划，提供培训条件，定期对官方兽医进行培训和考核。

第六十九条 国家实行执业兽医资格考试制度。具有兽医相关专业大学专科以上学历的人员或者符合条件的乡村兽医，通过执业兽医资格考试的，由省、自治区、直辖市人民政府农业农村主管部门颁发执业兽医资格证书；从事动物诊疗等经营活动的，还应当向所在地县级人民政府农业农村主管部门备案。

执业兽医资格考试办法由国务院农业农村主管部门商国务院人力资源主管部门制定。

第七十条 执业兽医开具兽医处方应当亲自诊断，并对诊断结论负责。

国家鼓励执业兽医接受继续教育。执业兽医所在机构应当支持执业兽医参加继续教育。

第七十一条 乡村兽医可以在乡村从事动物诊疗活动。具体管理办法由国务院农业农村主管部门制定。

第七十二条 执业兽医、乡村兽医应当按照所在地人民政府和农业农村主管部门的要求，参加动物疫病预防、控制和动物疫情扑灭等活动。

第七十三条 兽医行业协会提供兽医信息、技术、培训等服务，维护成员合法权益，按照章程建立健全行业规范和奖惩机制，加强行业自律，推动行业诚信建设，宣传动物防疫和兽医知识。

第九章 监督管理

第七十四条 县级以上地方人民政府农业农村主管部门依照本法规定，对动物饲养、屠宰、经营、隔离、运输以及动物产品生产、经营、加工、贮藏、运输等活动中的动物防疫实施监督管理。

第七十五条 为控制动物疫病，县级人民政府农业农村主管部门应当派人在所在地依法设立的现有检查站执行监督检查任务；必要时，经省、自治区、直辖市人民政府批准，可以设立临时性的动物防疫检查站，执行监督检查任务。

第七十六条 县级以上地方人民政府农业农村主管部门执行监督检查任务，可以采取下列措施，有关单位和个人不得拒绝或者阻碍：

（一）对动物、动物产品按照规定采样、留验、抽检；

（二）对染疫或者疑似染疫的动物、动物产品及相关物品进行隔离、查封、扣押和处理；

（三）对依法应当检疫而未经检疫的动物和动物产品，具备补检条件的实施补检，不具备补检条件的予以收缴销毁；

（四）查验检疫证明、检疫标志和畜禽标识；

（五）进入有关场所调查取证，查阅、复制与动物防疫有关的资料。

县级以上地方人民政府农业农村主管部门根据动物疫病预防、控制需要，经所在地县级以上地方人民政府批准，可以在车站、港口、机场等相关场所派驻官方兽医或者工作人员。

第七十七条 执法人员执行动物防疫监督检查任务，应当出示行政执法证件，佩带统一标志。

县级以上人民政府农业农村主管部门及其工作人员不得从事与动物防疫有关的经营性活动，进行监督检查不得收取任何费用。

第七十八条 禁止转让、伪造或者变造检疫证明、检疫标志或者畜禽标识。

禁止持有、使用伪造或者变造的检疫证明、检疫标志或者畜禽标识。

检疫证明、检疫标志的管理办法由国务院农业农村主管部门制定。

第十章 保障措施

第七十九条 县级以上人民政府应当将动物防疫工作纳入本级国民经济和社会发展规划及年度计划。

第八十条 国家鼓励和支持动物防疫领域新技术、新设备、新产品等科学技术研究开发。

第八十一条 县级人民政府应当为动物卫生监督机构配备与动物、动物产品检疫工作相适应的官方兽医，保障检疫工作条件。

县级人民政府农业农村主管部门可以根据动物防疫工作需要，向乡、镇或者特定区域派驻兽医机构或者工作人员。

第八十二条 国家鼓励和支持执业兽医、乡村兽医和动物诊疗机构开展动物防疫和疫病诊疗活动；鼓励养殖企业、兽药及饲料生产企业组建动物防疫服务团队，提供防疫服务。地方人民政府组织村级防疫员参加动物疫病防治工作的，应当保障村级防疫员合理劳务报酬。

第八十三条 县级以上人民政府按照本级政府职责，将动物疫病的监测、预防、控制、净化、消灭，动物、动物产品的检疫和病死动物的无害化处理，以及监督管理所需经费纳入本级预算。

第八十四条 县级以上人民政府应当储备动物疫情应急处置所需的防疫

物资。

第八十五条 对在动物疫病预防、控制、净化、消灭过程中强制扑杀的动物、销毁的动物产品和相关物品，县级以上人民政府给予补偿。具体补偿标准和办法由国务院财政部门会同有关部门制定。

第八十六条 对从事动物疫病预防、检疫、监督检查、现场处理疫情以及在工作中接触动物疫病病原体的人员，有关单位按照国家规定，采取有效的卫生防护、医疗保健措施，给予畜牧兽医医疗卫生津贴等相关待遇。

第十一章　法律责任

第八十七条 地方各级人民政府及其工作人员未依照本法规定履行职责的，对直接负责的主管人员和其他直接责任人员依法给予处分。

第八十八条 县级以上人民政府农业农村主管部门及其工作人员违反本法规定，有下列行为之一的，由本级人民政府责令改正，通报批评；对直接负责的主管人员和其他直接责任人员依法给予处分：

（一）未及时采取预防、控制、扑灭等措施的；

（二）对不符合条件的颁发动物防疫条件合格证、动物诊疗许可证，或者对符合条件的拒不颁发动物防疫条件合格证、动物诊疗许可证的；

（三）从事与动物防疫有关的经营性活动，或者违法收取费用的；

（四）其他未依照本法规定履行职责的行为。

第八十九条 动物卫生监督机构及其工作人员违反本法规定，有下列行为之一的，由本级人民政府或者农业农村主管部门责令改正，通报批评；对直接负责的主管人员和其他直接责任人员依法给予处分：

（一）对未经检疫或者检疫不合格的动物、动物产品出具检疫证明、加施检疫标志，或者对检疫合格的动物、动物产品拒不出具检疫证明、加施检疫标志的；

（二）对附有检疫证明、检疫标志的动物、动物产品重复检疫的；

（三）从事与动物防疫有关的经营性活动，或者违法收取费用的；

（四）其他未依照本法规定履行职责的行为。

第九十条 动物疫病预防控制机构及其工作人员违反本法规定，有下列行为之一的，由本级人民政府或者农业农村主管部门责令改正，通报批评；对直接负责的主管人员和其他直接责任人员依法给予处分：

（一）未履行动物疫病监测、检测、评估职责或者伪造监测、检测、评估结果的；

（二）发生动物疫情时未及时进行诊断、调查的；

（三）接到染疫或者疑似染疫报告后，未及时按照国家规定采取措施、上报的；

（四）其他未依照本法规定履行职责的行为。

第九十一条 地方各级人民政府、有关部门及其工作人员瞒报、谎报、迟报、漏报或者授意他人瞒报、谎报、迟报动物疫情，或者阻碍他人报告动物疫情的，由上级人民政府或者有关部门责令改正，通报批评；对直接负责的主管人员和其他直接责任人员依法给予处分。

第九十二条 违反本法规定，有下列行为之一的，由县级以上地方人民政府农业农村主管部门责令限期改正，可以处一千元以下罚款；逾期不改正的，处一千元以上五千元以下罚款，由县级以上地方人民政府农业农村主管部门委托动物诊疗机构、无害化处理场所等代为处理，所需费用由违法行为人承担：

（一）对饲养的动物未按照动物疫病强制免疫计划或者免疫技术规范实施免疫接种的；

（二）对饲养的种用、乳用动物未按照国务院农业农村主管部门的要求定期开展疫病检测，或者经检测不合格而未按照规定处理的；

（三）对饲养的犬只未按照规定定期进行狂犬病免疫接种的；

（四）动物、动物产品的运载工具在装载前和卸载后未按照规定及时清洗、消毒的。

第九十三条 违反本法规定，对经强制免疫的动物未按照规定建立免疫档案，或者未按照规定加施畜禽标识的，依照《中华人民共和国畜牧法》的有关规定处罚。

第九十四条 违反本法规定，动物、动物产品的运载工具、垫料、包装物、容器等不符合国务院农业农村主管部门规定的动物防疫要求的，由县级以上地方人民政府农业农村主管部门责令改正，可以处五千元以下罚款；情节严重的，处五千元以上五万元以下罚款。

第九十五条 违反本法规定，对染疫动物及其排泄物、染疫动物产品或者被染疫动物、动物产品污染的运载工具、垫料、包装物、容器等未按照规定处置的，由县级以上地方人民政府农业农村主管部门责令限期处理；逾期不处理的，由县级以上地方人民政府农业农村主管部门委托有关单位代为处理，所需费用由违法行为人承担，处五千元以上五万元以下罚款。

造成环境污染或者生态破坏的，依照环境保护有关法律法规进行处罚。

第九十六条 违反本法规定，患有人畜共患传染病的人员，直接从事动物疫病监测、检测、检验检疫，动物诊疗以及易感染动物的饲养、屠宰、经营、隔离、运输等活动的，由县级以上地方人民政府农业农村或者野生动物保护主管部门责令改正；拒不改正的，处一千元以上一万元以下罚款；情节严重的，处一万元以上五万元以下罚款。

第九十七条 违反本法第二十九条规定，屠宰、经营、运输动物或者生产、经营、加工、贮藏、运输动物产品的，由县级以上地方人民政府农业农村主管部门责令改正、采取补救措施，没收违法所得、动物和动物产品，并处同类检疫合格动物、动物产品货值金额十五倍以上三十倍以下罚款；同类检疫合格动物、动物产品货值金额不足一万元的，并处五万元以上十五万元以下罚款；其中依法应当检疫而未检疫的，依照本法第一百条的规定处罚。

前款规定的违法行为人及其法定代表人（负责人）、直接负责的主管人员和其他直接责任人员，自处罚决定作出之日起五年内不得从事相关活动；构成犯罪的，终身不得从事屠宰、经营、运输动物或者生产、经营、加工、贮藏、运输动物产品等相关活动。

第九十八条 违反本法规定，有下列行为之一的，由县级以上地方人民政府农业农村主管部门责令改正，处三千元以上三万元以下罚款；情节严重的，责令停业整顿，并处三万元以上十万元以下罚款：

（一）开办动物饲养场和隔离场所、动物屠宰加工场所以及动物和动物产品无害化处理场所，未取得动物防疫条件合格证的；

（二）经营动物、动物产品的集贸市场不具备国务院农业农村主管部门规定的防疫条件的；

（三）未经备案从事动物运输的；

（四）未按照规定保存行程路线和托运人提供的动物名称、检疫证明编号、数量等信息的；

（五）未经检疫合格，向无规定动物疫病区输入动物、动物产品的；

（六）跨省、自治区、直辖市引进种用、乳用动物到达输入地后未按照规定进行隔离观察的；

（七）未按照规定处理或者随意弃置病死动物、病害动物产品的。

第九十九条 动物饲养场和隔离场所、动物屠宰加工场所以及动物和动物产品无害化处理场所，生产经营条件发生变化，不再符合本法第二十四条规定的动物防疫条件继续从事相关活动的，由县级以上地方人民政府农业农村主管部门给予警告，责令限期改正；逾期仍达不到规定条件的，吊销动物防疫条件合格证，并通报市场监督管理部门依法处理。

第一百条 违反本法规定，屠宰、经营、运输的动物未附有检疫证明，经营和运输的动物产品未附有检疫证明、检疫标志的，由县级以上地方人民政府农业农村主管部门责令改正，处同类检疫合格动物、动物产品货值金额一倍以下罚款；对货主以外的承运人处运输费用三倍以上五倍以下罚款，情节严重的，处五倍以上十倍以下罚款。

违反本法规定，用于科研、展示、演出和比赛等非食用性利用的动物未附有检疫证明的，由县级以上地方人民政府农业农村主管部门责令改正，处三千元以上一万元以下罚款。

第一百零一条　违反本法规定，将禁止或者限制调运的特定动物、动物产品由动物疫病高风险区调入低风险区的，由县级以上地方人民政府农业农村主管部门没收运输费用、违法运输的动物和动物产品，并处运输费用一倍以上五倍以下罚款。

第一百零二条　违反本法规定，通过道路跨省、自治区、直辖市运输动物，未经省、自治区、直辖市人民政府设立的指定通道入省境或者过省境的，由县级以上地方人民政府农业农村主管部门对运输人处五千元以上一万元以下罚款；情节严重的，处一万元以上五万元以下罚款。

第一百零三条　违反本法规定，转让、伪造或者变造检疫证明、检疫标志或者畜禽标识的，由县级以上地方人民政府农业农村主管部门没收违法所得和检疫证明、检疫标志、畜禽标识，并处五千元以上五万元以下罚款。

持有、使用伪造或者变造的检疫证明、检疫标志或者畜禽标识的，由县级以上人民政府农业农村主管部门没收检疫证明、检疫标志、畜禽标识和对应的动物、动物产品，并处三千元以上三万元以下罚款。

第一百零四条　违反本法规定，有下列行为之一的，由县级以上地方人民政府农业农村主管部门责令改正，处三千元以上三万元以下罚款：

（一）擅自发布动物疫情的；

（二）不遵守县级以上人民政府及其农业农村主管部门依法作出的有关控制动物疫病规定的；

（三）藏匿、转移、盗掘已被依法隔离、封存、处理的动物和动物产品的。

第一百零五条　违反本法规定，未取得动物诊疗许可证从事动物诊疗活动的，由县级以上地方人民政府农业农村主管部门责令停止诊疗活动，没收违法所得，并处违法所得一倍以上三倍以下罚款；违法所得不足三万元的，并处三千元以上三万元以下罚款。

动物诊疗机构违反本法规定，未按照规定实施卫生安全防护、消毒、隔离和处置诊疗废弃物的，由县级以上地方人民政府农业农村主管部门责令改正，处一千元以上一万元以下罚款；造成动物疫病扩散的，处一万元以上五万元以下罚款；情节严重的，吊销动物诊疗许可证。

第一百零六条　违反本法规定，未经执业兽医备案从事经营性动物诊疗活动的，由县级以上地方人民政府农业农村主管部门责令停止动物诊疗活动，没收违法所得，并处三千元以上三万元以下罚款；对其所在的动物诊疗机构处一万元以上五万元以下罚款。

执业兽医有下列行为之一的，由县级以上地方人民政府农业农村主管部门给予警告，责令暂停六个月以上一年以下动物诊疗活动；情节严重的，吊销执业兽医资格证书：

（一）违反有关动物诊疗的操作技术规范，造成或者可能造成动物疫病传播、流行的；

（二）使用不符合规定的兽药和兽医器械的；

（三）未按照当地人民政府或者农业农村主管部门要求参加动物疫病预防、控制和动物疫情扑灭活动的。

第一百零七条 违反本法规定，生产经营兽医器械，产品质量不符合要求的，由县级以上地方人民政府农业农村主管部门责令限期整改；情节严重的，责令停业整顿，并处二万元以上十万元以下罚款。

第一百零八条 违反本法规定，从事动物疫病研究、诊疗和动物饲养、屠宰、经营、隔离、运输，以及动物产品生产、经营、加工、贮藏、无害化处理等活动的单位和个人，有下列行为之一的，由县级以上地方人民政府农业农村主管部门责令改正，可以处一万元以下罚款；拒不改正的，处一万元以上五万元以下罚款，并可以责令停业整顿：

（一）发现动物染疫、疑似染疫未报告，或者未采取隔离等控制措施的；

（二）不如实提供与动物防疫有关的资料的；

（三）拒绝或者阻碍农业农村主管部门进行监督检查的；

（四）拒绝或者阻碍动物疫病预防控制机构进行动物疫病监测、检测、评估的；

（五）拒绝或者阻碍官方兽医依法履行职责的。

第一百零九条 违反本法规定，造成人畜共患传染病传播、流行的，依法从重给予处分、处罚。

违反本法规定，构成违反治安管理行为的，依法给予治安管理处罚；构成犯罪的，依法追究刑事责任。

违反本法规定，给他人人身、财产造成损害的，依法承担民事责任。

第十二章　附则

第一百一十条 本法下列用语的含义：

（一）无规定动物疫病区，是指具有天然屏障或者采取人工措施，在一定期限内没有发生规定的一种或者几种动物疫病，并经验收合格的区域；

（二）无规定动物疫病生物安全隔离区，是指处于同一生物安全管理体系下，在一定期限内没有发生规定的一种或者几种动物疫病的若干动物饲养场及其辅助生产场所构成的，并经验收合格的特定小型区域；

（三）病死动物，是指染疫死亡、因病死亡、死因不明或者经检验检疫可能危害人体或者动物健康的死亡动物；

（四）病害动物产品，是指来源于病死动物的产品，或者经检验检疫可能危害人体或者动物健康的动物产品。

第一百一十一条　境外无规定动物疫病区和无规定动物疫病生物安全隔离区的无疫等效性评估，参照本法有关规定执行。

第一百一十二条　实验动物防疫有特殊要求的，按照实验动物管理的有关规定执行。

第一百一十三条　本法自 2021 年 5 月 1 日起施行。

附录二 重大动物疫情应急条例

(2005 年 11 月 18 日起施行)

第一章 总则

第一条 为了迅速控制、扑灭重大动物疫情，保障养殖业生产安全，保护公众身体健康与生命安全，维护正常的社会秩序，根据《中华人民共和国动物防疫法》，制定本条例。

第二条 本条例所称重大动物疫情，是指高致病性禽流感等发病率或者死亡率高的动物疫病突然发生，迅速传播，给养殖业生产安全造成严重威胁、危害，以及可能对公众身体健康与生命安全造成危害的情形，包括特别重大动物疫情。

第三条 重大动物疫情应急工作应当坚持加强领导、密切配合，依靠科学、依法防治，群防群控、果断处置的方针，及时发现，快速反应，严格处理，减少损失。

第四条 重大动物疫情应急工作按照属地管理的原则，实行政府统一领导、部门分工负责，逐级建立责任制。

县级以上人民政府兽医主管部门具体负责组织重大动物疫情的监测、调查、控制、扑灭等应急工作。

县级以上人民政府林业主管部门、兽医主管部门按照职责分工，加强对陆生野生动物疫源疫病的监测。

县级以上人民政府其他有关部门在各自的职责范围内，做好重大动物疫情的应急工作。

第五条 出入境检验检疫机关应当及时收集境外重大动物疫情信息，加强进出境动物及其产品的检验检疫工作，防止动物疫病传入和传出。兽医主管部门要及时向出入境检验检疫机关通报国内重大动物疫情。

第六条 国家鼓励、支持开展重大动物疫情监测、预防、应急处理等有关技术的科学研究和国际交流与合作。

第七条 县级以上人民政府应当对参加重大动物疫情应急处理的人员给予适当补助，对作出贡献的人员给予表彰和奖励。

第八条 对不履行或者不按照规定履行重大动物疫情应急处理职责的行为，任何单位和个人有权检举控告。

第二章　应急准备

第九条　国务院兽医主管部门应当制定全国重大动物疫情应急预案，报国务院批准，并按照不同动物疫病病种及其流行特点和危害程度，分别制定实施方案，报国务院备案。

县级以上地方人民政府根据该地区的实际情况，制定本行政区域的重大动物疫情应急预案，报上一级人民政府兽医主管部门备案；县级以上地方人民政府兽医主管部门，应当按照不同动物疫病病种及其流行特点和危害程度，分别制定实施方案。

重大动物疫情应急预案及其实施方案应当根据疫情的发展变化和实施情况，及时修改、完善。

第十条　重大动物疫情应急预案主要包括下列内容：

（一）应急指挥部的职责、组成以及成员单位的分工；

（二）重大动物疫情的监测、信息收集、报告和通报；

（三）动物疫病的确认、重大动物疫情的分级和相应的应急处理工作方案；

（四）重大动物疫情疫源的追踪和流行病学调查分析；

（五）预防、控制、扑灭重大动物疫情所需资金的来源、物资和技术的储备与调度；

（六）重大动物疫情应急处理设施和专业队伍建设。

第十一条　国务院有关部门和县级以上地方人民政府及其有关部门，应当根据重大动物疫情应急预案的要求，确保应急处理所需的疫苗、药品、设施设备和防护用品等物资的储备。

第十二条　县级以上人民政府应当建立和完善重大动物疫情监测网络和预防控制体系，加强动物防疫基础设施和乡镇动物防疫组织建设，并保证其正常运行，提高对重大动物疫情的应急处理能力。

第十三条　县级以上地方人民政府根据重大动物疫情应急需要，可以成立应急预备队，在重大动物疫情应急指挥部的指挥下，具体承担疫情的控制和扑灭任务。

应急预备队由当地兽医行政管理人员、动物防疫工作人员、有关专家、执业兽医等组成；必要时，可以组织动员社会上有一定专业知识的人员参加。公安机关、中国人民武装警察部队应当依法协助其执行任务。

应急预备队应当定期进行技术培训和应急演练。

第十四条　县级以上人民政府及其兽医主管部门应当加强对重大动物疫情应急知识和重大动物疫病科普知识的宣传，增强全社会的重大动物疫情防范意识。

第三章　监测、报告和公布

第十五条　动物防疫监督机构负责重大动物疫情的监测，饲养、经营动物和生产、经营动物产品的单位和个人应当配合，不得拒绝和阻碍。

第十六条　从事动物隔离、疫情监测、疫病研究与诊疗、检验检疫以及动物饲养、屠宰加工、运输、经营等活动的有关单位和个人，发现动物出现群体发病或者死亡的，应当立即向所在地的县（市）动物防疫监督机构报告。

第十七条　县（市）动物防疫监督机构接到报告后，应当立即赶赴现场调查核实。初步认为属于重大动物疫情的，应当在 2 小时内将情况逐级报省、自治区、直辖市动物防疫监督机构，并同时报所在地人民政府兽医主管部门；兽医主管部门应当及时通报同级卫生主管部门。

省、自治区、直辖市动物防疫监督机构应当在接到报告后 1 小时内，向省、自治区、直辖市人民政府兽医主管部门和国务院兽医主管部门所属的动物防疫监督机构报告。

省、自治区、直辖市人民政府兽医主管部门应当在接到报告后 1 小时内报本级人民政府和国务院兽医主管部门。

重大动物疫情发生后，省、自治区、直辖市人民政府和国务院兽医主管部门应当在 4 小时内向国务院报告。

第十八条　重大动物疫情报告包括下列内容：

（一）疫情发生的时间、地点；

（二）染疫、疑似染疫动物种类和数量、同群动物数量、免疫情况、死亡数量、临床症状、病理变化、诊断情况；

（三）流行病学和疫源追踪情况；

（四）已采取的控制措施；

（五）疫情报告的单位、负责人、报告人及联系方式。

第十九条　重大动物疫情由省、自治区、直辖市人民政府兽医主管部门认定；必要时，由国务院兽医主管部门认定。

第二十条　重大动物疫情由国务院兽医主管部门按照国家规定的程序，及时准确公布；其他任何单位和个人不得公布重大动物疫情。

第二十一条　重大动物疫病应当由动物防疫监督机构采集病料，未经国务院兽医主管部门或省、自治区、直辖市人民政府兽医主管部门批准，其他单位和个人不得擅自采集病料。

从事重大动物疫病病原分离的，应当遵守国家有关生物安全管理规定，防止病原扩散。

第二十二条　国务院兽医主管部门应当及时向国务院有关部门和军队有关

部门以及各省、自治区、直辖市人民政府兽医主管部门通报重大动物疫情的发生和处理情况。

第二十三条 发生重大动物疫情可能感染人群时，卫生主管部门应当对疫区内易受感染的人群进行监测，并采取相应的预防、控制措施。卫生主管部门和兽医主管部门应当及时相互通报情况。

第二十四条 有关单位和个人对重大动物疫情不得瞒报、谎报、迟报，不得授意他人瞒报、谎报、迟报，不得阻碍他人报告。

第二十五条 在重大动物疫情报告期间，有关动物防疫监督机构应当立即采取临时隔离控制措施；必要时，当地县级以上地方人民政府可以作出封锁决定并采取扑杀、销毁等措施。有关单位和个人应当执行。

第四章 应急处理

第二十六条 重大动物疫情发生后，国务院和有关地方人民政府设立的重大动物疫情应急指挥部统一领导、指挥重大动物疫情应急工作。

第二十七条 重大动物疫情发生后，县级以上地方人民政府兽医主管部门应当立即划定疫点、疫区和受威胁区，调查疫源，向本级人民政府提出启动重大动物疫情应急指挥系统、应急预案和对疫区实行封锁的建议，有关人民政府应当立即作出决定。

疫点、疫区和受威胁区的范围应当按照不同动物疫病病种及其流行特点和危害程度划定，具体划定标准由国务院兽医主管部门制定。

第二十八条 国家对重大动物疫情应急处理实行分级管理，按照应急预案确定的疫情等级，由有关人民政府采取相应的应急控制措施。

第二十九条 对疫点应当采取下列措施：

（一）扑杀并销毁染疫动物和易感染的动物及其产品；

（二）对病死的动物、动物排泄物、被污染饲料、垫料、污水进行无害化处理；

（三）对被污染的物品、用具、动物圈舍、场地进行严格消毒。

第三十条 对疫区应当采取下列措施：

（一）在疫区周围设置警示标志，在出入疫区的交通路口设置临时动物检疫消毒站，对出入的人员和车辆进行消毒；

（二）扑杀并销毁染疫和疑似染疫动物及其同群动物，销毁染疫和疑似染疫的动物产品，对其他易感染的动物实行圈养或者在指定地点放养，役用动物限制在疫区内使役；

（三）对易感染的动物进行监测，并按照国务院兽医主管部门的规定实施紧急免疫接种，必要时对易感染的动物进行扑杀；

（四）关闭动物及动物产品交易市场，禁止动物进出疫区和动物产品运出疫区；

（五）对动物圈舍、动物排泄物、垫料、污水和其他可能受污染的物品、场地，进行消毒或者无害化处理。

第三十一条 对受威胁区应当采取下列措施：

（一）对易感染的动物进行监测；

（二）对易感染的动物根据需要实施紧急免疫接种。

第三十二条 重大动物疫情应急处理中设置临时动物检疫消毒站以及采取隔离、扑杀、销毁、消毒、紧急免疫接种等控制、扑灭措施的，由有关重大动物疫情应急指挥部决定，有关单位和个人必须服从；拒不服从的，由公安机关协助执行。

第三十三条 国家对疫区、受威胁区内易感染的动物免费实施紧急免疫接种；对因采取扑杀、销毁等措施给当事人造成的已经证实的损失，给予合理补偿。紧急免疫接种和补偿所需费用，由中央财政和地方财政分担。

第三十四条 重大动物疫情应急指挥部根据应急处理需要，有权紧急调集人员、物资、运输工具以及相关设施、设备。

单位和个人的物资、运输工具以及相关设施、设备被征集使用的，有关人民政府应当及时归还并给予合理补偿。

第三十五条 重大动物疫情发生后，县级以上人民政府兽医主管部门应当及时提出疫点、疫区、受威胁区的处理方案，加强疫情监测、流行病学调查、疫源追踪工作，对染疫和疑似染疫动物及其同群动物和其他易感染动物的扑杀、销毁进行技术指导，并组织实施检验检疫、消毒、无害化处理和紧急免疫接种。

第三十六条 重大动物疫情应急处理中，县级以上人民政府有关部门应当在各自的职责范围内，做好重大动物疫情应急所需的物资紧急调度和运输、应急经费安排、疫区群众救济、人的疫病防治、肉食品供应、动物及其产品市场监管、出入境检验检疫和社会治安维护等工作。

中国人民解放军、中国人民武装警察部队应当支持配合驻地人民政府做好重大动物疫情的应急工作。

第三十七条 重大动物疫情应急处理中，乡镇人民政府、村民委员会、居民委员会应当组织力量，向村民、居民宣传动物疫病防治的相关知识，协助做好疫情信息的收集、报告和各项应急处理措施的落实工作。

第三十八条 重大动物疫情发生地的人民政府和毗邻地区的人民政府应当通力合作，相互配合，做好重大动物疫情的控制、扑灭工作。

第三十九条 有关人民政府及其有关部门对参加重大动物疫情应急处理的

人员，应当采取必要的卫生防护和技术指导等措施。

第四十条 自疫区内最后一头（只）发病动物及其同群动物处理完毕起，经过一个潜伏期以上的监测，未出现新的病例的，彻底消毒后，经上一级动物防疫监督机构验收合格，由原发布封锁令的人民政府宣布解除封锁，撤销疫区；由原批准机关撤销在该疫区设立的临时动物检疫消毒站。

第四十一条 县级以上人民政府应当将重大动物疫情确认、疫区封锁、扑杀及其补偿、消毒、无害化处理、疫源追踪、疫情监测以及应急物资储备等应急经费列入本级财政预算。

第五章 法律责任

第四十二条 违反本条例规定，兽医主管部门及其所属的动物防疫监督机构有下列行为之一的，由本级人民政府或者上级人民政府有关部门责令立即改正、通报批评、给予警告；对主要负责人、负有责任的主管人员和其他责任人员，依法给予记大过、降级、撤职直至开除的行政处分；构成犯罪的，依法追究刑事责任：

（一）不履行疫情报告职责，瞒报、谎报、迟报或者授意他人瞒报、谎报、迟报，阻碍他人报告重大动物疫情的；

（二）在重大动物疫情报告期间，不采取临时隔离控制措施，导致动物疫情扩散的；

（三）不及时划定疫点、疫区和受威胁区，不及时向本级人民政府提出应急处理建议，或者不按照规定对疫点、疫区和受威胁区采取预防、控制、扑灭措施的；

（四）不向本级人民政府提出启动应急指挥系统、应急预案和对疫区的封锁建议的；

（五）对动物扑杀、销毁不进行技术指导或者指导不力，或者不组织实施检验检疫、消毒、无害化处理和紧急免疫接种的；

（六）其他不履行本条例规定的职责，导致动物疫病传播、流行，或者对养殖业生产安全和公众身体健康与生命安全造成严重危害的。

第四十三条 违反本条例规定，县级以上人民政府有关部门不履行应急处理职责，不执行对疫点、疫区和受威胁区采取的措施，或者对上级人民政府有关部门的疫情调查不予配合或者阻碍、拒绝的，由本级人民政府或者上级人民政府有关部门责令立即改正、通报批评、给予警告；对主要负责人、负有责任的主管人员和其他责任人员，依法给予记大过、降级、撤职直至开除的行政处分；构成犯罪的，依法追究刑事责任。

第四十四条 违反本条例规定，有关地方人民政府阻碍报告重大动物疫情，不履行应急处理职责，不按照规定对疫点、疫区和受威胁区采取预防、控制、扑灭措施，或者对上级人民政府有关部门的疫情调查不予配合或者阻碍、拒绝的，由上级人民政府责令立即改正、通报批评、给予警告；对政府主要领导人依法给予记大过、降级、撤职直至开除的行政处分；构成犯罪的，依法追究刑事责任。

第四十五条　截留、挪用重大动物疫情应急经费，或者侵占、挪用应急储备物资的，按照《财政违法行为处罚处分条例》的规定处理；构成犯罪的，依法追究刑事责任。

第四十六条　违反本条例规定，拒绝、阻碍动物防疫监督机构进行重大动物疫情监测，或者发现动物出现群体发病或者死亡，不向当地动物防疫监督机构报告的，由动物防疫监督机构给予警告，并处 2000 元以上 5000 元以下的罚款；构成犯罪的，依法追究刑事责任。

第四十七条　违反本条例规定，擅自采集重大动物疫病病料，或者在重大动物疫病病原分离时不遵守国家有关生物安全管理规定的，由动物防疫监督机构给予警告，并处 5000 元以下的罚款；构成犯罪的，依法追究刑事责任。

第四十八条　在重大动物疫情发生期间，哄抬物价、欺骗消费者，散布谣言、扰乱社会秩序和市场秩序的，由价格主管部门、工商行政管理部门或者公安机关依法给予行政处罚；构成犯罪的，依法追究刑事责任。

第六章　附则

第四十九条　本条例自公布之日起施行。

附录三　一、二、三类动物疫病病种及目录

(2008 年 12 月 11 日起施行)

一、二、三类动物疫病病种名录

一类动物疫病（17 种）

口蹄疫、猪水泡病、猪瘟、非洲猪瘟、高致病性猪蓝耳病、非洲马瘟、牛瘟、牛传染性胸膜肺炎、牛海绵状脑病、痒病、蓝舌病、小反刍兽疫、绵羊痘和山羊痘、高致病性禽流感、新城疫、鲤春病毒血症、白斑综合征

二类动物疫病（77 种）

多种动物共患病（9 种）：狂犬病、布鲁氏菌病、炭疽、伪狂犬病、魏氏梭菌病、副结核病、弓形虫病、棘球蚴病、钩端螺旋体病

牛病（8 种）：牛结核病、牛传染性鼻气管炎、牛恶性卡他热、牛白血病、牛出血性败血病、牛梨形虫病（牛焦虫病）、牛锥虫病、日本血吸虫病

绵羊和山羊病（2 种）：山羊关节炎脑炎、梅迪-维斯纳病

猪病（12 种）：猪繁殖与呼吸综合征（经典猪蓝耳病）、猪乙型脑炎、猪细小病毒病、猪丹毒、猪肺疫、猪链球菌病、猪传染性萎缩性鼻炎、猪支原体肺炎、旋毛虫病、猪囊尾蚴病、猪圆环病毒病、副猪嗜血杆菌病

马病（5 种）：马传染性贫血、马流行性淋巴管炎、马鼻疽、马巴贝斯虫病、伊氏锥虫病

禽病（18 种）：鸡传染性喉气管炎、鸡传染性支气管炎、传染性法氏囊病、马立克氏病、产蛋下降综合征、禽白血病、禽痘、鸭瘟、鸭病毒性肝炎、鸭浆膜炎、小鹅瘟、禽霍乱、鸡白痢、禽伤寒、鸡败血支原体感染、鸡球虫病、低致病性禽流感、禽网状内皮组织增殖症

兔病（4 种）：兔病毒性出血病、兔黏液瘤病、野兔热、兔球虫病

蜜蜂病（2 种）：美洲幼虫腐臭病、欧洲幼虫腐臭病

鱼类病（11 种）：草鱼出血病、传染性脾肾坏死病、锦鲤疱疹病毒病、刺激隐核虫病、淡水鱼细菌性败血症、病毒性神经坏死病、流行性造血器官坏死病、斑点叉尾鮰病毒病、传染性造血器官坏死病、病毒性出血性败血症、流行性溃疡综合征

甲壳类病（6 种）：桃拉综合征、黄头病、罗氏沼虾白尾病、对虾杆状病毒病、传染性皮下和造血器官坏死病、传染性肌肉坏死病

三类动物疫病（63 种）

多种动物共患病（8 种）：大肠杆菌病、李氏杆菌病、类鼻疽、放线菌病、肝片吸虫病、丝虫病、附红细胞体病、Q 热

牛病（5 种）：牛流行热、牛病毒性腹泻/黏膜病、牛生殖器弯曲杆菌病、毛滴虫病、牛皮蝇蛆病

绵羊和山羊病（6 种）：肺腺瘤病、传染性脓疱、羊肠毒血症、干酪性淋巴结炎、绵羊疥癣，绵羊地方性流产

马病（5 种）：马流行性感冒、马腺疫、马鼻腔肺炎、溃疡性淋巴管炎、马媾疫

猪病（4 种）：猪传染性胃肠炎、猪流行性感冒、猪副伤寒、猪密螺旋体痢疾

禽病（4 种）：鸡病毒性关节炎、禽传染性脑脊髓炎、传染性鼻炎、禽结核病

蚕、蜂病（7 种）：蚕型多角体病、蚕白僵病、蜂螨病、瓦螨病、亮热厉螨病、蜜蜂孢子虫病、白垩病

犬猫等动物病（7 种）：水貂阿留申病、水貂病毒性肠炎、犬瘟热、犬细小病毒病、犬传染性肝炎、猫泛白细胞减少症、利什曼病

鱼类病（7 种）：鲴类肠败血症、迟缓爱德华氏菌病、小瓜虫病、黏孢子虫病、三代虫病、指环虫病、链球菌病

甲壳类病（2 种）：河蟹颤抖病、斑节对虾杆状病毒病

贝类病（6 种）：鲍脓疱病、鲍立克次体病、鲍病毒性死亡病、包纳米虫病、折光马尔太虫病、奥尔森派琴虫病

两栖与爬行类病（2 种）：鳖腮腺炎病、蛙脑膜炎败血金黄杆菌病

附录四 动物检疫管理办法

（2010 年 3 月 1 日起施行）

第一章 总则

第一条 为加强动物检疫活动管理，预防、控制和扑灭动物疫病，保障动物及动物产品安全，保护人体健康，维护公共卫生安全，根据《中华人民共和国动物防疫法》（以下简称《动物防疫法》），制定本办法。

第二条 本办法适用于中华人民共和国领域内的动物检疫活动。

第三条 农业部主管全国动物检疫工作。

县级以上地方人民政府兽医主管部门主管本行政区域内的动物检疫工作。

县级以上地方人民政府设立的动物卫生监督机构负责本行政区域内动物、动物产品的检疫及其监督管理工作。

第四条 动物检疫的范围、对象和规程由农业部制定、调整并公布。

第五条 动物卫生监督机构指派官方兽医按照《动物防疫法》和本办法的规定对动物、动物产品实施检疫，出具检疫证明，加施检疫标志。

动物卫生监督机构可以根据检疫工作需要，指定兽医专业人员协助官方兽医实施动物检疫。

第六条 动物检疫遵循过程监管、风险控制、区域化和可追溯管理相结合的原则。

第二章 检疫申报

第七条 国家实行动物检疫申报制度。

动物卫生监督机构应当根据检疫工作需要，合理设置动物检疫申报点，并向社会公布动物检疫申报点、检疫范围和检疫对象。

县级以上人民政府兽医主管部门应当加强动物检疫申报点的建设和管理。

第八条 下列动物、动物产品在离开产地前，货主应当按规定时限向所在地动物卫生监督机构申报检疫：

（一）出售、运输动物产品和供屠宰、继续饲养的动物，应当提前 3 天申报检疫；

（二）出售、运输乳用动物、种用动物及其精液、卵、胚胎、种蛋，以及参加展览、演出和比赛的动物，应当提前 15 天申报检疫；

（三）向无规定动物疫病区输入相关易感动物、易感动物产品的，货主除按规定向输出地动物卫生监督机构申报检疫外，还应当在起运 3 天前向输入地省级动物卫生监督机构申报检疫。

第九条 合法捕获野生动物的，应当在捕获后 3 天内向捕获地县级动物卫生监督机构申报检疫。

第十条 屠宰动物的，应当提前 6 小时向所在地动物卫生监督机构申报检疫；急宰动物的，可以随时申报。

第十一条 申报检疫的，应当提交检疫申报单；跨省、自治区、直辖市调运乳用动物、种用动物及其精液、胚胎、种蛋的，还应当同时提交输入地省、自治区、直辖市动物卫生监督机构批准的《跨省引进乳用种用动物检疫审批表》。

申报检疫采取申报点填报、传真、电话等方式申报。采用电话申报的，需在现场补填检疫申报单。

第十二条 动物卫生监督机构受理检疫申报后，应当派出官方兽医到现场或指定地点实施检疫；不予受理的，应当说明理由。

第三章 产地检疫

第十三条 出售或者运输的动物、动物产品经所在地县级动物卫生监督机构的官方兽医检疫合格，并取得《动物检疫合格证明》后，方可离开产地。

第十四条 出售或者运输的动物，经检疫符合下列条件，由官方兽医出具《动物检疫合格证明》：

（一）来自非封锁区或者未发生相关动物疫情的饲养场（户）；

（二）按照国家规定进行了强制免疫，并在有效保护期内；

（三）临床检查健康；

（四）农业部规定需要进行实验室疫病检测的，检测结果符合要求；

（五）养殖档案相关记录和畜禽标识符合农业部规定。

乳用、种用动物和宠物，还应当符合农业部规定的健康标准。

第十五条 合法捕获的野生动物，经检疫符合下列条件，由官方兽医出具《动物检疫合格证明》后，方可饲养、经营和运输：

（一）来自非封锁区；

（二）临床检查健康；

（三）农业部规定需要进行实验室疫病检测的，检测结果符合要求。

第十六条 出售、运输的种用动物精液、卵、胚胎、种蛋，经检疫符合下列条件，由官方兽医出具《动物检疫合格证明》：

（一）来自非封锁区，或者未发生相关动物疫情的种用动物饲养场；

（二）供体动物按照国家规定进行了强制免疫，并在有效保护期内；

（三）供体动物符合动物健康标准；

（四）农业部规定需要进行实验室疫病检测的，检测结果符合要求；

（五）供体动物的养殖档案相关记录和畜禽标识符合农业部规定。

第十七条 出售、运输的骨、角、生皮、原毛、绒等产品，经检疫符合下列条件，由官方兽医出具《动物检疫合格证明》：

（一）来自非封锁区，或者未发生相关动物疫情的饲养场（户）；

（二）按有关规定消毒合格；

（三）农业部规定需要进行实验室疫病检测的，检测结果符合要求。

第十八条 经检疫不合格的动物、动物产品，由官方兽医出具检疫处理通知单，并监督货主按照农业部规定的技术规范处理。

第十九条 跨省、自治区、直辖市引进用于饲养的非乳用、非种用动物到达目的地后，货主或者承运人应当在 24 小时内向所在地县级动物卫生监督机构报告，并接受监督检查。

第二十条 跨省、自治区、直辖市引进的乳用、种用动物到达输入地后，在所在地动物卫生监督机构的监督下，应当在隔离场或饲养场（养殖小区）内的隔离舍进行隔离观察，大中型动物隔离期为 45 天，小型动物隔离期为 30 天。经隔离观察合格的方可混群饲养；不合格的，按照有关规定进行处理。隔离观察合格后需继续在省内运输的，货主应当申请更换《动物检疫合格证明》。动物卫生监督机构更换《动物检疫合格证明》不得收费。

第四章　屠宰检疫

第二十一条 县级动物卫生监督机构依法向屠宰场（厂、点）派驻（出）官方兽医实施检疫。屠宰场（厂、点）应当提供与屠宰规模相适应的官方兽医驻场检疫室和检疫操作台等设施。出场（厂、点）的动物产品应当经官方兽医检疫合格，加施检疫标志，并附有《动物检疫合格证明》。

第二十二条 进入屠宰场（厂、点）的动物应当附有《动物检疫合格证明》，并佩戴有农业部规定的畜禽标识。

官方兽医应当查验进场动物附具的《动物检疫合格证明》和佩戴的畜禽标识，检查待宰动物健康状况，对疑似染疫的动物进行隔离观察。

官方兽医应当按照农业部规定，在动物屠宰过程中实施全流程同步检疫和必要的实验室疫病检测。

第二十三条 经检疫符合下列条件的，由官方兽医出具《动物检疫合格证明》，对胴体及分割、包装的动物产品加盖检疫验讫印章或者加施其他检疫标志：

（一）无规定的传染病和寄生虫病；

（二）符合农业部规定的相关屠宰检疫规程要求；

（三）需要进行实验室疫病检测的，检测结果符合要求。

骨、角、生皮、原毛、绒的检疫还应当符合本办法第十七条有关规定。

第二十四条 经检疫不合格的动物、动物产品，由官方兽医出具检疫处理通知单，并监督屠宰场（厂、点）或者货主按照农业部规定的技术规范处理。

第二十五条 官方兽医应当回收进入屠宰场（厂、点）动物附具的《动物检疫合格证明》，填写屠宰检疫记录。回收的《动物检疫合格证明》应当保存十二个月以上。

第二十六条 经检疫合格的动物产品到达目的地后，需要直接在当地分销的，货主可以向输入地动物卫生监督机构申请换证，换证不得收费。换证应当符合下列条件：

（一）提供原始有效《动物检疫合格证明》，检疫标志完整，且证物相符；

（二）在有关国家标准规定的保质期内，且无腐败变质。

第二十七条 经检疫合格的动物产品到达目的地，贮藏后需继续调运或者分销的，货主可以向输入地动物卫生监督机构重新申报检疫。输入地县级以上动物卫生监督机构对符合下列条件的动物产品，出具《动物检疫合格证明》。

（一）提供原始有效《动物检疫合格证明》，检疫标志完整，且证物相符；

（二）在有关国家标准规定的保质期内，无腐败变质；

（三）有健全的出入库登记记录；

（四）农业部规定进行必要的实验室疫病检测的，检测结果符合要求。

第五章　水产苗种产地检疫

第二十八条 出售或者运输水生动物的亲本、稚体、幼体、受精卵、发眼卵及其他遗传育种材料等水产苗种的，货主应当提前 20 天向所在地县级动物卫生监督机构申报检疫；经检疫合格，并取得《动物检疫合格证明》后，方可离开产地。

第二十九条 养殖、出售或者运输合法捕获的野生水产苗种的，货主应当在捕获野生水产苗种后 2 天内向所在地县级动物卫生监督机构申报检疫；经检疫合格，并取得《动物检疫合格证明》后，方可投放养殖场所、出售或者运输。

合法捕获的野生水产苗种实施检疫前，货主应当将其隔离在符合下列条件的临时检疫场地：

（一）与其他养殖场所有物理隔离设施；

（二）具有独立的进排水和废水无害化处理设施以及专用渔具；

（三）农业部规定的其他防疫条件。

第三十条 水产苗种经检疫符合下列条件的，由官方兽医出具《动物检疫合格证明》：

（一）该苗种生产场近期未发生相关水生动物疫情；

（二）临床健康检查合格；

（三）农业部规定需要经水生动物疫病诊断实验室检验的，检验结果符合要求。

检疫不合格的，动物卫生监督机构应当监督货主按照农业部规定的技术规范处理。

第三十一条 跨省、自治区、直辖市引进水产苗种到达目的地后，货主或承运人应当在 24 小时内按照有关规定报告，并接受当地动物卫生监督机构的监督检查。

第六章 无规定动物疫病区动物检疫

第三十二条 向无规定动物疫病区运输相关易感动物、动物产品的，除附有输出地动物卫生监督机构出具的《动物检疫合格证明》外，还应当向输入地省、自治区、直辖市动物卫生监督机构申报检疫，并按照本办法第三十三条、第三十四条规定取得输入地《动物检疫合格证明》。

第三十三条 输入到无规定动物疫病区的相关易感动物，应当在输入地省、自治区、直辖市动物卫生监督机构指定的隔离场所，按照农业部规定的无规定动物疫病区有关检疫要求隔离检疫。大中型动物隔离检疫期为 45 天，小型动物隔离检疫期为 30 天。隔离检疫合格的，由输入地省、自治区、直辖市动物卫生监督机构的官方兽医出具《动物检疫合格证明》；不合格的，不准进入，并依法处理。

第三十四条 输入到无规定动物疫病区的相关易感动物产品，应当在输入地省、自治区、直辖市动物卫生监督机构指定的地点，按照农业部规定的无规定动物疫病区有关检疫要求进行检疫。检疫合格的，由输入地省、自治区、直辖市动物卫生监督机构的官方兽医出具《动物检疫合格证明》；不合格的，不准进入，并依法处理。

第七章 乳用种用动物检疫审批

第三十五条 跨省、自治区、直辖市引进乳用动物、种用动物及其精液、胚胎、种蛋的，货主应当填写《跨省引进乳用种用动物检疫审批表》，向输入地省、自治区、直辖市动物卫生监督机构申请办理审批手续。

第三十六条 输入地省、自治区、直辖市动物卫生监督机构应当自受理申

请之日起 10 个工作日内，做出是否同意引进的决定。符合下列条件的，签发
《跨省引进乳用种用动物检疫审批表》；不符合下列条件的，书面告知申请人，
并说明理由。

（一）输出和输入饲养场、养殖小区取得《动物防疫条件合格证》；

（二）输入饲养场、养殖小区存栏的动物符合动物健康标准；

（三）输出的乳用、种用动物养殖档案相关记录符合农业部规定；

（四）输出的精液、胚胎、种蛋的供体符合动物健康标准。

第三十七条　货主凭输入地省、自治区、直辖市动物卫生监督机构签发的
《跨省引进乳用种用动物检疫审批表》，按照本办法规定向输出地县级动物卫生
监督机构申报检疫。输出地县级动物卫生监督机构应当按照本办法的规定实施
检疫。

第三十八条　跨省引进乳用种用动物应当在《跨省引进乳用种用动物检疫
审批表》有效期内运输。逾期引进的，货主应当重新办理审批手续。

第八章　检疫监督

第三十九条　屠宰、经营、运输以及参加展览、演出和比赛的动物，应当
附有《动物检疫合格证明》；经营、运输的动物产品应当附有《动物检疫合格
证明》和检疫标志。

对符合前款规定的动物、动物产品，动物卫生监督机构可以查验检疫证
明、检疫标志，对动物、动物产品进行采样、留验、抽检，但不得重复检疫
收费。

第四十条　依法应当检疫而未经检疫的动物，由动物卫生监督机构依照本
条第二款规定补检，并依照《动物防疫法》处理处罚。

符合下列条件的，由动物卫生监督机构出具《动物检疫合格证明》；不符
合的，按照农业部有关规定进行处理。

（一）畜禽标识符合农业部规定；

（二）临床检查健康；

（三）农业部规定需要进行实验室疫病检测的，检测结果符合要求。

第四十一条　依法应当检疫而未经检疫的骨、角、生皮、原毛、绒等产
品，符合下列条件的，由动物卫生监督机构出具《动物检疫合格证明》；不符
合的，予以没收销毁。同时，依照《动物防疫法》处理处罚。

（一）经外观检查无腐烂变质（本款已在 2019 年 4 月 25 日修订时删去）；

（二）按有关规定重新消毒；

（三）农业部规定需要进行实验室疫病检测的，检测结果符合要求。

第四十二条　依法应当检疫而未经检疫的精液、胚胎、种蛋等，符合下列

条件的，由动物卫生监督机构出具《动物检疫合格证明》；不符合的，予以没收销毁。同时，依照《动物防疫法》处理处罚。

（一）货主在 5 天内提供输出地动物卫生监督机构出具的来自非封锁区的证明和供体动物符合健康标准的证明；

（二）在规定的保质期内，并经外观检查无腐败变质；

（三）农业部规定需要进行实验室疫病检测的，检测结果符合要求。

第四十三条 依法应当检疫而未经检疫的肉、脏器、脂、头、蹄、血液、筋等，符合下列条件的，由动物卫生监督机构出具《动物检疫合格证明》，并依照《动物防疫法》第七十八条的规定进行处罚；不符合下列条件的，予以没收销毁，并依照《动物防疫法》第七十六条的规定进行处罚：

（一）货主在 5 天内提供输出地动物卫生监督机构出具的来自非封锁区的证明；

（二）经外观检查无病变、无腐败变质；

（三）农业部规定需要进行实验室疫病检测的，检测结果符合要求。

第四十四条 经铁路、公路、水路、航空运输依法应当检疫的动物、动物产品的，托运人托运时应当提供《动物检疫合格证明》。没有《动物检疫合格证明》的，承运人不得承运。

第四十五条 货主或者承运人应当在装载前和卸载后，对动物、动物产品的运载工具以及饲养用具、装载用具等，按照农业部规定的技术规范进行消毒，并对清除的垫料、粪便、污物等进行无害化处理。

第四十六条 封锁区内的商品蛋、生鲜奶的运输监管按照《重大动物疫情应急条例》实施。

第四十七条 经检疫合格的动物、动物产品应当在规定时间内到达目的地。经检疫合格的动物在运输途中发生疫情，应按有关规定报告并处置。

第九章 罚则

第四十八条 违反本办法第十九条、第三十一条规定，跨省、自治区、直辖市引进用于饲养的非乳用、非种用动物和水产苗种到达目的地后，未向所在地动物卫生监督机构报告的，由动物卫生监督机构处五百元以上二千元以下罚款。

第四十九条 违反本办法第二十条规定，跨省、自治区、直辖市引进的乳用、种用动物到达输入地后，未按规定进行隔离观察的，由动物卫生监督机构责令改正，处二千元以上一万元以下罚款。

第五十条 其他违反本办法规定的行为，依照《动物防疫法》有关规定予以处罚。

第十章 附则

第五十一条 动物卫生监督证章标志格式或样式由农业部统一制定。

第五十二条 水产苗种产地检疫,由地方动物卫生监督机构委托同级渔业主管部门实施。水产苗种以外的其他水生动物及其产品不实施检疫。

第五十三条 本办法自 2010 年 3 月 1 日起施行。农业部 2002 年 5 月 24 日发布的《动物检疫管理办法》(农业部令第 14 号) 自本办法施行之日起废止。

附录五　出入境检验检疫报检员管理规定

（2003 年 1 月 1 日起施行）

第一章　总则

第一条　为加强对出入境检验检疫报检员（以下简称报检员）的管理，规范报检员的报检行为，维护正常的报检工作秩序，根据《中华人民共和国进出口商品检验法》及其实施条例、《中华人民共和国进出境动植物检疫法》及其实施条例、《中华人民共和国国境卫生检疫法》及其实施细则、《中华人民共和国食品卫生法》等法律法规的规定，制定本规定。

第二条　本规定所称报检员是指获得国家质量监督检验检疫总局（以下简称国家质检总局）规定的资格，在国家质检总局设在各地的出入境检验检疫机构（以下简称检验检疫机构）注册，办理出入境检验检疫报检业务（以下简称报检业务）的人员。

第三条　国家质检总局主管全国报检员管理工作，检验检疫机构负责组织报检员资格考试、注册及日常管理、定期审核等工作。

第四条　报检员在办理报检业务时，应当遵守出入境检验检疫法律法规和有关规定，并承担相应的法律责任。

第二章　报检员资格

第五条　报检员资格实行全国统一考试制度。报检员资格全国统一考试办法由国家质检总局另行制定。

第六条　参加报检员资格考试的人员应当符合下列条件：

（一）年满 18 周岁，具有完全民事行为能力；

（二）具有良好的品行；

（三）具有高中或者中等专业学校以上学历；

（四）国家质检总局规定的其他条件。

第七条　资格考试合格的人员，取得《报检员资格证》。2 年内未从事报检业务的，《报检员资格证》自动失效。

第三章　报检员注册

第八条　获得《报检员资格证》的人员，方可申请报检员注册。

第九条 报检员注册应当由在检验检疫机构登记并取得报检单位代码的企业向登记地检验检疫机构提出申请，并提交下列材料：

（一）报检员注册申请书；

（二）拟任报检员所属企业在检验检疫机构的登记证书；

（三）拟任报检员的《报检员资格证》；

（四）检验检疫机构需要的其他证明文件。

第十条 检验检疫机构对提交的材料进行审核，经审核合格的，予以注册，颁发《报检员证》。

第十一条 《报检员证》是报检员办理报检业务的身份凭证，不得转借、涂改。

未取得《报检员证》的，不得从事报检业务。

第十二条 报检员调往当地其他企业从事报检业务的，应当持调入企业的证明文件，向发证检验检疫机构办理变更手续；调往异地企业从事报检业务的，应当向调出地检验检疫机构办理注销手续，并持注销证明向调入企业所在地检验检疫机构重新办理注册手续。经核准的，检验检疫机构予以换发新的《报检员证》。

第十三条 代理报检单位的报检员不得同时兼任两个或者两个以上代理报检单位的报检工作。

自理报检单位的报检员不得同时兼任两个或者两个以上自理单位的报检工作。

第十四条 报检员遗失《报检员证》的，应当在 7 日内向发证检验检疫机构递交情况说明，并登报声明作废。对在有效期内的，检验检疫机构予以补发。未补发《报检员证》前报检员不得办理报检业务。

第十五条 有下列情况之一的，报检员所属企业应当收回其《报检员证》交当地检验检疫机构，并以书面形式申请办理《报检员证》注销手续：

（一）报检员不再从事报检业务的；

（二）企业因故停止报检业务的；

（三）企业解聘报检员的。

因未办理《报检员证》注销手续而产生的法律责任由报检员所属企业承担。

第四章 报检员职责

第十六条 报检员依法代表所属企业办理报检业务。报检员应当并有权拒绝办理所属企业交办的单证不真实、手续不齐全的报检业务。

第十七条 报检员应当对所属企业负责，接受检验检疫机构的指导和监督，并履行下列义务：

（一）遵守有关法律法规和检验检疫的规定；

（二）在办理报检业务时严格按照规定提供真实的数据和完整、有效的单证，准确、清晰地填制报检单，并在规定的时间内缴纳有关费用；

（三）参加检验检疫机构举办的有关报检业务的培训；

（四）协助所属企业完整保存各种报检单证、票据、函电等资料；

（五）承担其他与报检业务有关的工作。

第五章　监督管理

第十八条　检验检疫机构负责对经其注册的报检员的业务培训、日常管理和定期审核工作。

第十九条　检验检疫机构对报检员的管理实施差错登记制度。

第二十条　《报检员证》的有效期为 2 年，期满之日前 1 个月，报检员应当向发证检验检疫机构提交审核申请书。

第二十一条　检验检疫机构结合日常报检工作记录对报检员进行审核。

经审核合格的，其《报检员证》有效期延长 2 年。

经审核不合格的，报检员应当参加检验检疫机构组织的报检业务培训，经考试合格后，其《报检员证》有效期延长 2 年。

未申请审核或者经审核不合格，且未通过培训考试的，不予延长其《报检员证》有效期。

第二十二条　报检员有下列行为之一的，由检验检疫机构暂停其 3 个月或者 6 个月报检资格：

（一）不履行本规定第十七条规定，情节严重的；

（二）1 年内出现 3 次以上报检差错行为，情节严重的；

（三）转借或者涂改报检员证的。

第二十三条　报检员有下列行为之一的，由检验检疫机构取消其报检资格，吊销《报检员证》：

（一）不如实报检，造成严重后果的；

（二）提供虚假合同、发票、提单等单据的；

（三）伪造、变造、买卖或者盗窃、涂改检验检疫通关证明、检验检疫证单、印章、标志、封识和质量认证标志的；

（四）其他违反检验检疫法律法规规定，情节严重的。

第二十四条　报检员在从事报检业务活动中有其他违反法律法规规定的，按照相关法律法规规定处理。

第六章　附则

第二十五条　《报检员资格证》和《报检员证》由国家质检总局统一印制。

第二十六条　本规定由国家质检总局负责解释。

第二十七条　本规定自 2003 年 1 月 1 日起施行。

参考文献

[1] 王振华，杨金龙．猪场生物安全控制［M］．成都：西南交通大学出版社，2012．

[2] 毕玉霞．动物防疫与检疫技术［M］．北京：化学工业出版社，2010．

[3] 黄建初．中华人民共和国动物防疫法释义［M］．2版．北京：法律出版社，2008．

[4] 田文霞．兽医防疫消毒技术［M］．北京：中国农业出版社，2007．

[5] 闫若潜，李桂喜，孙青莲．动物疫病防控指南［M］．北京：中国农业出版社，2013．

[6] 王雪敏．动物性食品卫生检疫［M］．北京：中国农业出版社，2010．

[7] 张桂庭．动物防疫检疫检验技术操作规范与疫病的鉴定和处理及强制性标准条文实用手册［M］．
     北京：中国科技文化出版社，2005．

[8] 徐百万．动物疫病监测技术手册［M］．北京：中国农业出版社，2010．

[9] 王兰平，李淑云．动物免疫工作使用手册［M］．北京：中国农业出版社，2011．

[10] 聂奎．动物寄生虫病诊断与防治［M］．2版．重庆：重庆大学出版社，2013．

[11] 曾元根．兽医临床诊断技术［M］．北京：化学工业出版社，2009．

[12] 张穹，贾幼陵．重大动物疫情应急条例释义［M］．北京：中国农业出版社，2006．

[13] 邢钊，张健，范琳．兽医生物制品实用技术［M］．北京：中国农业大学出版社，2000．